JETZT GEHT'S ERST RICHTIG LOS

Sonja Rosos

JETZT GEHT'S ERST RICHTIG LOS

ISBN: 978-3-903410-06-0

Herausgegeben von:
Life Success Media GmbH, A-6020 Innsbruck
www.mlm-training.com

Inhaltsverzeichnis

Vorwort

Schon als Kind wollte ich Buchautorin werden. Wunderbare Romane wollte ich schreiben. Als Teenager habe ich einen begonnen. Doch da fehlte mir die richtige Story. Danach ist das Leben dazwischen gekommen. Mit Mitte 40, als sich von einem Tag auf den anderen beruflich und auch privat mein gesamtes Leben komplett auf den Kopf stellte, als ich zum ersten Mal spürte, was es heißt, seine Berufung gefunden zu haben, eine Entscheidung zu treffen, sich auf seine Ziele zu fokussieren, zu wissen, was ich wirklich-wirklich will, da wurde ich von einer unbeschreiblichen Aufregung erfasst. Denn auf einmal lag es glasklar vor mir: Ich HABE eine Geschichte - und was für eine! Und diese in einem Buch niederzuschreiben, erfüllt nicht nur meinen alten Kindheitstraum - seltsamerweise war das auf einmal gar nicht mehr so wichtig - sondern vielmehr meinen brennenden, übermächtigen Wunsch, meine Geschichte und meine Erfahrungen mit möglichst vielen Menschen zu teilen. Und diesen damit ebenso ein völlig neues Leben mit unfassbaren Perspektiven aufzuzeigen, so, wie ich selbst es erlebt habe. Diese Achterbahn in einem Leben, das außergewöhnlich ist. Spektakulär, intensiv, erfüllend, sinnvoll, freudvoll, bereichernd, inspirierend, beängstigend, berührend, reich und voller Freude, Lust, Dankbarkeit und Fülle. Ich bekomme Gänsehaut bei dem Gedanken, vielleicht ein kleiner Beitrag auf eurer Reise und Entwicklung sein zu dürfen.

Es soll ein Ratgeber für ganz normale Menschen sein, Menschen wie du und ich es sind. Ein Ratgeber, wie man mit Networkmarketing, dem besten, fairsten und gerechtesten Geschäft der Welt, sein Leben selbst in die Hand nehmen kann. Alles, was ihr hier lest, habe ich selbst erfahren, getan und gelernt. Meine Geschichte soll Mut machen. Mut, neue Wege zu gehen, seinem Herzen zu folgen, seine eigenen Entscheidungen zu treffen, auch wenn die breite Masse diese nicht verstehen wird. Sie soll euch zeigen, dass auch die weiteste Reise bei jedem von uns mit dem ersten Schritt beginnt, dass ihr alles könnt, was ich und andere Menschen aus meinem Team können, wenn ihr es wollt und bereit seid, euch Neuem zu öffnen und die dafür nötigen Dinge zu tun.

Die Interviews mit meinen Teampartnern zu machen, war eine wunderschöne Arbeit und es hat mich tief berührt, was sie mir anvertraut haben. Diese geballte Ladung an Erfolgsstories, Hoffnungen, Vertrauen, einem besseren Leben für so viele so völlig unterschiedliche Menschen … Es wurde mir bewusst - ohne mich wären diese Geschichten niemals geschrieben worden. Hätte ich damals nicht meine Entscheidung getroffen, wären wir alle nicht da, wo wir jetzt sind. Nicht in dieser beruflichen, persönlichen und finanziellen Situation, nicht in diesen persönlichen und emotionalen Verbindungen … Dies hat mir Gänsehaut verursacht und ich spürte so deutlich:

Es ist nicht egal, was ich mache. Es ist essentiell, dass ich da bin. Und nicht nur ich - jede und jeder von uns kann ein Beitrag für andere und für die Welt sein.

Dieser Gedanke beflügelt mich. Es gibt so viele Coaches, Ratgeber, Trainer, so viele großartige Menschen, von denen man sich inspirieren lassen kann. Aber es gibt auch andere, Hochstapler, Blender, Großredner, die nach außen mehr scheinen wollen als tatsächlich dahinter steckt und den Menschen falsche Hoffnungen machen. Deshalb ist mein Anspruch absolute Ehrlichkeit und Authentizität. Ich möchte, dass mir die Menschen vertrauen und spüren, dass es mein Ziel ist, ihnen zu einem besseren Leben zu verhelfen und ihr Potenzial voll auszuschöpfen. So wie ich mir selber dazu verholfen habe. Meine Ausgangsposition war es, als Mama von drei Kindern, von denen das jüngste gerade drei Jahre alt war, zuhause zu sein, mit einem Einkommen von ca. 400 Euro aus der Vermietung meiner kleinen Studentenwohnung und Kindergeld für drei Kinder von insgesamt ca. 500 Euro. Damit bin ich gestartet. Damit und mit meiner Begeisterung, die mich von Anfang an für mein Partnerunternehmen und später auch für das Businessmodell gepackt hat. Ich habe mich voll auf Networkmarketing eingelassen, das Geschäft von der Pike auf gelernt und bin so Schritt für Schritt gewachsen und die Karriereleiter hinaufgeklettert. Als ich nach zweieinhalb Jahren die höchste Karrierestufe erreicht hatte, war für mich sonnenklar: Jetzt geht es darum, etwas zurückzugeben. Ich habe mein - erstes, aber bei Gott nicht letztes - Ziel erreicht und jetzt darf ich mich zu 100 % der wunderschönen Aufgabe widmen, andere Menschen ebenfalls in den Erfolg und ein großartiges Leben zu führen. Dafür bin ich jeden Tag aufs Neue dankbar.

Sonja Rosos-Weinländer

Gedicht von Mario de Andrade

Meine Seele hat es eilig

Ich habe meine Jahre gezählt und festgestellt, dass ich weniger Zeit habe, zu leben, als ich bisher gelebt habe.

Ich fühle mich wie dieses Kind, das eine Schachtel Bonbons gewonnen hat: Die ersten isst es mit Vergnügen, aber als es merkt, dass nur noch wenige übrig sind, begann es, sie wirklich zu genießen.

Ich habe keine Zeit für endlose Konferenzen, bei denen die Statuten, Regeln, Verfahren und internen Vorschriften besprochen werden, in dem Wissen, dass nichts erreicht wird.

Ich habe keine Zeit mehr, absurde Menschen zu ertragen, die ungeachtet ihres Alters nicht gewachsen sind.

Ich habe keine Zeit mehr, mit Mittelmäßigkeiten zu kämpfen.

Ich will nicht in Besprechungen sein, in denen aufgeblasene Egos aufmarschieren.

Ich vertrage keine Manipulierer und Opportunisten.

Mich stören die Neider, die versuchen, Fähigere in Verruf zu bringen, um sich ihrer Positionen, Talente und Erfolge zu bemächtigen.

Meine Zeit ist zu kurz, um Überschriften zu diskutieren. Ich will das Wesentliche, denn meine Seele ist in Eile. Ohne viele Süßigkeiten in der Packung.

Ich möchte mit Menschen leben, die sehr menschlich sind.

Menschen, die über ihre Fehler lachen können, die sich nichts auf ihre Erfolge einbilden.

Die sich nicht vorzeitig berufen fühlen und die nicht vor ihrer Verantwortung fliehen.

Die die menschliche Würde verteidigen und die nur an der Seite der Wahrheit und Rechtschaffenheit gehen möchten.

Es ist das, was das Leben lebenswert macht.

Ich möchte mich mit Menschen umgeben, die es verstehen, die Herzen anderer zu berühren.

Menschen, die durch die harten Schläge des Lebens lernten, durch sanfte Berührungen der Seele zu wachsen.

Ja, ich habe es eilig, ich habe es eilig, mit der Intensität zu leben, die nur die Reife geben kann.

Ich versuche, keine der Süßigkeiten, die mir noch bleiben, zu verschwenden.

Ich bin mir sicher, dass sie köstlicher sein werden, als die, die ich bereits gegessen habe.

Mein Ziel ist es, das Ende zufrieden zu erreichen, in Frieden mit mir, meinen Lieben und meinem Gewissen.

Wir haben zwei Leben und das zweite beginnt, wenn du erkennst, dass du nur eins hast.

Folgende Zitate und Aussprüche haben mich sehr berührt und mich auf meinem Weg begleitet und ermutigt. Viele davon habe ich in meinem Notizbuch, das ich immer mit mir trage, dick auf die erste Seite geschrieben und sie immer wieder gelesen, als Mutmacher, Bestärkung, Bestätigung, Erinnerung, Affirmation.

Andere habe ich mit meinem Team geteilt und für einige meiner Partner waren sie auch ein wichtiger Wegweiser.

Ich freue mich, wenn einer davon ein Beitrag für dich sein kann.

Die größten Menschen sind die, die anderen Hoffnung geben können.

(Jean James)

Werde, wer du bist.

(Nitsche)

Es ist NIE zu spät. NIE zu spät, zu starten. NIE zu spät, um glücklich zu sein.

(Bodo Schäfer)

Success is not the key to happiness. Happiness is the key to success. If you love what you are doing, you will be successful.

(Albert Schweitzer)

Verändert sich dein Verständnis von dir, verändert sich die gesamte Wirklichkeit. Alles beginnt damit, dass du dir erlaubst, frei und groß über dich zu denken. Folge der Freude. Freude ist das Geheimnis.

(Veit Lindau)

Menschen folgen jenen, die wissen, wohin sie wollen.

(Verfasser nicht bekannt)

Unsere Ergebnisse werden bestimmt durch unsere Handlungen.

(Verfasser nicht bekannt)

Deine Gedanken werden deine Wirklichkeit.

(Verfasser nicht bekannt)

Geld alleine macht nicht glücklich. Es muss einem schon gehören.

(Meine Großmutter väterlicherseits)

True leaders don't create followers. They create more leaders.

(Verfasser nicht bekannt)

Die Zeit wartet nicht auf dich.

(Verfasser nicht bekannt)

Zuerst ignorieren sie dich, dann lachen sie über dich, dann bekämpfen sie dich und dann gewinnst du.

(Bodo Schäfer)

You get paid for your value, not your time.

(Verfasser nicht bekannt)

Nach deinem Glauben wird dir geschehen.

(Jesus Christus)

Dream so big that you get uncomfortable telling small minded people.

(Verfasser nicht bekannt)

Um das volle Maß der Freude genießen zu können, muss man jemanden haben, mit dem man es teilen kann

(Mark Twain)

Success doesn't come from what you do occasionally.
It comes from what you do consistently.

(Verfasser nicht bekannt)

Network Marketing bedeutet:

3 Jahre Ausbildung

2 Jahre Meisterschule

40 Jahre Vorstandsgehalt

(Frank Heister)

Wenn ich eine Entscheidung getroffen habe, diskutiere ich nicht mehr mit mir.

(Karl Lagerfeld)

Don`t chase. Don't bed, don't stress, don't be desperate, just relax. When you relax, it will come to you. Make your wants want you.

(Verfasser nicht bekannt)

Wenn ich Erfolg erwarte, spüren das die anderen.

(Verfasser nicht bekannt)

Our actions today will shape our tomorrow.

(Zegna)

Man bekommt, was man gibt.

(Verfasser nicht bekannt)

Dein Glaube wirkt – immer! Positiv wie negativ!

(Christian Bischoff)

Finde jemanden, mit dem du ein Business aufbauen kannst und gleichzeitig Spaß hast.

(Verfasser nicht bekannt)

Zu allem GROSSEN ist der erste Schritt der MUT.

(Johann Wolfgang von Goethe)

Wenn du denkst, wir können diese Welt nicht verändern, bedeutet das nur, dass du nicht einer derjenigen bist, der es tun wird.

(Jacques Fresco).

Dein Bild von dir entscheidet, was du machst.

(Verfasser nicht bekannt)

The people who are crazy enough to think they can change the world are the ones who do.

(Steve Jobs)

Schau denen auf die Finger, die schon dort sind, wo du hinwillst.

(Verfasser nicht bekannt)

Success: Hard work. Persistence. Late nights. Rejections. Sacrifices. Discipline. Criticism. Doubts. Failure. Risks.

(Verfasser nicht bekannt)

Dein wichtigster Begleiter im Leben bist du selbst.

(Christian Bischoff)

Kultiviere, was dich stärkt. Lass weg, was dich schwächt.

(Verfasser nicht bekannt)

Money does not make you happy. But it will pay for vacation, lunches, dinners, cars, houses, flowers, children's education, medical bills and tacos.

(Verfasser nicht bekannt)

Die größte Hemmschwelle ist der Vergleich.

(Verfasser nicht bekannt)

The world is changed by your example, not by your opinion.

(Paolo Coelho)

Nimm NIE den Ratschlag eines Menschen an,
der nicht dort ist, wo Du sein willst.

(Bodo Schäfer)

Ich muss nicht alles können. Ich muss nicht alles selber machen. (z. B. Bügeln)

(Verfasser nicht bekannt)

Wer einmal barfuß über glühende Kohlen gelaufen ist, kann alles schaffen!

(Verfasser nicht bekannt)

Nur du allein bist für dein Glück verantwortlich!

(Christian Bischoff)

Suche Kontakt zu Menschen, die über Ideen und Visionen sprechen,
nicht über das Leben anderer.

(Verfasser nicht bekannt)

Go after your dreams like your life depends on it … because it does.

(Verfasser nicht bekannt)

Alles in meinem Leben kommt mit Leichtigkeit, Freude und Heiterkeit.

(Verfasser nicht bekannt)

Erfolg ziehst du an, durch die Person, die du wirst.

(Verfasser nicht bekannt)

Habe Mut zur Unperfektion.

(Verfasser nicht bekannt)

Wenn du die Dinge auf dem obersten Regal willst, musst du auf den Büchern stehen, die du gelesen hast.

(Verfasser nicht bekannt)

A leader who makes a change can change the whole organization. You can develop a culture that is unstoppable. But it starts WITH YOU.

(Eric Worre)

Wenn dein Leben ein bisschen härter geworden ist, bedeutet das möglicherweise nur, dass du jetzt auf einem höheren Level spielst.

(Bodo Schäfer)

Wo kämen wir hin, wenn alle sagten, wo kämen wir hin, und keiner ginge, um zu sehen, wohin wir kämen, wenn wir gingen?

(Kurt Marti)

Ich wurde erst erfolgreich, als ich angefangen habe, ich selbst zu sein.

(Bodo Schäfer)

Ein Ziel ohne Plan ist nur ein Wunsch.

(Antoine Saint-Excupéry)

Wenn du dir etwas leisten willst, musst du vorher etwas leisten.

(Verfasser nicht bekannt)

Erfolg ist ein großartiger Deodorant.
Er entfernt alle Gerüche der Vergangenheit.

(Elisabeth Taylor)

Wenn du etwas wissen willst, frage einen Erfahrenen und keinen Gelehrten

(Bodo Schäfer)

Chase the vision, not the money, the money will end up following you.

(Tony Hsieh)

Im Namen der Toleranz sollten wir uns das Recht vorbehalten, die Intoleranz nicht zu tolerieren.

(Karl Popper)

Jeder Erfolg hat drei Geschwister: Neid, Eifersucht und Feindschaft.

(Bodo Schäfer).

If nobody hates you, you are doing something boring.

(Verfasser nicht bekannt)

Die meisten Menschen überschätzen, was sie in einem Jahr tun können und unterschätzen, was sie in 7 Jahren tun können.

(Bodo Schäfer)

Wer Menschen führen will, muss hinter ihnen gehen.

(Laotse)

Es ist mir egal, was die Leute sagen. Reich sein ist gut!

(Bodo Schäfer)

Nothing is more attractive than loyalty.

(Verfasser nicht bekannt)

*Denke und handle so,
dass dir niemals die Achtung vor dir selber verloren geht.*

(Kurt Tepperwein)

Complaining is silly. Either act or forgive.

(Verfasser nicht bekannt)

Niemand ist wie du. Genau das ist deine Power.

(Bodo Schäfer)

Wir brauchen Anführer, die nicht in Geld verliebt sind, sondern in Gerechtigkeit. Nicht in Ruhm verliebt sind, sondern in Menschlichkeit.

(Martin Luther King)

Making a big life change is pretty scary. But, know what's even scarier? Regret.

(Verfasser nicht bekannt)

Sei du selbst die Veränderung, die du dir wünschst für die Welt.

(Verfasser nicht bekannt)

If God is making you wait, then be prepared to receive more than you asked for.

(Verfasser nicht bekannt)

The thief of Network Marketing success is lack of FOCUS.

(Verfasser nicht bekannt)

Der eine wartet, dass die Zeit sich wandelt. Der andere packt sie an und handelt.

(Dante Alighieri)

We rise by lifting others.

(Verfasser nicht bekannt)

Der Junge wollte noch zum Mars fliegen, bereits der Jugendliche bereitete sich auf die Banklehre vor.

(Hermann Scherer)

Too many people assume negative. They assume something bad is going to happen. And so, it does.

(Eric Worre)

Eines Tages klopfte die Angst an die Tür. Der Mut stand auf und öffnete, aber da war niemand draußen.

(Johann Wolfgang von Goethe)

In Network Marketing you will think the reward is money, but the freedom will far outweigh the money and in the end it will be all about the lives you change.

(Verfasser nicht bekannt)

Hör auf, die anstrengende Phase überspringen zu wollen.

(Bodo Schäfer)

Andere Menschen klein machen kann jeder. Sie groß zu machen - das ist die Kunst.

(Verfasser nicht bekannt)

Die schwerste Aufgabe im Leben ist, an schlechten Tagen genauso zu denken wie an guten.

(Bodo Schäfer).

The number 1 reason people fail in life is because they listen to their friends, family and neighbors.

(Napoleon Hill)

I choose the rest of my life to be the best of my life.

(Louise Hay)

Wer sein Ziel nicht kennt, kann auch den Weg nicht finden.

(Verfasser nicht bekannt)

Alle großen Entdeckungen werden von denen gemacht, die mit dem Gefühl dem Denken voraus waren.

(C. H. Parkhurst)

Von der Hausfrau zur Top Leaderin – my story

… mein Leben wird außergewöhnlich, bedeutungsvoll und spektakulär – daran hatte ich als Kind und Jugendliche nie den geringsten Zweifel …

So begann die Rede, die ich am 21. September 2019 auf der Jahreshauptveranstaltung meines Partnerunternehmens in der Salzburg-Arena halten durfte. Vor über 6.000 Menschen aus ganz Europa. Sie wurde simultan in fünf Sprachen übersetzt und fand im Rahmen meiner Ehrung zur Erreichung der höchsten Karrierestufe statt, bei der ich die goldene Nadel und einen Stern, der meinen Namen trägt und im Unternehmen auf der „Wall of Fame" hängt, von unseren beiden Firmengründern überreicht bekam. Ich habe diese Karrierestufe als 15. von insgesamt 60.000 Partnern in 23 Jahren erreicht, mit einem Team von damals über 1.500 Partnern in ganz Europa. Dafür habe ich genau dreieinhalb Jahre gebraucht und ich bin immer noch unfassbar stolz, glücklich und aufgeregt über diesen wahnsinnigen Erfolg, den ich mir noch wenige Jahre zuvor niemals erträumt hätte.

So ging die Rede weiter:

… ich würde glücklich sein, berühmt, erfolgreich, meine Traum-Familie haben inklusive Traumkinder, Traummann, Traumhaus mit Traumgarten und Pool. Ich würde die ganze Welt bereisen, dem Planeten etwas Bleibendes hinterlassen, Gutes tun, Spaß haben, das Leben in all seiner Herrlichkeit voll leben, innige, lebendige Beziehungen führen, …

Das WAS war völlig klar – das WIE hingegen änderte sich je nach Lebensphase. Wollte ich anfangs Boutiquen besitzen, war es später der Berufswunsch als Natur- und Tierfotografin, Schauspielerin, Gutsbesitzerin, Politikerin, Buchautorin, Diplomatin, …

Welche Ausbildung ich für meine Träume absolvieren sollte, war keine leichte Entscheidung.

Letzten Endes habe ich eine sogenannte Vernunftentscheidung getroffen und Rechtswissenschaften - etwas Vernünftiges, Sicheres - studiert. Nebenbei wollte ich die Dinge tun, die mir wichtig sind.

Und das habe ich auch getan. Ich habe zwei Jahre in Rom studiert, ein Semester an der Universität von Buenos Aires absolviert, einen Sprachkurs in Australien gemacht, … Habe mich nach jeder bestandenen Uni-Prüfung mit einer tollen Reise an einige der schönsten Plätze der Welt belohnt und meine erste Erfahrung mit leistungsorientierter Bezahlung gemacht - als Kellnerin in DEM Studentenlokal in Graz. Das hat erstaunlich viel Spaß gemacht und eine für eine Studentin wirklich beachtliche Bezahlung gebracht.

Aus meiner Seifenblase der Glückseligkeit erwachte ich recht unsanft nach Abschluss meines Studiums. Naiver Weise hatte ich mir gedacht: „jetzt geht das richtige Leben erst los!"

Doch mein erster „richtiger" Job als Praktikantin bei Gericht brachte mir kaum ein besseres Einkommen, als ich mit 1 - 2x die Woche Kellnern verdient hatte. An den Zeitwohlstand des Studentenlebens gewohnt, fühlte ich mich in meinem 40-Stunden-Juristen-Bürojob wie gefangen. Und ich konnte nicht fassen, dass ich ganz offenbar die einzige war, die das so empfand. Vor allem, da ich ja Kinder und eine Familie haben wollte. Wie sollte ich das jemals vereinbaren können? Wo war das großartige Leben, das ich ganz klar für mich bestellt hatte?

Als ich mein erstes Kind bekam, war ich heilfroh, dem Arbeitsleben als Juristin in einer öffentlichen Institution für eine Weile entkommen zu können. Nach dem zweiten Kind kündigte ich meinen guten, sicheren und angesehenen Job, der unflexibel war, schlecht bezahlt und nicht erfüllend.

Welche Reaktionen ich da bekam?

„Bist du verrückt geworden? So ist es halt. Das Leben ist eben kein

Vergnügen."

„Was glaubst du denn, wer du bist?"

„Was meinst du denn, wer gerade auf dich warten wird?"

Diese Bemerkungen machten mich schon betroffen und es wäre gelogen zu behaupten, dass ich nicht manchmal gezweifelt habe, ob ich nicht doch zu großspurig gewesen war. Wer würde denn wirklich auf mich warten?

Nach der Geburt meines dritten Kindes glaubte ich zu wissen, dass ich eher ein „Familien- und Freizeitmensch" sei und Karriere und ich einfach nicht zusammenpassten.

Als Leopold, mein jüngstes Kind, drei Jahre alt war, wurde ich durch eine glückliche Fügung auf mein heutiges Partnerunternehmen angesprochen – danke liebe Sabine – auch wenn ich nur deine Notlösung war! ;-)

Ich hatte zuvor noch nie von dem Unternehmen gehört. Ich hatte keine Ahnung von Networkmarketing und nicht die geringste Vorstellung, was da finanziell möglich ist. Ich wurde Partnerin einzig und allein, weil die Philosophie von Ethik und Nachhaltigkeit von Anfang an mein Herz berührt hat. Ich liebe Tiere und die Natur, mit dem Umweltgedanken und dem flexiblen Business-Model, das sich deinem Leben anpasst sowie der hohen Frauenquote hat das Unternehmen genau meinen Hot Button und meine innersten Werte getroffen.

Ich wusste anfangs nicht einmal, dass ich für den Partneraufbau Geld bekomme und habe das erst auf meiner ersten Abrechnung erstaunt festgestellt! Ich hatte zu diesem Zeitpunkt aufgehört, zu träumen und groß zu denken. Ich habe mir selbst wenig zugetraut, an mir gezweifelt, die Großen „da oben" bewundert, hatte aber keine Ahnung, ob ich das jemals auch schaffen könnte. Wie schon mein ganzes Leben zuvor habe ich mich als Anfängerin gefühlt, als jemand, der nirgends richtig dazu gehört – und das vielleicht auch niemals tun würde …

Selbst als viele andere schon an mich geglaubt haben, mich um

Rat gefragt, mir ihr blindes Vertrauen geschenkt und mich ganz oben gesehen haben, habe ich mich selbst als kleine, unbedeutende Anfängerin gefühlt. Es ist wirklich erschreckend, wie klein wir uns oft selbst machen! Niemand denkt so schlecht über uns wie wir selber! Deshalb ist es heute, in der höchsten Karrierestufe angekommen, eines meiner größten Anliegen, anderen die Augen für ihr wahres Potenzial zu öffnen und ihnen zu helfen, ganz nach oben durchzustarten.

Erstaunlicherweise – trotz meines kleinen Denkens, meines zaghaften Mindsets – ist mein Team vom ersten Monat an konstant und enorm stark gewachsen, geradezu explodiert – und als ich erkannte, dass mir eine Karriere als Networkerin mit diesem einzigartigen österreichischen Familienunternehmen genau das bieten kann, wovon ich mein Leben lang geträumt hatte, dass meine unbescheidenen Jugendträume pure Wirklichkeit werden können, gab es für mich kein Halten mehr. Das war mein erster Gänsehaut-Moment.

Ich habe Networkmarketing von der Pike auf gelernt. Ich habe sämtliche Bücher gelesen, alles getan, was meine erfolgreiche Upline, Bettina Schmid und Lydia Werner vorgemacht haben, habe alle Veranstaltungen besucht und mich zu 100 % auf mein Business eingelassen und konzentriert. Man erreicht die nächste Zielstufe nämlich immer erst, nachdem man selbst persönlich gewachsen ist und sich weiterentwickelt hat!

Die oberste Karrierestufe erreicht man ja niemals alleine. Ich habe mich lange gefragt, wieso mein Team so gewaltig und beständig wächst, wieso mir die Menschen so vertrauensvoll folgen. Ich habe diese Frage auch meinen Teampartnern gestellt und war sehr überrascht, als ich von allen unisono die gleiche Antwort bekam: „Deine absolute, bedingungslose Begeisterung hat mich mitgerissen!"

Mit Begeisterung allein ist es natürlich nicht getan. Es gehört auch eine gehörige Portion Persönlichkeitsentwicklung und Selbstkritik dazu, Herz und Verstand und vor allem die Bereitschaft und Fähigkeit, über einen langen Zeitraum hinweg konsequent die richtigen Dinge zu tun. Und sich von Rückschlägen nicht umwerfen zu lassen. Jeder Top-Leader – ich genauso wie alle anderen 14 in unserem Unternehmen – hat all die unangenehmen, negativen, verletzenden und entmutigenden Dinge und Situationen erlebt, wie ihr sie vielleicht schon aus eurem Business kennt. Nur viel, viel öfter als ihr! „Ein Gewinner ist ein ganz normaler Mensch, der nicht aufgegeben hat" – wie Bodo Schäfer es so treffend formuliert.

Was mich auf meinem Weg am meisten gestärkt hat, war das unglaubliche Vertrauen, das mein Team von Anfang an in mich hatte. Wenn sie mir so viel zutrauten – wie konnte ich dann nur selber an mir zweifeln?

Heute schaue ich mit Demut, Dankbarkeit und ganz viel Liebe im Herzen auf unseren gemeinsamen Weg zurück. Das Schönste an unserem Business ist für mich die Freundschaft und Verbundenheit, die zwischen uns entstanden ist. Ich möchte mir ein Leben ohne dieses wunderbare Gefühl, am absolut richtigen Platz mit den absolut richtigen Menschen zu sein, beim besten Willen nicht mehr vorstellen!

Viele meiner Freunde haben sich bis heute nicht meinem Business angeschlossen – auch das werden viele von euch kennen! Aber es gibt welche, die mir einfach vertraut haben und von Anfang an an meiner Seite waren, wie Claudia Gell und Gabi Rohkamm, aus denen ein riesiges Team in der Slowakei, Österreich, Tschechien und der Schweiz entstanden ist. Diese beiden waren meine ersten Partnerinnen im allerersten Monat! Und sie sind bis heute mit großen Teams dabei. Die Menschen, die heute ein so wichtiger Teil meines Lebens sind, sind auf ganz unterschiedliche Weise in mein Team gekommen.

Die Leaderin meines größten und erfolgreichsten Teams, Alexandra, war ein sogenannter Kaltkontakt, eine Zufallsbekanntschaft über unsere Kinder.

Einige kannte ich vorher schon, hatte vor unserem gemeinsamen Business-Abenteuer aber nicht viel Kontakt mit ihnen, wie Iris und Sylvia.

Den Großteil aber kannte ich noch gar nicht – sie brachte eine glückliche Fügung in mein Team und Leben. Wie eben Andrea, Jana,

Sabine, Manuela und Markus, Gabriela, Tatjana, Claudia, Christina und noch viele mehr.

Und dann gibt es Menschen, die vor langer Zeit liebe und wertvolle Freunde waren, aber durch den Lauf des Lebens irgendwie verschwunden sind, z. B. Pia Goden, eine Freundin aus Rom vor über 20 Jahren – durch unser Business ist sie Gottseidank wieder ein wichtiger und wertvoller Teil meines Lebens und Kopf meines mega erfolgreichen Teams in Deutschland geworden. Oder Charlotte, eine Studienfreundin, mit der ich nun zusammen das Pink-Power-Team UK aufbaue und mit der ich schon wunderschöne Stunden in London verbracht habe – auch zusammen mit unseren Kindern.

Wir alle sind zu einem wunderschönen großen Ganzen zusammengewachsen, haben eine große Verbundenheit, Freundschaft, Vertrauen und eine gemeinsame große Vision.

Es sind ihre Geschichten, die mich am meisten berühren und anspornen, immer weiter zu machen:

Zum Beispiel die Geschichte der alleinerziehenden Mama von zwei kleinen Mädchen, die durch unser Business wieder angefangen hat zu träumen, die den Mut und das Vertrauen in unser Business und in mich als Mentorin hatte, ihren verhassten 30-Stunden-Job mit einem cholerischen Chef nach einem Jahr in unserem Business zu kündigen, weil sie bei mir und anderen Führungskräften gesehen hat, dass diese Freiheit und Art zu leben auch für sie möglich ist. Als ich an ihrem ersten Tag ihres neuen Leben als neue Networkerin die Fotos mit ihren Kindern am Weg zum Badesee statt in die Kinderkrippe und ins Büro gesehen habe, musste ich einfach nur heulen.

Oder die erfolgreiche Geschäftsfrau, die seit Jahrzehnten Tag und Nacht arbeitet und damit Raubbau an ihrer Gesundheit betreibt und weiß, dass es so nicht ewig weitergehen kann. Sie hat aktiv nach einem Network-Unternehmen gesucht, da ihr klar war, dass das eine Lösung für ihr Dilemma sein und den Ausstieg aus ihrem Hamsterrad bedeuten kann. Sie hat neben ihrer 80-Stunden-Woche als Trainerin und Coach für namhafte, börsennotierte Unternehmen durch bewundernswerte Konsequenz eine stabile Karriere als Führungskraft aufgebaut! Von den großen Bühnen unseres Unternehmens ist sie nicht mehr wegzudenken und sie ist ein großartiger Beitrag mit ihrer wunderbaren Persönlichkeit, ihrem Humor und ihrer absoluten Kompetenz in ihrem vorigen Hauptjob, die sie mit uns allen teilt. Wir können wahnsinnig viel von ihr lernen und sie ist eine großartige Markenbotschafterin für unser Businessmodell.

Oder die über 70-jährige pensionierte Gerichtsdolmetscherin, die von ihrem Leben noch mehr will, als zuhause zu sitzen und mit Gleichaltrigen über Krankheiten und andere Menschen zu sprechen. Sie sieht zumindest 10 Jahre jünger aus als sie tatsächlich ist - was kein Fehler ist, wenn man mit einem Unternehmen arbeitet, das Beauty- und Better-Aging-Produkte herstellt ;-) Sie fehlt bei keiner Großveranstaltung, loggt sich geübt mit dem Smartphone in Zoom-Meetings ein, bestellt online Produkte und Veranstaltungstickets und hat ebenfalls ein kleines Team aufgebaut, das sie jung und dynamisch hält. Ihr Hauptmotiv war weniger das Geld als vielmehr der Wunsch, auch in ihrem Alter noch ein positiver Beitrag für die Gesellschaft zu sein, etwas Sinnvolles zu tun, Teil eines jungen, positiven, dynamischen Teams zu sein, neue Menschen zu treffen, an schöne Orte zu reisen, sich auch in ihrem Alter noch weiterzubilden - einfach ihr Leben in all seiner Großartigkeit zu genießen.

Es gibt unendlich viele berührende Geschichten allein in meinem Team, und es macht mich unbeschreiblich dankbar, dass ich einen Beitrag dazu leisten durfte und darf. Und sie machen deutlich, wie groß unsere Verantwortung ist: Wir sehen ja an diesen Geschichten, wie viele Menschen in ganz Europa auf diese Chance noch warten. Wie viele haben noch nie von unserem Unternehmen und Network Marketing gehört? Wie viele haben resigniert - wissen gar nicht, dass auch für sie ein besseres Leben möglich ist? So wie ich es damals nicht wusste - und die wenigsten von uns! Wie könnten wir ihnen das verschweigen?

Und was macht man, wenn man in der höchsten Karrierestufe angekommen ist, ein so großes, ersehntes Ziel erreicht hat?

Die, die mich kennen, wissen: Jetzt gehts erst richtig los! Jetzt kann ich mich auf das konzentrieren, was wirklich wirklich wichtig ist!

Und das ist folgendes:

Ich werde nun all meine Energie und Zeit darauf verwenden, möglichst viele neue Top-Leader hervorzubringen! Jeder, der es möchte, bekommt alle Unterstützung, die ich geben kann! Ich selbst habe schon absolute persönliche und finanzielle Freiheit erreicht – und ganz viele Menschen in meinem Team können durch unser Geschäft bereits ein besseres Leben führen.

Mein Ziel für die Zukunft ist es, als Vorbild voranzugehen und ein großer Beitrag zu sein, unser Business – das Geschäft des 21. Jahrhunderts – in ganz Europa bekannt und anerkannt zu machen. Ich werde ein starkes Team und Führungskräfte in ganz Europa aufbauen und die neuen Märkte bei ihrem Aufbau aktiv und vor Ort unterstützen. Und einige meiner Jugendträume wahr werden lassen …

Ich möchte mich bedanken – bei meiner Upline Bettina Schmid und Lydia Werner für ihre großartige Aufbauarbeit und professionelle Unterstützung, ihre Freundschaft und ihren Teamspirit. Bei Sabine Holzer dafür, dass sie mir die Chance meines Lebens vorgestellt hat.

Bei meinen wunderbaren Führungskräften

Alexandra
Christina
Iris &Paul
Sabine & Christof
Andrea
Jana
Sylvia
Claudia
Manuela & Markus
Gabriela
Gabriela

Mona
Edith
Robert
Elisabeth
Stefanie
Hilly
Simone
Sabine
... und bei jedem einzelnen Partner des Pink Power Teams, egal in welcher Karrierestufe, in welchem Team, in welcher Generation. Jeder leistet einen wichtigen Beitrag und ich werde euch immer dankbar sein für euer Sein und Tun!

Und zum krönenden Abschluss ist es mir besonders wichtig, ein großes Dankeschön an zwei ganz besondere Menschen auszusprechen.

An zwei Menschen, ohne die wir alle heute nicht das Leben führen konnten, das wir führen dürfen. Ohne die wir unsere Träume hätten begraben müssen. Ohne die die großen Träume meiner Jugend wahrscheinlich niemals Wirklichkeit geworden wären. Ohne die viele Erfolgsgeschichten nicht geschrieben werden würden.

Danke an unsere beiden Firmengründer, dass ihr niemals aufgegeben habt. Dass ihr auch in euren schwersten Zeiten immer an euren Zielen, Träumen und Visionen festgehalten habt. Dass ihr für eure Vision gekämpft und dadurch auch unsere möglich gemacht habt.

Und noch tausenden Menschen die Erfüllung ihrer persönlichen Ziele ermöglichen werdet! Ihr habt mir und meiner Familie unbeschreiblich viel ermöglicht und jetzt, in der höchsten Karrierestufe angekommen, möchte ich euch und dem Unternehmen so viel zurückgeben, wie ich nur kann!

Im Namen meines ganzen Teams und allen, die in Zukunft noch in ganz Europa dazukommen werden:

Danke für diese einzigartige Chance!

Obwohl ich zum Zeitpunkt dieser Rede schon unfassbar happy mit und dankbar für mein Business war, hatte ich damals noch nicht die geringste Ahnung, dass wirklich schon bald mein Leben und das Leben meiner Kinder von meiner beruflichen Entscheidung abhängen würden und ich mich damit buchstäblich selbst gerettet hatte. Das sollte sich schon sehr bald gründlich ändern.

Im Herbst 2016, exakt ein Jahr nachdem ich mein Business gestartet hatte, erfuhr ich über Bekannte, dass über meinen Mann, mit dem ich seit 23 Jahren zusammen gewesen war, ein Insolvenzverfahren eröffnet worden war. Er hatte es nicht für nötig gehalten, mir diese Nebensächlichkeit mitzuteilen. Das war genau zu dem Zeitpunkt, zu dem ich, über 40 Jahre alt, nach Studium, schlecht bezahlten Praktika, familientauglichen, schlecht bezahlten Halbtagsjobs und vielen Jahren zuhause als Hausfrau und Mama mit meinen drei kleinen Kindern, zum allerersten Mal in meinem Leben wirklich gutes Geld im Networkmarketing verdiente. Dieses Gefühl der Fülle wollte ich gerade einfach nur auskosten und genießen. Was mein Mann getan hatte, war ein kleiner Tod für mich und ich konnte nicht fassen, dass er mir so etwas einfach verheimlicht hatte.

Nur wenige Monate nach diesem Schlag folgte gleich der nächste, sogar noch schlimmere. Kurz vor Weihnachten im gleichen Jahr, genau am 22. Dezember, eröffnete mir meine Mutter, gerade mal 73 Jahre alt, aus heiterem Himmel, dass sie die Diagnose Bauchspeicheldrüsenkrebs bekommen hatte und nicht mehr zu retten war.

Das zog mir den Boden unter den Füßen weg. Ich hatte stets eine sehr enge Beziehung zu meiner Mutter gehabt. Alle Frauen in unserer Familie waren ausnahmslos gesund gewesen, sehr alt geworden und es war für mich immer ganz klar gewesen, dass Mama da keine Ausnahme bilden würde.

Ein Jahr lang ging alles so dahin. Ich lieh meinem Mann einen riesigen Geldbetrag, um sein Verfahren abzuwenden, all meine Ersparnisse, die ich mir ein Leben lang als Reserve zur Seite gelegt hatte. Damals vertraute ich ihm trotz dieser großen Lüge immer noch, stand loyal hinter ihm und glaubte daran, dass er einmaliges Pech gehabt hatte und nun wie versprochen 1000 % geben würde, um diesen Weltuntergang wieder auszumerzen.

Ich war aber so zutiefst getroffen von diesem ungeheuren Vertrauensbruch, dass ich ihm ein klares Ultimatum stellte. Ich verlangte von meinem Mann, mich NIEMALS mehr zu belügen, vor allem nicht in existenzbedrohenden, finanziellen Dingen.

Parallel zu seinem finanziellen Debakel hatte sich sein Benehmen mir gegenüber schleichend sehr gewandelt. Hatte er mich früher auf Händen getragen und waren wir das leuchtende Beispiel für wahre Liebe und Harmonie für viele unserer Freunde geworden, so wurde er mit seinem beruflichen Scheitern, das zeitlich genau Hand in Hand mit meinem kometenhaften Aufstieg ging, sukzessive ausfallend mir gegenüber, respektlos und beschimpfte mich unverhohlen vor unseren Kindern und anderen Menschen, was ich, die ich aus meinem beruflichen Umfeld und Freundeskreis an absolute Wertschätzung, Respekt und Loyalität gewöhnt war, so nicht hinnehmen konnte. Ich war mir bereits zu viel wert.

Also war meine zweite Bedingung, dass er seine Worte, seine Ausfälligkeiten und sein Benehmen mir gegenüber in den Griff bekommen müsse. Auch das schwor er mir hoch und heilig. Und ich verlangte von ihm, dass er jetzt 100 % geben müsse, damit so eine finanzielle Pleite NIE MEHR vorkommen könne. Das versprach er.

Zu Weihnachten 2017 ging es meiner Mutter schlechter. Sie war abgemagert, trug eine Perücke und alle außer mir sahen, dass es keine Hoffnung mehr für sie gab. Es war ihr letztes Weihnachten.

Im Februar 2018 reiste ich nach einer Woche Skiurlaub direkt zu meinem ersten großen Bühnenauftritt. Ich hatte mit Mama telefoniert und sie ließ mich wissen, dass sie im Krankenhaus sei, weil ihre Therapie umgestellt würde. Das erschien mir nicht beunruhigend, da wir das schon einmal durchlebt hatten. Ich erzählte ihr, dass ich im Anschluss an den Skiurlaub nach Salzburg fahren würde, wo ich zum ersten Mal in meiner Karriere auf der großen Bühne, vor über 1.000 Menschen sprechen würde. Am Sonntagabend würde ich nach Graz zurückkehren und sie gleich am Montag im Krankenhaus besuchen. Mama hatte ihre Leben lang mein Wohl und das meiner Schwester vor ihre eigenen Bedürfnisse gestellt und niemals hätte sie mir gesagt, dass ihre Tage gezählt waren und ich früher kommen sollte. Sie wollte, dass ich mein Leben genieße und mir nichts verderben, auch nicht im Angesicht ihres Todes.

Als ich am Montag in ihr Krankenzimmer kam, war ich schockiert. Sie war noch magerer geworden, hatte überall dunkle Flecken auf der Haut, seit Tagen nichts gegessen und wollte sich nicht mehr waschen oder über Infusionen ernähren lassen. Da erkannte selbst ich, dass es zu Ende ging. Ich erzählte ihr von meinem Auftritt, zeigte ihr die Fotos, die mich auf der Bühne zeigten und Mama sagte: „Dass du so etwas kannst! Du warst doch immer so schüchtern als Kind!" Sie hat, glaube ich, nie so ganz verstanden, was genau denn nun wirklich mein Job ist und was ich eigentlich mache. Aber sie fragte mich an diesem Montag: „Gell, du bist glücklich?" Obwohl es ihr schon so schlecht ging, sie ihr Trinkglas nicht mehr halten, kaum noch sprechen konnte und die SMS, die sie mir an dem Abend schickte, leer bei mir ankam, weil sie keine Kraft mehr hatte, spürte sie meine freudige Erregung, meine Begeisterung, meine Glückseligkeit, die Tatsache, dass ihr Kind seine Berufung gefunden hatte.

Ich konnte GOTTSEIDANK aus vollem Herzen antworten, „Ja, Mama, ich bin total und absolut glücklich!" Dafür bin ich auch heute noch unglaublich dankbar, denn Mütter spüren, wie es ihren Kindern wirklich geht. Ich hielt ihre Hand, erzählte ihr von meinen Kindern und sagte, dass ich am nächsten Tag zu Mittag wiederkommen würde.

Als ich Dienstag um zwölf Uhr mittags ihr Zimmer betrat, war sie tot. Ich saß drei Stunden auf der Station, weinte, weinte und weinte, konnte gar nicht mehr aufhören. Ich wartete auf meinen 80-jährigen Vater, der im Gegensatz zu mir sehr gefasst und tapfer reagierte. Ich weinte den ganzen restlichen Tag und den nächsten auch. Ich glaube, dass niemand, der noch keinen Elternteil verloren hat, richtig verstehen kann, wie es sich anfühlt, auf einmal kein Kind mehr zu sein, keine Mutter mehr zu haben. Man fühlt sich von aller Welt verlassen. Diese Lücke kann nichts und niemand jemals wieder füllen.

Am nächsten Abend war eines meiner Team-Zoom-Coachings anberaumt. Es hätten wahrscheinlich alle verstanden, wenn ich dieses abgesagt hätte.

Doch das tat ich nicht. Ich habe mehrere Eigenschaften von meiner Mutter geerbt: Ihr positives Wesen, ihre Konsequenz, ihr Gerechtigkeitsempfinden, ihr 100%iges Dranbleiben, die Verlässlichkeit, ihr Pflichtbewusstsein, ihre Liebe zu Menschen, Damen-Treffen und Prosecco-Kränzchen …

Ihre Stärke. Ihre Unbestechlichkeit. Ihre 100%ige Loyalität.

Aber auch ihre Harmoniebedürftigkeit, ihr geringes Selbstvertrauen, ihre Tiefstapelei, ihre Gutmütigkeit, ihren oft naiven Glauben an eine gute Welt.

Ich wusste genau, dass Mama verstehen und sogar erwarten würde, dass ich meine Partner, die sich ja auf mich verlassen, sich den Abend freigehalten, sich darauf vorbereitet und Babysitter engagiert hatten, nicht enttäuschte.

Also fand das Coaching statt. Zwar verquollen, verheult und heiser vom Weinen, aber ich war da. Es lenkte mich ab und tat mir gut. Und mein Team respektierte mich dafür noch ein Stückchen mehr. Heute weiß ich, dass es diese scheinbar oft unwichtigen oder kleinen Dinge sind, die einem zeigen, ob ein wahrer Leader vor einem steht. Denn in guten Zeiten ist es leicht, stark und positiv zu sein. Erst in den harten Zeiten und Ausnahmesituationen erkennt man das wahre Potenzial von Menschen.

Kurz nach Mamas Tod erfuhr ich über Dritte, dass eine Führungskraft aus unserem Unternehmen eine Intrige gegen mich angezettelt hatte.

Das war der dritte heftige Schlag innerhalb kürzester Zeit.

Sie nutzte den Neid einiger Partner auf meine Erfolgsstory dazu, mich im Unternehmen zu diskreditieren und mir unethisches Arbeiten vorzuwerfen, das dem Unternehmen schaden würde. Das riss mich ziemlich brutal aus meiner bisherigen felsenfesten Überzeugung, dass wir uns ja alle lieb haben, mir niemand meinen Erfolg neidet und wir alle fürs große Ganze an einem Strang ziehen.

Es war sozusagen die Nummer 3 auf meiner Liste des Grauens.

Und die Vorstellung, dass es Menschen gibt, die nicht davon zurückschrecken, aus Neid, Missgunst und eigener Erfolglosigkeit meine Existenz zu zerstören, war eine erschreckende und komplett neue Erfahrung für mich. Ich muss gestehen, dass ich Angst hatte, denn mir wurde so richtig bewusst, wie böse und zerstörerisch Neid, Eifersucht und Hass sein können. Was, wenn die Intriganten damit erfolgreich sein würden und ich mich nicht gegen die Vorwürfe würde wehren können? Was würde dann aus meiner Familie werden? Mein Mann hatte in den letzten Jahren sukzessive sein Geschäft und auch sich selbst vernachlässigt und zerstört, was auch der Anfang vom Ende meiner 25-jährigen Beziehung zu ihm war. Ich wurde bei meinem Partnerunternehmen wegen Dingen angeschwärzt, die ich nicht getan hatte. Es gab ein Gespräch in der Firmenzentrale mit der Geschäftsführung, zu dem die „Ankläger" einerseits und meine Mentorin und ich andererseits eingeladen wurden, um die Sache zu klären. Keiner der Vorwürfe war auch nur im Entferntesten haltbar. Ich hatte aber eine wichtige, schmerzliche, schockierende und neue Erfahrung gemacht: Dass der Neid mit dem Erfolg immer Hand in Hand kommt. Damit musste ich erst mal zurechtkommen. Ich war trotz meines Erfolges, meiner Verantwortung und Rolle als Führungskraft im Inneren meines Herzens immer noch das kleine, gutgläubige und etwas naive Mädchen, das keinem etwas Böses will und umgekehrt auch nichts Böses erwartet und kennt. Obwohl ich vom Verstand her natürlich wusste, dass ich überdurchschnittlich erfolgreich bin, ein überdurchschnittliches Einkommen aufgebaut habe, hatte ich doch bis dahin nicht WIRKLICH – WIRKLICH realisiert, dass ich damit auch öffentliche Zielscheibe von Neid, Hass, Boshaftigkeit und Rachegelüsten wurde. Bis heute fällt es mir schwer, damit zu leben, ich muss es gestehen. Und ich muss euch leider sagen - wenn ihr ganz nach oben kommen wollt, werdet auch ihr um diese Erfahrung leider nicht herumkommen. Mein Tipp: Sagt niemandem die Höhe deines Einkommens …

Diese drei Alpträume zusammen waren mehr, als man als normaler Mensch wahrscheinlich ertragen kann. Doch ich durfte lernen, dass man mehr aushält, als man für möglich hält. Ganz einfach, weil man MUSS. Weil man keine andere Alternative hat als es durchzustehen. Es war also eine so RICHTIG herausfordernde Zeit, in der ich des Öfteren dachte, zusammenzubrechen und es nicht überleben zu können. Es schien, als habe sich alles gegen mich verschworen, als sei mir das unglaubliche Geschenk, das ich mir selbst mit meinem unfassbar gut laufenden Business gemacht hatte, doch nicht wirklich vergönnt. Dass diese schlimmen Dinge passierten, um es nicht zu perfekt werden zu lassen.

Ich bin nie ein aggressiver Mensch gewesen, habe vielmehr mein Leben lang nur das Positive gesehen und mir ein Leben in Harmonie gewünscht. Lange habe ich versucht, meine Ehe zu retten und unsere Probleme zu lösen. Mein Mann hat bei sich keinen Handlungsbedarf gesehen und dadurch war es nicht möglich, eine Veränderung herbeizuführen. Er hielt nicht Wort, weder was seine Ehrlichkeit, sein finanzielles Verantwortungsgefühl noch sein Benehmen mir gegenüber betraf. Als ich herausfand, dass er nie vorgehabt hatte sich zu bemühen, sondern ganz im Gegenteil noch weitere, sogar noch schlimmere Dinge ans Tageslicht kamen, suchte ich den Scheidungsanwalt auf.

Und auf einmal war ich, die nur in Frieden leben wollte, meinen Erfolg, für den ich konsequent gearbeitet hatte, nun in vollen Zügen genießen wollte, in einen Scheidungskrieg verwickelt, den ich mir in meinen kühnsten Alpträumen nicht auszumalen vermocht hätte. Es fiel mir schwer, mit einer derart geballten Ladung Hass, Aggressivität, Destruktivität, Unfairness und mangelnder Selbstreflexion umzugehen.

Ich hatte in meinem ganzen Leben noch nie Hass gegen meine Person erlebt, war immer ein Sonnenkind gewesen und hatte auch jetzt eine friedliche Trennung in Freundschaft und ohne Trümmerfeld angestrebt. Doch nicht nur zum Streiten, auch zum Frieden gehören immer zwei, das musste ich schmerzvoll erkennen. Ich musste mein geliebtes Haus verlassen, da ein Leben und Arbeiten unter einem Dach mit meinem Noch-Ehemann nicht mehr möglich war und die immer schlimmer werdenden Konflikte und Ausfälligkeiten seinerseits eine nicht mehr akzeptable Zumutung für meine Kinder und mich waren. Es folgte eine Zeit, unerträglich lange zwei Jahre, die so furchtbar waren, dass ich am liebsten gar nicht darüber schreiben würde, um die Erinnerung daran nicht wieder lebhaft werden zu lassen. Ich war gezwungen, mich mit negativen und destruktiven Dingen zu befassen, die ich vorher noch nie zu spüren bekommen hatte. Mein Mann versuchte, meine Kinder gegen mich aufzuhetzen.. Jetzt hatte ich beruflich so viel erreicht, hatte genug Geld und vor allem auch die Zeit, um dieses mit meinen Kindern genießen zu können, und auf einmal geriet das ins Wanken, was immer mein Fundament und absolutes Heiligtum gewesen war: Meine Kinder. Was er mir und vor allem den Kindern damit antat, war ihm nicht einmal bewusst. Das Aller-Allerschrecklichste, was ich in meinem bisherigen Leben erlebt habe, war diese Angst, dass er gewinnen und ich meine Kinder verlieren könnte.

Mir wurde brutal bewusst, was die Kehrseite von Erfolg und Geld ist.

Ich durfte also auch in meinem privaten Leben erleben, was es bedeutet, eine klare Entscheidung zu treffen. Genauso, wie ich es in meinem Team immer kommuniziere:

Triff zuerst eine Entscheidung. Und wenn du sie getroffen hast, dann steh zu ihr und hinterfrage sie nicht mehr. Es war mir auch stets völlig klar, dass trotz dieses unfassbaren Krieges, den ich nicht für möglich gehalten hätte, keine einzige Sekunde meine Entscheidung, meinen Ehe-Alptraum zu beenden, in Frage gestellt hatte.

Und so schlimm das Ganze auch war - ich weiß nicht, wie viele Tage ich heulend und total verzweifelt verbrachte, wie viele schlaflose

Nächte ich hatte, voller quälender Gedanken und Ängste. Selbst in meinen dunkelsten Stunden, in denen ich die nackte Angst hatte, das zu verlieren, was mir das Wichtigste auf der Welt ist - meine Kinder - habe ich immer in meinem Innersten gespürt, dass ich aus diesem ganzen Alptraum gestärkt hervorgehen würde. Dass es mich auf Großes vorbereiten würde, wofür ich noch mehr Stärke und eine dickere Haut brauchen würde, als ich vorher gehabt hatte. Und vor allem, dass meine getroffene Entscheidung die einzige und 100 % richtige gewesen war, trotz allem Horror.

Wenn du einen Tiefpunkt erreichst und überlebst, dann gibt es nur sehr wenige Dinge im Leben, die dich unterkriegen können. Und wenn du gelernt hast, in diesen Zeiten gleich zu denken wie in den positiven - was wohl das Allerschwierigste auf der Welt ist - dann bist du unbesiegbar!

Mein Tipp: Überlege gut, hol dir alle nötigen Informationen ein, triff dann auf dieser Basis eine Entscheidung und steh dann zu 100 % hinter ihr!

Wie viele Menschen haben Angst davor, und fristen ihr Leben mit Kompromissen, vor lauter Angst vor dem Schritt zur Veränderung?

Erst durch meine berufliche - und in der Folge auch private - Entwicklung habe ich die Bedeutung von klaren Entscheidungen verstanden. Und ich habe erkannt, wie viele Menschen, auch und gerade Erwachsene, erfolgreiche Menschen, sich dessen überhaupt nicht bewusst sind. Ich kenne das aus meinem persönlichen Umfeld. Da werden Dinge getan, Entscheidungen getroffen, und wenn dann etwas schief geht, nicht gleich so funktioniert wie geplant, dann wird gehadert. Die Entscheidung in Frage gestellt. Den Umständen und anderen Menschen die Schuld gegeben. Gejammert. Bereut.

Eine klare, gut überlegte Entscheidung treffen und in der Folge die Verantwortung für ihre Konsequenzen zu tragen bereit zu sein, ist wohl einer der entscheidendsten Knackpunkte im persönlichen Wachstum.

Heute lebe ich in absolutem inneren Frieden. Ich habe meine Kinder nicht verloren, sondern kann die Zeit mit ihnen in Harmonie genießen. Ich habe die große Liebe meines Lebens gefunden, meine Berufung erkannt, meine Arbeit auf eine höhere, internationalere Basis gestellt. Viele meiner Träume habe ich bereits verwirklicht, die anderen sind in Planung! Einige Menschen sind aus meinem Leben verschwunden und andere, wirkliche Seelenverwandte, sind gekommen, um zu bleiben. Ich lebe in einem anderen Haus, mit anderen Möbeln, Pflanzen und Bildern und durfte erkennen, dass Glück nicht an Ziegeln und Gegenständen hängt. Ich habe in den letzten harten Jahren sehr viel über mich, die Menschen und das Leben gelernt und bin einfach dankbar für jeden Tag, den ich in dieser Harmonie Liebe und Sinnhaftigkeit leben darf. Dieses Buch geschrieben zu haben ist ein weiterer Traum, der wahr werden durfte. Danke, dass ihr es lesen wollt!

First Steps - Motiv, Ziel & Vision

Wähle einen Beruf, den du liebst – dann brauchst du dein Leben lang nicht mehr zu arbeiten.

(Konfuzius)

Dein Motiv & Ziel

Dein Motiv, wieso du dein Business gestartet hast oder starten willst, ist das Um und Auf. Ohne ein starkes Motiv wirst du nicht die Kraft aufbringen, dich in Bewegung zu setzen. Oder langfristig durchzuhalten.

Mein anfängliches Motiv war es ja, die Produkte günstiger zu bekommen. Also ein sehr bescheidenes Motiv - ich gebe es zu. Es hat sich aber gewandelt und ist rasant gewachsen, als ich erkannt habe, was im Networkmarketing alles möglich ist. Mein nächstes Motiv war es, genug Zeit für meine Kinder zu haben und trotzdem richtig gutes Geld zu verdienen. Als ich das erreicht hatte, kamen einige materielle Ziele dazu: Neue Möbel, ein schönes Auto, wunderbare Reisen, mir ein schönes finanzielles Polster aufzubauen ...

Was ist heute mein Motiv? Vieles hat sich ja schon erfüllt in den letzten sechs Jahren ...

Heute möchte ich in jedem Land zumindest einen Top-Leader haben. Ich möchte eine der besten Networkerinnen der Welt werden. Ich möchte als Bestsellerautorin bekannt werden. Immobilien an den schönsten Orten der Welt kaufen. Mein Team zum erfolgreichsten im Unternehmen machen. Ganz vielen Menschen zu einem besseren Leben verhelfen, raus aus dem Hamsterrad. Dazu beitragen, dass mein Partnerunternehmen über Europa hinauswächst und ein Global Player mit ethischer Verantwortung wird. Einen attraktiven Vermögenswert für meine Kinder und Enkelkinder aufbauen. Qualitätszeit mit meiner großen Liebe haben und mit ihm zusammen auch beruflich Großes erschaffen. Gesund und glücklich richtig alt werden. Und bis zu meinem letzten Stündchen voller Freude ein Business betreiben, immer einen Sinn in meinem Leben spüren.

Stell dir also einmal die Frage nach deinem Motiv:

Wieso willst du Partner/in werden? Wieso bist du Partner/in geworden?

Dass du das Unternehmen oder seine Produkte top findest, ist kein Motiv. Die kannst du auch als Kunde oder Kundin toll finden. Ein Motiv ist etwas zutiefst Persönliches! Dein ganz persönliches Warum. Es ist der Treibstoff für deinen Motor. „Ist der Telefonhörer zu schwer, ist das Motiv zu schwach" ist eine gängige Aussage in meinem Partnerunternehmen. Und es ist genauso. Du wirst nicht den nötigen Antrieb haben, Menschen anzurufen, zu kontaktieren und einzuladen, Neins hinzunehmen, immer und immer wieder die gleichen Dinge tun, nach Rückschlägen wieder aufstehen, wenn du kein brennendes Motiv hast. Je größer das Motiv, umso mehr wirst du laufen. Und das wird dann die entsprechenden Resultate bringen.

Was ist dein Ziel?

Wer das Ziel nicht kennt, kann den Weg nicht wählen.

Es ist erstaunlich, wie viele Menschen nicht die leiseste Idee haben, was sie eigentlich in ihrem Leben erreichen wollen. Welche persönlichen und finanziellen Ziele sie haben. Welche Karriereziele. Wie ihr Leben in 3, 5 und 10 Jahren aussehen soll. Wie, wo und mit wem sie leben wollen. Wie ihr perfekter Tagesablauf aussieht. Welche monatliche Summe auf ihrem Konto sich für sie als finanzielle Freiheit anfühlt. Sich diese Fragen zu beantworten mag sich für jemanden, der das noch nie getan hat, seltsam anfühlen. Es ist aber absolut notwendig, wenn man im Networkmarketing erfolgreich sein möchte.

Man kann auch durchaus klein beginnen. Auch Ziele dürfen sich verändern, wachsen und sich entwickeln. In meinem Team war es in den meisten Fällen so, dass die Partner mit eher kleinen, zaghaften Zielen gestartet sind. Oft, weil man sich als Neuling gar nicht vorstellen kann, was in diesem Geschäft alles möglich ist. Das ist in Ordnung - lass dich davon nicht stressen. Auch Motive müssen sich erst klar entwickeln und darstellen. Auch mein eigenes Motiv war anfangs ganz klein - einfach die Produkte günstiger einzukaufen. Lass dich davon nicht demotivieren, wenn das das erste Motiv deiner Neupartner ist. Es liegt dann an dir, ihn so ins Business einzuführen, dass er step by step die Möglichkeiten erkennt - und damit wird sich automatisch auch sein Ziel verändern und wachsen.

Anfangs ist es relativ egal, wie klein oder groß ein Ziel ist, möchte ich behaupten. Wichtig ist, dass man zumindest mal eines hat. Es ist wie bei einer Urlaubsreise. Wenn ich nicht weiß, wo ich hin will, welche Straße oder welches Flugzeug ich nehmen soll.

Oder wenn ich ein Haus bauen möchte. Es wäre ratsam, vorher genaue Pläne zu machen, um zu wissen, wie groß, in welchem Stil es sein und wo es stehen soll - oder?

Was möchtest du bis zum Ende des Jahres erreicht haben? Wenn du neu im Geschäft bist, werden das vielleicht eher Dinge sein wie Reisen, ein neues Auto oder Sofa, den Hauptjob stundenmäßig zu reduzieren, den Kindern Reitstunden zu ermöglichen ...

Wenn du schon etwas länger dabei bist, werden auch andere Dinge dazukommen. Wie Karrierestufen, Teamgrößen, Einkommenshöhe, Anzahl der Führungskräfte im Team ... Das geht dann also in Richtung Planung, es wird konkreter, messbarer und ist ganz wichtig für deinen langfristigen Erfolg.

Ich möchte dir zum Thema Ziele eine kleine Geschichte erzählen, die mir selbst erst kürzlich wieder eingefallen ist und die ich aus heutiger Perspektive sehr interessant finde:

Ich bin schon als Studentin gerne gereist und habe mein im

Gastgewerbe verdientes Geld zu einem großen Teil für Reisen ausgegeben. Damals musste ich natürlich darauf achten, die günstigsten Flüge zu bekommen und so flog ich einmal von München aus nach Sri Lanka. Auf dem Münchner Flughafen kam mir eine Frau entgegen, die mich faszinierte. Sie schob einen Gepäckwagen vor sich her, der voll war mit wunderschönen, edlen, glänzenden Rimowa-Alukoffern. Vom Schrankkoffer bis hin zum Beauty Case. Sie war edel gekleidet, trug eine schicke Sonnenbrille und strahlte eine Aura von Gelassenheit, Unabhängigkeit, Weltgewandtheit und Wohlstand aus. Ich spürte in dem Moment den starken Wunsch, später einmal so zu sein wie sie. Wohlhabend, in Fülle lebend, weitgereist, stilvoll, entspannt und mit mir im Reinen. Ich vergaß diese Begegnung dann, und kürzlich, etwa 20 Jahre später, kam es mir wieder in den Sinn, als ich meine Koffer für eine Reise nach Mexiko packte. Ich musste lachen, als ich auf mein Gepäck blickte. Ich hatte drei glänzende Rimowa-Koffer gepackt, einen großen und zwei Cabin-Trolleys. Es war Juli und meine siebente Reise in diesem Jahr, die ich machen konnte, weil ich ortsunabhängig arbeiten kann und mir außerdem etwas aufgebaut habe, das mir erlaubt, auch monatelang im Jahr nicht zu arbeiten. Und ich konnte diese Traumreise mit meinen drei Kindern und dem Mann meines Lebens machen, also das Wichtigste, was es für mich auf der Welt gibt. Da wurde ich mir bewusst, wie nahe ich meinem damaligen Wunsch und Bild von dieser unabhängigen, weltgewandten und in sich ruhenden Frau gekommen war. Am makellosen Auftritt darf ich allerdings noch arbeiten, da es bei mir schon mal vorkommen kann, dass mir mit Kaffee oder Kernöl ein Malheur passiert, ich meine neue Sonnenbrille am Tresen liegen lasse oder irrtümlich die falschen Schuhe zu dem Kleid eingepackt habe … ;-)

Ich hatte dieses Ziel, das damals sicher nicht eines meiner vorrangigsten war, wieder vergessen. Aber offenbar hat mein Unterbewusstsein es gespeichert und dafür gesorgt, dass sich ganz viel davon dann viele Jahre später wirklich in meinem Leben realisiert hat. Zum Unterbewusstsein kommen wir noch unten im Kapitel „Mindset".

Was ist eine Vision?

Go after your dreams like your life depends on it … because it does.

Die Vision ist das, was noch über deinen Zielen steht. Quasi die Essenz, der Sinn deines Lebens. Das, was du, wenn du einmal am Sterbebett liegst, auf deiner Bucket List erledigt haben möchtest. Das, was du der Welt hinterlassen möchtest. Das, was dich jeden Tag antreibt. Das, mit dem du der Erreichung deiner Ziele näher kommst.

Meine Vision beispielsweise ist es, möglichst vielen Menschen zu einem genialen, freien und selbstbestimmten Leben zu verhelfen und möglichst viel Gutes für Mensch, Tier und Umwelt zu tun. Ich möchte ein positiver Beitrag für unseren Planeten und unsere Gesellschaft sein, als Mama, Geliebte, Teamleaderin, Top-Networkerin, Aktivistin, Buchautorin, Millionärin mit Herz und Mitgefühl und am Sterbebett auf ein erfülltes, aktives und positives Leben in Freiheit, Würde und Freude zurückblicken. Ich möchte möglichst viele wunderbare Momente an den schönsten Orten dieser Welt einsammeln. Meinen Kindern etwas zu hinterlassen zählt ebenfalls dazu. Damit meine ich nicht unbedingt nur ein finanzielles Erbe, sondern vielmehr, ihnen Werte und Anstand vermittelt zu haben, ein Vorbild für sie gewesen zu sein, mit einem freien und selbstbestimmten Leben, mit dem ich niemandem schade, aber ganz viel Gutes tun kann. Mit einem Kontostand, der so erfreulich ist, dass Geld sowieso kein Thema ist. Dass es immer in Fülle vorhanden ist. Als Vorbild als Mensch, Mama, Geschäftsfrau, Freundin, Partnerin und Weltbürgerin.

Was ist deine Vision? Hast du schon jemals darüber nachgedacht? Wenn nicht – viel Spaß dabei! Das Finden seiner ganz persönlichen Vision ist etwas ungemein Schönes, Spannendes und Aufregendes! Mach dir keinen Stress, wenn du nicht sofort deine Lebensvision ganz klar vor Augen hast. Auch das ist ein Prozess, den man Schritt für Schritt geht, wo man hineinwächst und mitwächst.

Ein wertvolles Tool, um seine ganz persönliche Vision herauszuarbeiten, ist das Visionboard, das direkt im nächsten Kapitel behandelt wird.

Eng damit verbunden ist das Thema Mindset. Mein absolutes Lieblingsthema, auf das ich auch im nächsten Kapitel näher eingeben möchte! Das Mindset ist einfach ALLES im Leben!

It's all about Mindset!

Wollen wir die Welt ändern und bessern, dann müssen wir bei uns anfangen – und wollen wir uns bessern, dann müssen wir bei unseren Gedanken beginnen.

Kurt Tepperwein

Mindset. Visionboard. Was ist das eigentlich?

Ich hatte dieses Wort vor meiner Karriere im Networkmarketing noch nie gehört. Doch ich habe instinktiv Gottseidank einen sehr wichtigen, für meinen Erfolg absolut essentiellen Grundsatz von Anfang an fast stur befolgt. Dieser Grundsatz lautet:

„Schau denen auf die Finger, die schon dort sind, wo du hinwillst!"

Das habe ich getan. Ich hatte ja keine Ahnung von dem Geschäft, wusste so wenig darüber, dass ich nicht einmal Vorurteile oder Glaubenssätze haben konnte. Also habe ich von Anfang an einfach getan, was mir meine Mentorin, Bettina Schmid gesagt hat und was unsere erfolgreiche Upline, Lydia Werner mit ihren genialen Tools für unser Team geschaffen hat – Näheres dazu in Make Life Wow von Lydia Werner.

Aber ganz ehrlich, als meine Mentorin zu Beginn meiner Karriere sagte, ich solle meine Wünsche und Träume in Bildern aufkleben und mit Terminen, bis wann sich diese realisieren sollen, versehen, habe ich mich schon gefragt, wo um Himmels willen ich hier bloß gelandet bin. Für mich als Juristin und doppelter Steinbock fühlte sich das echt sehr seltsam und fragwürdig an!

Ich hatte noch nie mit solchen Dingen zu tun gehabt und fand das gelinde gesagt echt abgefahren und esoterisch. Aus irgendeinem Grund habe ich es aber dennoch getan. Zuerst ganz zaghaft und etwas trotzig, so nach dem Motto - na, dann wollen wir mal sehen, was der Quatsch da bringen soll. Ich klebte also gewisse Dinge drauf, anfangs waren das kleinere, zaghafte Ziele. Wie Karrierestufen, Möbel, Urlaube, ein cooles Auto ... Und ich schwöre dir - niemand war so erstaunt wie ich, als wirklich ALLES davon termingerecht eintrat! Es war wie Magie! Natürlich war es das nicht. Das Visionboard macht nur klar, wie ungemein stark ein klares, terminiertes Ziel, gepaart mit völligem Fokus ist.

Mir wurde nach und nach bewusst, dass das kein esoterischer Hokuspokus ist, sondern sehr, sehr viele sehr erfolgreiche Menschen mit Visionboards arbeiten. Das Mentaltraining von Spitzensportlern ist im Grunde nichts anderes. Nachdem diese ersten Ziele so punktgenau eintrafen, habe ich mich mehr und mehr mit dem Visionboard auseinandergesetzt, meines immer genauer erarbeitet, immer neue, mutigere, verrücktere und größere Ziele für mich definiert.

Wenn sich ein Ziel erfüllt hat, nehme ich das Bild ab und klebe es in ein dafür vorgesehenes Erfolgsbuch. Und wenn einmal ein Tag kommt, an dem ich mich selbst nicht leiden kann, an dem ich mich klein, unbedeutend und unfähig fühle - denn auch ich habe natürlich solche Momente, das ist menschlich und wohl jedem nur zu gut bekannt - dann setze ich mich hin und blättere dieses Buch mit all den bunten Bildern von Dingen, Zielen und Wünschen durch, die ich mir bereits ermöglicht und erfüllt habe. Da sind inzwischen tolle Urlaube mit meinen Kindern, Möbelstücke, Karrierestufen, anerkennende Briefe von Teampartnern und Freunden, gewonnene Incentive-Reisen, Sozialprojekte, unvergessliche Ausflüge mit meinen Teampartnern, sportliche Ziele, Autos, mein erstes selbst gekauftes Haus, Teamerfolge, Anerkennungen von meinem Partnerunternehmen und vieles mehr darin zu finden. Wenn man sein Erfolgsbuch durchblättert, wird einem erst bewusst, wie viel man eigentlich leistet und schafft. Uns selbst wertzuschätzen, auf unsere Erfolge stolz zu sein und unseren Wert zu erkennen ist ein ganz wichtiger Schritt in der Persönlichkeitsentwicklung.

Irgendwann wurde mir bewusst, dass ich natürlich schon mein ganzes Leben lang ein Mindset gehabt habe - ohne zu wissen, was das überhaupt ist und ohne mir jemals Gedanken darüber gemacht zu haben. Aber ich hatte eines. Genau wie jeder einzelne von uns. Das ist die Summe unserer Gedanken. Wie wir über uns denken, über die Welt, über Erfolg, Liebe, Glück, Beziehungen, Gelegenheiten, ...

Schon als Kind haben wir ein Mindset. Vieles übernehmen wir gerade als Kinder von unserem Umfeld, der Familie, den Eltern, Lehrern, Freunden, ... Glaubenssätze, Limitationen, Ansichten, Einstellungen, Geisteshaltungen, ... meist ist uns das überhaupt nicht bewusst. Aber wir kennen wahrscheinlich alle Menschen, denen alles immer einfach zuzufliegen scheint, die immer auf die Butterseite fallen, niemals scheitern. Und dann kennen wir andere, wo immer genau das Gegenteil der Fall ist. Die immer Pech haben, auf die falschen Männer reinfallen, draufzahlen, den schwarzen Peter ziehen, leer ausgehen ...

Man nimmt das so als gegeben hin. Aber wenn man sich die Sache näher anschaut, wird man wohl in den meisten Fällen herausfinden, dass die Menschen ein entsprechendes Mindset haben. Diejenigen, die die Dinge positiv sehen und davon ausgehen, dass alles ja sowieso nur großartig laufen kann, werden recht bekommen. Und diejenigen, die überall nur die Probleme sehen, darauf warten, dass es eh wieder schief geht, werden ebenfalls nicht enttäuscht werden. Ob du denkst, du schaffst es oder nicht - du wirst immer recht behalten. Das wusste schon Henry Ford.

Um dir zu zeigen, wie unglaublich wichtig der innere Glaube und deine Einstellung sind, möchte ich dir eine etwas peinliche Geschichte aus meiner Jugend erzählen. Mir wurde Gottseidank von meinen Vorfahren eine sehr positive Grundeinstellung in die Wiege gelegt. Ich war immer überzeugt davon, dass mein Leben ein einziges Märchen sein würde und ich immer bekommen würde, was ich mir wünsche.

Ich war neunzehn Jahre alt, hatte ein Jahr in Rom gelebt, dort viele Freunde gefunden und als ich zu Ostern des folgenden Jahres auf Kurzurlaub nach Rom fuhr, um meine Freunde zu besuchen, traf ich die Liebe meines Lebens.

Er war ein neuer Freund meines besten Freundes, Sohn argentinischer Diplomaten und gerade erst für zwei Jahre nach Rom gekommen. Ich lernte ihn in einem Café am Pantheon kennen und hatte Schmetterlinge im Bauch, sobald ich das erste Wort mit ihm gewechselt hatte. Wir verbrachten die ganze Woche in dieser Freundesrunde zusammen, machten Sightseeing, besichtigten Assisi, machten abends die römischen Bars und Discos unsicher und mein Bauchkribbeln wurde mit jeder Minute, die ich mit ihm verbrachte, intensiver. Es war absolute Magie. In der Nacht vor meiner Abreise wachte ich auf, hatte das Gefühl, keine Luft mehr zu bekommen, musste mich im Bett aufsetzen, um atmen zu können und sagte zu meiner Freundin: „Du - er ist die Liebe meines Lebens. Ich muss mit ihm zusammenkommen!"

Nun musste ich am nächsten Tag aber in mein Leben nach Graz zurück. Zu meinem gerade erst begonnenen Jurastudium. Als wir uns verabschiedeten, schwor ich mir, dieser Liebe eine Chance zu geben. Das war vor 20 Jahren, damals gab es kaum Handys und Buchungen oder Käufe über das Internet waren noch nicht verbreitet. Es war zwar möglich, Auslandssemester von der Uni aus zu machen, aber erst im zweiten Studienabschnitt, aber ich hatte ja gerade erst begonnen, war im ersten Abschnitt und musste zusätzlich das Lateinexamen auf der Uni nachmachen. Die einzige Möglichkeit, nach Rom zu kommen war, dort nur die Vorlesungen zu besuchen und die Prüfungen dann ganz normal an der Uni in Graz zu machen. Und ich musste die Lateinprüfung vorher positiv ablegen, um zum Römischen Recht antreten zu können. Was soll ich sagen? Ich musste meine Eltern davon überzeugen, dass es für meine Zukunft wichtig war, ein Jahr im Ausland zu studieren und mein Italienisch zu perfektionieren. Ich musste eine günstige Wohnmöglichkeit in Rom finden, irgendwie zu Geld kommen und natürlich irgendwie meine Prüfungen machen. Ich hatte damals schon ein starkes Verantwortungsgefühl meinen Eltern gegenüber, die mir immer vertraut hatten und mir auch mit der Rom-Idee keinen Stein in den Weg legten, dass ich mein Studium wie geplant durchziehen und keine Zeit durch meine Eskapaden verlieren wollte. Sie vertrauten mir ja und ich wollte das nicht missbrauchen. Ohne Internet war das alles nicht einfach, aber ich hatte innerhalb kurzer Zeit eine Au-Pair-Stelle gefunden. Bei einem alleinerziehenden Vater aus Argentinien, dessen süßer siebenjähriger Sohn eine mexikanische Mutter hatte und bei dem ich nicht nur mein Spanisch verbessern konnte, sondern auch einen so entspannten Au-Pair-Job hatte, wie man es sich nur wünschen kann. Luciano war nur jede zweite Woche bei seinem Vater und da den ganzen Tag in der Schule. An den Wochenenden waren die beiden unterwegs und in den Wochen, in denen Luciano bei seiner Mutter war, war sein Vater bei seiner Freundin und ich hatte die Wohnung und die ganze Zeit für mich allein. Das einzige, was ich da zu tun hatte, war, die Hemden zu bügeln. Ich kaufte mir Spanisch-Kassetten und lernte im Laufe der Zeit beim Bügeln Spanisch. Mit diesem Job verdiente ich ein ganz nettes Taschengeld, wohnte traumhaft in der Nähe des Vatikans, hatte einen meist gut gefüllten Kühlschrank für mich und mein Job bestand darin, jede zweite Woche von 16 Uhr, wenn Luciano aus der Schule kam, bis abends gegen 19 Uhr auf ihn aufzupassen. Ansonsten hatte ich Zeit für meine Unisachen, für weitere kleine Jobs und natürlich meine große Liebe. Ich traf ihn schon an meinem ersten Abend. Das war im September und ich hatte Cruz seit Ostern nicht gesehen, keine Ahnung, was in seinem Leben inzwischen passiert war. Aber als ich ihm an diesem Septemberabend in die Augen sah, war es, als sei kein Tag seit Ostern vergangen.

Um es kurz zu machen: Ich hatte in diesem Jahr eine unfassbar einzigartige, unvergessliche Romanze mit ihm. Noch heute kann ich diese intensiven Gefühle spüren, wenn ich an unsere gemeinsamen Momente denke. Er wurde nicht der Mann, mit dem ich mein Leben verbracht habe (Gottseindank, kann ich heute nur sagen!) - aber ich möchte diese Zeit um keinen Preis der Welt missen. Nebenbei bemerkt wäre ich mit meinem Business nicht dort, wo ich bin, weil ich in der Zeit in Rom Pia kennengelernt habe, die Jahrzehnte später der Kopf meines zweitstärksten Teams wurde.

Was das alles mit dem Thema Mindset zu tun hat? Ich hatte zu Ostern eine Entscheidung getroffen. Ich wollte herausfinden, ob Cruz die Liebe meines Lebens war. Ich kannte ihn gerade ein paar Tage, wusste rein gar nichts von seinem Leben und hatte ihm nicht einmal erzählt, dass ich im Herbst zurückkommen und wir uns wiedersehen würden. Er wusste überhaupt nichts von meinen Gefühlen, ich nichts von seinem Beziehungsstatus und dergleichen. Ich wusste nur eines:

ICH MUSS NACH ROM,

um herauszufinden, ob er für mich bestimmt ist. Das war mein WAS.

Dafür habe ich alles auf mich genommen. Auf meine Lateinprüfung, die ja der Schlüssel dafür war, dass ich nach Rom gehen konnte, habe ich eine Top-Note bekommen, da ich einfach alles dafür gegeben habe. Auch alles andere hat geklappt, einfach, weil ich es wollte und nichts anderes für mich denkbar war. Das Verrückteste an der Sache aber war: Ich hatte keine einzige Sekunde daran gedacht, dass er sich nicht für mich interessieren könnte. Diese Möglichkeit existierte in meinem Universum überhaupt nicht. Erst viele Jahre später, mit über vierzig Jahren, als ich mein Network-Marketing-Business gestartet und mich erstmals mit dem Thema Mindest auseinandergesetzt hatte, fiel mir auf, wie verrückt ich damals eigentlich gewesen war. Ich hatte alles auf ein Pferd gesetzt, mein ganzes Leben auf den Kopf gestellt, tiefgreifende Entscheidungen getroffen - einzig und allein deshalb, weil das das Einzige war, was in diesem Moment Bedeutung für mich hatte: Herauszufinden, ob Cruz die Liebe meines Lebens ist. Um jeden Preis. Und ich hatte mich keine Sekunde lang mit dem Gedanken beschäftigt, was denn sei, wenn er mich einfach nicht wollen würde.

Heute weiß ich - DAS WAR EIN VERDAMMT KLARES MINDSET. Vielleicht verrückt. Bestimmt sogar egozentrisch, naiv, kindisch, unüberlegt, vielleicht auch etwas eingebildet und selbstgefällig. Aber es war eine absolute 100 % Entscheidung. Die ich nie bereut habe. Ohne die mein Leben ganz anders verlaufen wäre - auch wenn sich letzten Endes herausgestellt hat, dass er doch nicht der Mann fürs Leben war ...

Weißt du nun, was Mindset bedeutet und wie unglaublich stark es ist? Gehst du mit so einer Entschlossenheit in dein Networkmarketing-Business? Ist dein WAS genau so klar und stark wie es meines damals war?

Du siehst also, man muss gar nicht wissen, was ein Mindset ist, um eines zu haben und dieses positiv sein Leben beeinflussen zu lassen. Jeder hat ein Mindset - ob positiv oder negativ - und es beeinflusst unser ganzes Leben!

Wenn man sich einmal dessen bewusst ist, kann man es bewusst einsetzen, daran arbeiten und seine Gedanken und deren Auswirkungen auf sein Leben reflektieren.

Ich habe mich nach diesem sehr skeptischen Beginn beruflich immer mehr mit dem Thema Mindset befasst, Visionboards gemacht und immer mehr gesehen, wie sich alles darauf wie durch Zauberei verwirklicht hat. Ich habe gelernt, meine positive Grundeinstellung bewusst aufzurufen, in mein Geschäft zu integrieren und richtig groß zu denken, Schritt für Schritt, immer ein bisschen größer... Meine großen Pläne wurden teilweise sogar übertroffen - Umsätze, Zielstufen, Provisionen, gewonnene Incentive-Reisen an unfassbare Traumdestinationen, Teamwachstum, Wertschätzung von meinem Umfeld ...

Auch als ich schon auf dem Weg an die Spitze meines Partnerunternehmens war, musste ich immer wieder erkennen, dass ich immer noch zu klein dachte. Ich merkte das an meiner Monatsplanung, die regelmäßig übertroffen wurde, obwohl ich immer schon fast ein schlechtes Gewissen hatte, so „großkotzig" zu planen. Und wenn einem das immer wieder passiert, dann kann man zwangsläufig gar nicht anders, als sein Denken, seine Planung, seine Visionen schrittweise zu adaptieren, größer zu machen, selbst wirklich daran zu glauben, weil man ja schwarz auf weiß den Beweis geliefert bekommt, dass noch viel mehr möglich ist, als man vorher in seinem kleinen Denken für möglich gehalten hat. Planung ist definitiv die halbe Miete für den Erfolg!

Es kam mir anfangs sehr seltsam vor, mein Mindset aufzuschreiben, auf meinem Handy auszusprechen und mir täglich mehrmals anzuhören.

Da es von meiner Upline geschult wird und mir immer klarer wurde, wie essentiell ein gutes Mindset für den Erfolg ist, habe ich mich mehr und mehr mit dem Thema beschäftigt und absolut erstaunliche Dinge sind in mein Leben getreten. Ich habe das Mindset auch in meinem Team geschult, es ist Teil aller Coachings, die ich anbiete und ich habe mich in dem Bereich mit wachsender Begeisterung weitergebildet und weiterentwickelt.

Was ist das Mindset, wie wir es in unserem Business vermitteln?

Dein Mindset ist ganz einfach die beste Version deiner Selbst. Wie du gerne sein möchtest. Die Art, wie du über dich selbst auf die positivste Art denkst. Du schreibst dir all deine Wünsche, Träume, Visionen und Ziele in der Gegenwartsform so auf, als ob sie schon Realität wären. Trau dich, groß zu denken und zu visionieren! Je größer, desto besser. Dein Mindset muss dir Herzklopfen und Gänsehaut verursachen, wenn du es dir anhörst!

Wichtig ist, Verneinungen zu vermeiden! Denn dein Unterbewusstsein erkennt kein NEIN, es streicht das NEIN einfach und übrig bleibt das Unerwünschte!

Statt also beispielsweise zu schreiben:

„Ich habe keine Probleme, neue Partner für mein Team zu gewinnen" (dein Unterbewusstsein würde nämlich nur speichern „Probleme, Partner zu gewinnen"), schreibe lieber:

„Die Welt ist voller Menschen, die nur darauf warten, Teil meines Erfolgsteams werden zu dürfen."

Diesen Satz habe ich einigen Teampartnerinnen vorgeschlagen, die das Gefühl hatten, lediglich Kunden gewinnen zu können, aber Probleme damit zu haben, Menschen für unser Business zu begeistern. Ich habe ihnen den Tipp gegeben, sich diesen Satz zumindest einen Monat lang jeden Tag fünfmal morgens und fünfmal abends laut vorzusagen - und mir dann zu berichten, was sich nach einem Monat verändert hat. Die Ergebnisse waren durch die Bank verblüffend. Probier' es einfach mal aus!

Dein Mindset sollte zu Anfang etwa eine DIN-A4 Seite lang sein, es ist aber nichts Statisches, ganz im Gegenteil. Ein Mindset muss sich entwickeln, wie sich auch deine Persönlichkeit laufend weiterentwickelt, und wird nach einer Zeit ganz anders aussehen als die ersten Versionen und in der Regel auch länger werden. Sprich dir dein Mindset auch als Sprachmemo aufs Handy und höre es dir mehrmals täglich an. Abends im Bett, wenn man schon in einem gewissen Entspannungszustand ist, ist ein besonders guter Zeitpunkt dafür. Aber auch wenn du gerade auf dem Weg zu einem wichtigen Termin, einem Gespräch oder einer Veranstaltung bist oder vor einem Telefonat - hör es dir vorher an. Genauso wie deine Lieblingsmusik zu hören, wird es etwas in dir auslösen und dich in eine besondere Energie versetzen. Du kannst das leicht ausprobieren! Mir ist es mehrmals passiert, dass ich, nachdem ich auf dem Weg zu einem Businesstermin im Auto mein Mindset angehört habe, wie auch meine Lieblingsmusik, die mich so richtig mitreißt, zu meinem Termin förmlich geschwebt bin und meine Gesprächspartner meinten: „Also, deine Energie und Begeisterung kann ich förmlich spüren!" Und wirklich absolut nichts auf der Welt ist so ansteckend wie Begeisterung. Glück, gute Laune und ein großartiges Leben - wer will das schließlich nicht?!

Heute weiß ich, dass das Mindset wirklich ALLES ist! Es entscheidet über Erfolg oder Misserfolg. ***„Ob du denkst du schaffst es oder nicht - du wirst immer recht behalten"***, wusste schon Henry Ford.

Und auch in der Bibel finden sich einige Hinweise darauf, dass bereits Jesus Christus um die Kraft der Gedanken wusste. Ist das nicht total faszinierend???

„Nach deinem Glauben wird dir geschehen" heißt es da und Hiob sprach die bekannten Worte ***„Was ich befürchtet habe, kam über mich."***

„An ihren Früchten werdet ihr sie erkennen. Liest man etwa Trauben von Dornen oder Feigen von Disteln? So bringt jeder gute Baum gute Früchte, aber der faule Baum bringt schlechte Früchte", sagt Matthäus in Matthäus, 7,16.

Und auch Großdenker wie Albert Einstein wussten bereits über die Macht des Mindsets, der Kraft der Gedanken. ***„Imagination ist alles, sie ist die Vorschau auf die kommenden Ereignisse des Lebens"***, sagt er in einem berühmten Zitat.

Stimmst du dem zu? Bist du der Meinung, dass es Sinn macht, sich mit dem Thema zu befassen und an seinem eigenen positiven Mindset zu arbeiten? Ich habe mich schrittweise auf dieses Thema eingelassen. Mittlerweile ist das Thema Mindset für mich absolut essentiell und ich kann auch in meinem Team sofort erkennen, wer noch kein bzw. ein negatives Mindset und Begrenzungen in seinen Gedanken hat. Es ist ganz deutlich an den Ergebnissen der jeweiligen Person und sogar im ganzen Team zu erkennen.

Wie schon erwähnt, ist das Mindset ein fixer Bestandteil aller Coachings, die in meinem Team und in meiner gesamten Upline stattfinden.

Seit ich von einer Kollegin diese Anregung bekommen habe, mache ich das nicht nur selber, sondern inspiriere auch meine Teampartner dazu, jeden Monat, wenn sie ihre Monatsplanung erstellen, ihr aktuelles Mindset anzusehen und zu überarbeiten. Wenn sich jemand aus meinem Team gerade in einer Sackgasse befindet oder nicht vorankommt, versuche ich immer, herauszufinden, wie das Mindset dieser Person gerade aussieht. Es ist fast magisch, aber in den allermeisten Fällen haben diese Dinge ihre Ursache im fehlenden oder negativen Mindset, in begrenzenden, negativen Glaubenssätzen, selbst auferlegten Limitierungen.

Um dir nicht nur in der Theorie etwas zu erzählen, habe ich mir ein Herz gefasst und beschlossen, eines meiner schriftlichen Mindsets mit dir zu teilen. Es ist eines der ersten, das ich im Jahr 2017 geschrieben und öfters überarbeitet habe. In der Zwischenzeit sind ihm viele weitere gefolgt und ich bin dazu übergegangen, mit dem sogenannten Unlimited Mindset zu arbeiten, das sehr spannend von Lydia Werner in „Make Life Wow" und von Carol Dweck in „Selbstbild" erläutert wird. Deshalb möchte ich hier gar nicht näher auf das Unlimited Mindset eingehen - wenn ihr euch dafür interessiert und euch tiefer darauf einlassen wollt, kann ich euch diese beiden Bücher sehr ans Herz legen. Als Einstieg ist das sogenannte fixed Mindset wunderbar geeignet.

Mein Mindset November 2017

Ich bin Sonja Rosos.

Ich bin eine erfolgreiche Geschäftsfrau und liebevolle Mama für meine drei Kinder, Linda, Louisa und Leopold. Trotz meines beruflichen Erfolges habe ich immer genug Qualitätszeit für meine Kinder.

Ich bin Sonja Rosos.

Ich lebe in völliger persönlicher und finanzieller Freiheit und bin absolut selbstbestimmt. Mit meinem Partnerunternehmen habe ich den perfekten Partner für meine unternehmerische Tätigkeit gefunden. Die einzigartige Philosophie, die wunderbaren Produkte und die sensationelle Zukunftsprognose des Unternehmens beflügeln mich jeden Tag aufs Neue. Ich bin jeden Tag dankbar für diese einzigartige Chance und das privilegierte Leben, das ich führen darf.

Ich bin Sonja Rosos.

Ich bin eine der erfolgreichsten Führungskräfte aller Zeiten. Ich habe in nur drei Jahren die höchste Karrierestufe erreicht und gewinne jeden Tag neue wunderbare Menschen für mein internationales Team, das bereits Tausende Partner in ganz Europa umfasst. Ich lebe in völliger Freiheit. Geld, Zeit, Freiheit, Liebe und Glück sind immer in absoluter Fülle vorhanden. Ich bin eine kompetente und warmherzige Führungskraft und arbeite mit meinen Teampartnern sehr produktiv, zielorientiert, erfolgreich und harmonisch zusammen. Ich habe wunderbare Menschen in meinem Team, die ebenso große Ziele und Visionen haben und wir arbeiten als gleichberechtigte Partner erfolgreich und freundschaftlich zusammen. Ich stehe meinem Team mit vollem Einsatz und Herzblut zur Seite. Dafür kann ich auch immer auf die Loyalität und Verlässlichkeit meiner Teampartner zählen.

Ich bin Sonja Rosos.

Mein beruflicher Erfolg macht mich dankbar und demütig, aber auch frei, glücklich und selbstsicher. Ich bin vollkommen frei, arbeite wann, wo, wie viel und mit wem ich will. Ich kann meine Werte und Prinzipien jeden Tag aufs Neue leben. Mit meiner Arbeit tue ich jeden Tag Gutes für mich, meine Familie, die Tier- und Umwelt und immer mehr andere Menschen. Meine Arbeit ist gleichzeitig mein größtes Hobby, meine Berufung. Ich führe damit ein wunderbares, ethisches Unternehmen aus meiner Heimat weltweit in immer größere Erfolge.

Ich bin Sonja Rosos.

Ich bringe Familie und Business perfekt unter einen Hut. Ich bin unabhängig, frei und glücklich. Meiner Familie kann ich ein wunderbares Leben in Fülle, Glück und Liebe bieten. Wir leben sorgenfrei und haben die Freiheit, die Welt mit all ihren wunderbaren Orten zu entdecken und unvergessliche Momente zu erleben und zu genießen.

Ich bin Sonja Rosos.

Ich habe genug Zeit für mich selbst, meine Hobbys und Menschen, die mir wichtig sind. Ich lebe in einem wunderschönen Haus mit Pool und Garten sowohl in Österreich als auch in den Tropen. Wir hören die Vögel im Garten singen und können morgens das taunasse Gras unter unseren nackten Füssen spüren. Ich habe den Luxus, mir Zeit für mich zu nehmen und für Dinge, die mir wichtig sind. Für Haushalt und andere lästige Dinge kann ich mir Hilfen nehmen. Ich treibe regelmäßig Sport in der Natur, ernähre mich gesund und frisch und fühle mich in meinem Körper rundherum wohl. Ich achte auf meinen Körper, meine Gesundheit und mein Wohlbefinden.

Ich bin Sonja Rosos.

Meine Freunde und Teampartner schätzen mich für meine Begeisterungsfähigkeit, Konsequenz und Handschlagqualität. Ich setze mich uneigennützig für andere Menschen und mir wichtige Themen ein und bleibe mir immer und unter allen Umständen treu. Meine Teampartner können sich immer auf mich verlassen. Mit meiner Persönlichkeit mache ich die Welt jeden Tag ein kleines Stück besser.

Ich bin Sonja Rosos.

Ich bin ein Vorbild für meine Kinder und andere Menschen. Meine Kinder haben eine Mutter, die mit sich im Reinen ist, unabhängig ist und bleibt, liebt, was sie tut und tut, was sie liebt. Und damit habe ich großen Erfolg. Ich kann uns die Welt mit all ihrer Schönheit zu Füßen legen.

Ich bin Sonja Rosos.

Ich umgebe mich mit positiven Dingen und Menschen, liebe Musik, die Natur und Tiere. Ich entwickle mich ständig weiter, bin weltoffen und interessiert und liebe das Leben in all seiner Fülle und Herrlichkeit.

Ich bin Sonja Rosos.

Ich liebe es, andere Menschen in ihre Kraft zu bringen und ihnen die Chance auf ein wunderbares, freies und selbstbestimmtes Leben bieten zu können. Ich bin ein Menschenmagnet. Die Menschen spüren, dass sie mir vertrauen und durch mich ein besseres Leben führen können.

Ich bin Sonja Rosos.

Ich bin unendlich dankbar für mein wunderbares Leben.

Später habe ich es noch um folgende spontane Impulse erweitert:

Ich bin die beste Networkerin der Welt.

Ich bin Chancengeberin, Go-Giverin, Gestalterin, Menschenfreundin, Energiequelle, Inspiration, Mutmacherin, Vorbild, Lebensmensch, Natur-Liebhaberin, Querdenkerin, Networking-Leuchtturm, Welt-Veränderin und Welt-Verbesserin …

Ich bin Buchautorin, Networkmarketing-Millionärin, Weltenbürgerin, Top-Self-Made-Unternehmerin, happy mum, Familienmanagerin, Philosophin, leidenschaftliche Geliebte, Umweltschützerin, Vertrauensperson, Revolutionärin, Genießerin, Tierschützerin, Musik-Liebhaberin, Herzensmensch, Top-Führungskraft, Sonnenschein, Problemlöserin,

Vorreiterin, Denkerin, Speakerin, Bühnen-Persönlichkeit, Führungspersönlichkeit, Mitfühlerin, Mensch, Frau, Beitrag, Veränderung, Meinungsbildnerin, Anker, Unikat.

Ich bin Sonja Rosos.

Mein privates Mindset

Auf mein Privatleben habe ich dieses Wissen aus irgendeinem Grund ganz lange nicht angewendet. Zu sehr glaubte ich, an meiner Situation nichts ändern zu können. Da waren wohl viele Glaubenssätze aus der Jugend verankert, meine Erziehung, die Meinung meiner Mutter und damit auch meine Einstellung zu Familie, Ehe und Scheidung.

Meine Ehe verschlechterte sich zunehmend und insgeheim wusste ich wohl schon länger, dass sie nicht mehr zu retten war. Ich bin schrittweise dazu übergegangen, mich zu trauen, meine Wünsche betreffend die perfekte Liebesbeziehung einfach einmal konkret für mich zu formulieren. Es war ein sehr großer und schmerzhafter Schritt, mir überhaupt einmal selbst einzugestehen, dass ich in meiner Ehe unglücklich war und diese nicht mehr würde fortführen können. Das tat weh, erschien mir anfangs wie eine Schwäche, ein Scheitern. Dass ich es nicht geschafft hatte, eine glückliche Ehe zu führen, dass ich die erste in meiner Familie sein würde, die sich scheiden lässt, dass meine Kinder in keiner heilen Familie mehr aufwachsen würden, all diese Dinge...

Ich gestand dies zuerst nur mir selbst gegenüber ein - schwierig genug - später dann formulierte ich diese „Bestellung" auch gegenüber dem Universum. Ich hatte ein Buch gelesen, das mich sehr fasziniert hatte - eines der Bücher, das mich wahrscheinlich am meisten geprägt und zum Nachdenken gebracht hat. „Denke anders" von Andreas Boskugel zum Thema Kraft der Gedanken und Gesetz der Anziehung. Darin ist ein spannendes Kapitel darüber zu finden, dass man auch bezüglich seines privaten Partners all das bekommen kann, wenn man es sich WIRKLICH WIRKLICH wünscht, wenn man es schafft, diesen

Wunsch so stark werden zu lassen, dass er sich im Unterbewusstsein manifestiert und von dort aus seine Taten beeinflusst, sodass man im Endeffekt vom Universum „geliefert" bekommt, was man „bestellt" hat. Es dauerte eine Weile, bis ich vor mir selbst zugegeben hatte, dass mir etwas fehlte, und noch eine weitere Weile, bis ich konkret benennen konnte, was das genau war.

Mir fehlte Vertrautheit und Verbundenheit mit einem Mann, Verständnis für mein Leben und meine Gedanken und Gefühle. Außerdem hatte ich schon lange keine innige körperliche Beziehung mit einem Mann erlebt, da durch den massiven Vertrauensbruch durch meinen Mann für mich körperliche Intimität mit ihm nicht mehr möglich war. Ich wollte wieder mit jemandem lachen, visionieren, träumen und lieben können. Ich wünschte mir, dass ich meine teilweise verrückten Gedanken mit ihm teilen könnte und er sie verstehen würde. Ich wollte pure Leidenschaft, unendliche Liebe, Vertrauen, Vertrautheit, wieder das Herzklopfen der Jugend, das Gefühl, einen Mann von den Haarspitzen bis zu seinen Zehen zu lieben und zu begehren und dass dieses Gefühl auf Gegenseitigkeit beruht.

Ich muss ehrlich zugeben, dass ich trotzdem nicht wirklich daran glaubte, dass mir das tatsächlich so passieren könnte. Realistischerweise wollte ich damals nicht einmal eine richtige Beziehung, eine intensive Affäre hätte mir zum damaligen Zeitpunkt schon genügt, - vielleicht mit jemandem, den ich auf den Veranstaltungen meines Partnerunternehmens treffen könnte - fernab vom Alltag, für einige schöne Momente, für dieses gewisse Prickeln, um in meinem Leben wieder das gewisse Etwas zu spüren ...? Mein Geschäft wollte ich allerdings nicht mit privaten Dingen vermischen - zumindest nicht in dieser Beziehung - schwierig also.

Ich hatte während meiner ganzen Ehe keine Affäre gehabt - ich bin schon mein ganzes Leben lang ein 100-%-Mensch gewesen - und als eine meiner erfolgreichsten Partnerinnen und besten Freundinnen zu mir sagte: „Schatzi, weißt du was, du brauchst einen Liebhaber!" war ich anfangs richtig schockiert. Darüber hatte ich zwei Jahrzehnte lang nicht ein einziges Mal ernsthaft nachgedacht! Doch je länger ich nun sinnierte, umso elektrisierter wurde ich und ein Prickeln breitete sich in meinem gesamten Körper aus. Aber würde ich das überhaupt „schaffen"? Ich hatte so lange nicht einmal geflirtet. War mehr als zwei Jahrzehnte eine treue Ehefrau in Worten, Gedanken und Taten gewesen. Es war ein schockierender, ungewohnter, aufregender, prickelnder Gedanke, der mich aber nicht mehr losließ. Ich spürte, Erfüllung in der Liebe ist das Tüpfelchen auf dem i, das mir noch zum perfekten Glück, zum perfekten Leben fehlte. Immer mehr spürte ich, dass meine Freundin Recht hatte. Ich hatte meine diesbezüglichen gedanklichen Begrenzungen erweitert und hielt es schließlich für möglich, mich auf einen anderen Mann einzulassen. Man kann nie mehr tun, als man in Gedanken selbst für möglich hält. Nun ist es aber so, dass mich der Gedanke an körperliche Intimität mit einem Menschen, mit dem ich mich seelisch nicht verbunden fühle, nie wirklich gereizt hat. Ich brauche eine gewisse Anziehung, eine gemeinsame Wellenlänge, das gewisse Etwas. One-Night-Stands waren noch nie wirklich reizvoll für mich gewesen. Also begann ich zum ersten Mal seit langem - erschreckender Weise sogar zum ersten Mal in meinem Leben, ich muss es leider zugeben ...- mich einmal WIRKLICH zu fragen, wie der perfekte Mann für mich denn sein müsste. Was er für Eigenschaften haben müsste, welche Werte, Interessen, Charakterzüge, ... Welche Gefühle er in mir auslösen müsste. Das war eine ganz spannende, kribbelnde, ungewohnte und aufregende Frage. Und ich ließ mich voll darauf ein.

Das erste, was mir spontan in den Sinn kam, war:

Er muss sich für mein Business interessieren und es verstehen.

Es muss ein Mann sein, für den ich etwas ganz Besonderes - seine Königin - bin.

Er muss mich auf Händen tragen.

Ich möchte mich ihm WIRKLICH anvertrauen können.

Ich möchte einen erfolgsorientierten Geschäftsmann, der aber auch eine spirituelle Ader hat.

Ich möchte einen Mann, der jeden Tag das Haus in einem gebügelten Hemd verlässt.

Ich möchte mit ihm auch einmal die Schwächere sein können. Im Business muss ich immer als starker Leuchtturm vorausgehen.

Er darf keine Angst vor einer starken Frau haben, die vielleicht mehr Geld verdient als er. Und deren Leben auch ohne ihn großartig verläuft.

Ich möchte mit ihm eine geistige Verbindung haben. Mit ihm über Dinge reden können, die mich faszinieren und die aus meinem Leben nicht wegzudenken sind. Dinge wie Karma, Mindset, Visionen, Kraft der Gedanken, Selbstliebe, Meditation, Erfolg, den Sinn des Lebens … Über Bücher, Meinungen und Vorträge, die mich beschäftigt haben und an denen ich gewachsen bin und mich persönlich weiterentwickelt habe.

Ich möchte wieder Herzklopfen verspüren.

Ich möchte die absolute Leidenschaft. Erfüllende körperliche Liebe.

Dieses Kribbeln im Bauch, wenn ich nur an ihn denke. Wie es früher als Jugendliche gewesen war …

Ich möchte dieses Gefühl wieder spüren, dass meine Welt nur komplett ist, wenn er bei mir ist.

Ich möchte wieder spüren, dass es letztendlich nur die Liebe ist, die zählt.

Mich mit ihm zutiefst verbunden fühlen.

Aber, ganz ehrlich gesagt, hielt ich es ganz in meine Innersten nicht WIRKLICH für möglich, dass mir so ein Mann begegnen würde - mit Mitte 40. Jetzt mal im Ernst - den meisten Menschen passiert so etwas ihr ganzes Leben nicht - und dann ausgerechnet MIR, jetzt, in meinem Alter, meinen Kindern, meinem Ehemann, meinem Erfolg, den die meisten Männer nicht aushalten, meinem nach drei Schwangerschaften nie mehr flachen Bauch, …

Ich führte zu dem Zeitpunkt, als ich diese Bestellung ans Universum abgab, ein europaweites Team von knapp 3.000 Menschen, die mir vertrauten, für die ich immer stark sein und als Leaderin unerschrocken vorangehen musste, keine Schwäche zeigen konnte und wollte. Zusätzlich hatte ich ja meine drei Kinder und einen Mann, der sich für mich zunehmend wie ein viertes Kind anfühlte und den ich in meinem Leben nicht mehr ertragen konnte. Ich spürte den unbändigen Wunsch, einmal auch die Schwächere sein zu können, immer stärker. Ich wollte einen wirklich starken Mann an meiner Seite.

Und niemand war überwältigter als ich selbst, als ich nur eine Woche, nachdem ich diese Wünsche so konkret formuliert und ans Universum gesendet hatte, genau diesem Mann begegnete. Und noch fassungsloser war ich, als sich herausstellte, dass auch er etwa einen Monat zuvor die Entscheidung getroffen hatte, sein Privatleben radikal zu verbessern und sich die Liebe seines Lebens ebenfalls in Form eines Rituals bestellt hatte.

Ich habe es sofort gespürt.

Noch an dem Abend, an dem uns ein gemeinsamer Freund einander in einem Lokal vorstellte. Von diesem Moment an waren wir beide wie in einer Seifenblase. Alles rundherum war verblasst und existierte nicht mehr. Spannend ist, dass wir beide diesen Freund schon seit Jahrzehnten gut kennen - wir uns aber bis zu diesem Abend kein einziges Mal bewusst begegnet waren, obwohl wir beide jahrelang bei Partys, Festen etc. bei ihm eingeladen und uns also sicher schon mal über den Weg gelaufen waren. Und das war auch nicht unser einziger gemeinsamer Bekannter - wir entdeckten mit der Zeit immer mehr Berührungspunkte und es erschien uns fast unmöglich, dass wir uns in all den Jahren zuvor nie bewusst wahrgenommen hatten. Fast war es so, als hätte der für uns beide richtige Zeitpunkt erst kommen müssen. Wir beide uns erst zu den Menschen hätten entwickeln müssen, die wir jetzt waren. Es war, als hätten wir uns umkreist wie Planeten die Sonne und erst, als die Zeit reif dafür war, haben sich unsere Bahnen endlich gekreuzt. Ich wäre vorher auch noch nicht die gewesen, die ich mittlerweile geworden war. Ich hatte mich in den letzten Jahren extrem weiterentwickelt - mehr als je zuvor in meinem Leben. Und ich hatte zuvor das Universum noch nie um

Hilfe gebeten, meinen Seelenverwandten zu finden.

Eines hatte ich bei meiner Bestellung beim Universum allerdings komplett vergessen.

Ich war immer ein weltoffener Mensch, wollte als Jugendliche ja auswandern, in die weite Welt hinaus, Diplomatin werden ... Meine große Jugendliebe war ja ein Argentinier gewesen und ich hatte seither ein Faible für alles, was mit Lateinamerika zu tun hat. Ich habe damals im Eilzugtempo Spanisch gelernt, in Italien, Australien und Argentinien studiert und mich immer danach gesehnt, wieder in diese exotische, internationale Welt einzutauchen. Doch dann heiratete ich einen Österreicher, der diese Ambitionen nicht wirklich teilte.

Als sich bei unserem Kennenlernen herausstellte, dass meine vom Himmel gefallene Bestellung halber Mexikaner war, in Mexiko City aufgewachsen, nach wie vor seine Geschäfte in seiner Heimat hat und Spanisch seine Muttersprache ist, fühlte sich das richtig seltsam für mich an. So, als würde sich auf einmal alles fügen wie perfekte Puzzleteile. Auch die Dinge, die ich vielleicht nur in meinem Unterbewusstsein gefühlt und gar nicht offen ausgesprochen hatte. Vielleicht werden wir zusammen einmal in Mexiko leben? Ein Öko-Hotel am Strand von Tulum bauen und selber immer dort überwintern? Während ich mein Business in den USA aufbaue? Was ist da noch alles möglich ...??

Und was das gebügelte Hemd betrifft: Es stellte sich heraus, dass seine Großmutter eine Hemdenfabrik besessen und ihm schon als kleines Kind gezeigt hatte, wie man sich sein Hemd perfekt bügelt. Das macht er tatsächich besser, als ich es jemals könnte und verlässt jeden Tag das Haus in einem perfekt gebügelten Hemd. Das Universum reagiert ECHT auf die kleinsten Details .... ;-) Du musst einfach nur klar für dich definieren, was du wirklich willst!

Ich habe Männer mit Bart noch nie attraktiv gefunden. Mein Traummann hatte zum Zeitpunkt unseres Kennenlernens einen Vollbart, da sein Vater zwei Monate zuvor gestorben war und er als Ausdruck seiner Trauer den Bart trug, den sein Vater gehabt hatte. Bärte erinnern mich an alte Männer, meinen Vater und Ex-Schwiegervater, sie machen Männer für mich unsexy, alt, ungepflegt und altbacken und niemals zuvor hätte ich einen Mann mit Bart als anziehend empfunden. Im Nachhinein erscheint mir auch das magisch - fast so, als habe mich das Universum auf die Probe gestellt, ob ich auf solche Äußerlichkeiten achten oder das letztlich Wesentliche dahinter erkennen würde. Tatsächlich war es mir auf einmal völlig egal, ob er einen Bart hatte oder nicht. Ich habe mich in seine Seele verliebt und liebte alles an ihm, sogar den Bart. Auf unserer ersten gemeinsamen Traumreise nach Thailand vier Monate später kam er übrigens eines Abends auf einmal ohne Bart aus dem Badezimmer zurück. Die sechs Monate nach dem Tod seines Vaters waren vorbei und er hatte das Gefühl, dass es nun an der Zeit war, sich von dem Bart zu verabschieden. Er brauchte ihn nicht mehr. Für mich machte es keinen Unterschied, ob mit oder ohne Bart. Ich liebte ihn einfach.

Als ich also, mit Mitte Vierzig, mitten im wildesten Umbruch meines Lebens auf Bestellung beim Universum meine ganz große Liebe und meinen Seelenverwandten traf, ergänzte ich mein Mindset noch um diese private Passage, die ich hier mit dir teilen möchte:

Ich bin Sonja Rosos.

Ich lebe die Liebe meines Lebens. Mit Adrian führe ich eine wunderbare Beziehung voller Leidenschaft, Zuneigung, Loyalität, Respekt und tiefer Liebe. Wir begegnen uns auf Augenhöhe, ergänzen uns, akzeptieren einander, lassen uns Freiräume und bekennen uns voll zueinander. Die Liebe zwischen uns wird mit jedem Tag stärker. Wir sind Seelenverwandte, fühlen eine tiefe Verbundenheit, verstehen uns auch ohne Worte, können zusammen alles durchstehen und meistern. Wir können nie genug voneinander kriegen. Je länger wir zusammen sind, um so inniger und intensiver wird unsere Liebe. Wir können einander uneingeschränkt vertrauen und uns aufeinander verlassen. Er ergänzt und bereichert mich. Mit ihm zusammen wird die beste Version meiner Selbst sichtbar und spürbar. Er macht mein Leben komplett. Die Welt ist eine andere, strahlendere, reinere und schönere, wenn er bei mir ist. Mit ihm wird jeder Moment unvergesslich. Ich liebe ihn über alles.

Mindset ist einfach ALLES!

Mach dir bewusst: Was du über dich selbst denkst, ist viel wichtiger als was andere über dich denken! Ich gehe sogar so weit zu behaupten, dass das Mindset die allerwichtigste Zutat für ein glückliches, erfülltes und erfolgreiches Leben überhaupt ist! Es ist es wirklich wert, sich intensiv mit diesem Thema auseinanderzusetzen!

Letzten Endes habe ich durch mein Mindset mein ganzes Leben verändert. Zuerst durch mein Mindset im Geschäft, das mir meinen Erfolg beschert und dadurch meine privaten Entscheidungen überhaupt erst möglich gemacht hat. So wurde aus der mit Abstand schlimmsten Zeit meines Lebens jene, in der ich mit Abstand am meisten in meinem gesamten Leben gelernt habe. Und durch meine private Bestellung beim Universum wurde sie sogar zur absolut glücklichsten und reichsten Zeit, die ich niemals missen möchte. Ich wünsche dir, dass auch du die Kraft des Mindset voll für ein wundervolles Leben nutzen kannst!

Personal growth

Ich wurde erst erfolgreich,
als ich angefangen habe, ich selbst zu sein.

Obwohl ich für meinen monetären Erfolg wirklich jeden einzelnen Tag von Herzen dankbar bin, bin ich mir darüber im Klaren, dass das wahre Geschenk in unserem Geschäft nicht das Geld selbst ist, sondern die Persönlichkeitsentwicklung, die wir völlig zum Nulltarif durchleben dürfen. Schon allein deshalb sollte meiner Meinung nach wirklich JEDER Networkmarketing machen. Weil man da einfach alles lernt. Weil man da zu sich selbst findet. Zur besten Version seiner Selbst wird.

Ich bin nichts und ich kann nichts

Mit diesem Mindset habe ich mein Business gestartet. Das war nicht die Einstellung, mit der ich als Kind und Jugendliche ins Leben gestartet war. Vielmehr hatte ich mir im Laufe meines Lebens diesen Glaubenssatz eingeredet. Der Grund dafür war vor allem meine Ausbildung als Juristin, zusammen mit der Tatsache, dass ich jahrelang mit meinen Kindern zuhause geblieben war - worüber ich noch heute wahnsinnig froh bin! Aber Fakt ist, dass es in diesem Bereich recht schwierig ist, längere Zeit „weg vom Fenster" zu sein, da sich alles sehr schnell ändert. Das gilt für die meisten Berufsfelder. Deshalb war ich kleinmütig geworden. Außerdem war es ja zusätzlich so, dass ich in dem Bereich gar keine Ambitionen hatte und es mich nicht wirklich interessierte, wieder eine Karriere als Juristin zu starten. Dass ich viel mehr zu bieten habe, konnte ich damals selbst noch überhaupt nicht erkennen. Viel später, als ich bereits zu den Top-Leadern meines Partnerunternehmens zählte, habe ich mit zwei meiner besten Freundinnen über meine Karriere gesprochen. Die beiden hatten als Studentinnen damals in Rom mit mir eine Wohnung geteilt und kennen mich richtig, richtig,

richtig gut. Als sie mitbekamen, wie meine Karriere als Networkerin steil nach oben verlief, sagten sie beide mit dem tiefsten Ton der Selbstverständlichkeit: „Das ist ja eh ganz klar, dass du da so mega durchgestartet bist. Du warst immer schon jemand, der überall 100 % gibt. Jemand fokussierteren und mitreißenderen als dich habe ich mein ganzes Leben nicht getroffen! Wer, wenn nicht du??"

Oft können unsere wirklichen Freunde unsere Stärken und Talente viel klarer erkennen als wir selbst. Mein Tipp daher: Frag mal dein nahes Umfeld, Menschen, die dich wirklich kennen, wie sie dich sehen, was ihrer Meinung nach deine Stärken und Talente sind. Du wirst sehr wahrscheinlich positiv überrascht werden und Dinge hören, die du selbst noch gar nicht in dir gesehen hast!

Raus aus der Komfortzone – Mut zu Neuem

Auch für mich war es nicht immer so einfach, wie mir oft von Außenstehenden unterstellt wird. Nur zu gut kann ich mich an die erstaunten, arroganten Reaktionen meiner Bekannten erinnern, als sie erfuhren, was ich jetzt beruflich mache. Dieses „Mein Gott, da hast du ein abgeschlossenes Studium und dann machst du SO ETWAS!?" „Die Arme - die muss es ja nötig haben! Jetzt verkauft sie Kosmetik - was wird sie da schon groß verdienen?"

Es klingt vielleicht lächerlich, aber es gibt tatsächlich ganz viele Menschen, die diese Verachtung und Ablehnung einfach nicht ertragen können und sich deshalb die vielleicht einzige Chance ihres Lebens verbauen. Für mich sind diese Reaktionen immer so etwas wie ein Test: Wie sehr will ich wirklich etwas verändern? Wie sehr bin ich bereit, meine Komfortzone zu verlassen? Mich angreifbar, verwundbar und exponiert zu machen? Wie sehr bin ich bereit, mich auf was Neues einzulassen, zu lernen, wieder Lehrling zu sein, auch wenn ich vorher in einem anderen Bereich schon Meister war? Bin ich bereit, aus der grauen Messe auszubrechen, etwas zu tun, was sonst niemand tut, was nicht sonderlich angesehen ist?

Mut bedeutet nicht, keine Angst zu haben, sondern es trotzdem zu tun!

Step by step

Hör auf, die anstrengende Phase überspringen zu wollen.

(Bodo Schäfer)

Das gilt wohl für alle Bereiche des Lebens, aber gerade im Networkmarketing ist es besonders wichtig, anzunehmen, dass man immer nur step by step lernen und wachsen kann. Viele möchten in ihrer Anfangseuphorie Bäume ausreißen und am liebsten schon im ersten Monat außerordentliche Erfolge erzielen und vor allem einige mühsame Teile überspringen. Man darf da durchaus eine gewisse Geduld lernen. Und natürlich darf es auch schnell gehen, da bin ich ja ein gutes Beispiel dafür. Aber auch bei mir, bei der das Team echt rasant gewachsen ist, war es wichtig, mir meine Fähigkeiten step by step anzueignen, in meine Rolle als künftige Leaderin eines riesigen, internationalen Teams hineinzuwachsen. Das ist ein Prozess, der seine Zeit braucht. Natürlich lernt der eine schneller und der andere braucht vielleicht ein wenig länger. Wichtig ist, dass man seine Hausaufgaben macht und es gibt einfach gewisse Dinge, die man als Networker lernen, können und wissen muss - das kann man nicht überspringen oder bluffen.

Du erreichst die nächste Karrierestufe immer erst, wenn du dich persönlich wieder weiterentwickelt hast.

Es ist gar nicht so einfach, dies anzunehmen. Viele wollen mit dem Kopf durch die Wand, schon in den ersten Monaten riesige Bäume ausreißen, und wenn die Ergebnisse dann nicht sofort sichtbar sind, verlieren sie den Glauben und die Energie und geben auf. Das ist mit Sicherheit eine der gröbsten Schwierigkeiten in unserem Geschäft und gleichzeitig der größte Lernprozess. Denn Networkmarketing ist nichts, womit man über Nacht reich und erfolgreich wird! Es ist ein learning on the job, und man wird nie fertig damit, zu lernen und sich weiter zu entwickeln. Gottseidank, denn das würde Stillstand bedeuten! Es ist ein bisschen wie mit Lottomillionären. Es hat einen Grund, warum die allermeisten Lottomillionäre innerhalb kurzer Zeit ihren gesamten Gewinn wieder verloren haben und oft dann ärmer sind als zuvor. Sie sind nämlich geistig nicht mit dem plötzlichen Geldregen mitgewachsen. Der verantwortungsvolle Umgang mit Geld, aber auch mit Erfolg, Ruhm und Anerkennung muss gelernt werden.

Im Networkmarketing ist es genau gleich. Und wenn man das verstanden hat, ist einem auch klar, wie lächerlich all das Gerede ist, dass man in dem Geschäft durch „Glück" oder weil man „halt einer der Ersten im System war" oder indem man „die anderen für sich arbeiten lässt" Erfolge erzielen kann.

Das absolute Gegenteil ist der Fall. Um ein echter Leader zu sein, ein Team wirklich führen zu können, mit all dem fachlichen Wissen aber vor allem auch der emotionalen Reife, braucht es um einiges mehr. Wenn ich so zurückdenke an meine Anfänge - wie naiv und blauäugig ich gestartet bin. Welche Fehler ich gemacht habe. Wie wenig ich mich selbst noch kannte und wie wenig ich mir zutraute. Welch kleine, genügsame Maus ich war. Wie sehr ich die anderen bewundert habe und meine eigenen Fähigkeiten noch überhaupt nicht erkennen konnte. Wie wenig ich wusste über Klarheit, Bestimmtheit oder Verbindlichkeit. Wie viel ich erst wachsen musste, um auch Negatives ertragen zu können, um Kritik nicht persönlich zu nehmen, meine Meinung klar zu sagen, konstruktive Kritik lernen ohne zu verletzen. Wie ich langsam gelernt habe, Schwierigkeiten auszuhalten, Rückschläge zu überwinden, gestärkt aus Krisen hervorzugehen. Nie meinen Fokus zu verlieren. Fehler eingestehen, mich reflektieren, daraus lernen und daran wachsen. Mich voll auf die Menschen und ihre Besonderheiten und Bedürfnisse einlassen und Emotional Leadership wirklich leben. Mein Team umfasst derzeit 3.000 Menschen in über 20 europäischen Ländern. Da gibt es immer irgendwo Herausforderungen, Krisen, Probleme, Reibereien, Konflikte, Unzufriedenheit. Ich muss fast lachen, wenn ich an meinen Start denke. Niemals wäre ich damals in der Lage gewesen, ein so großes Team zu führen. Da muss man erst hineinwachsen - jeder von uns. Und das geht nicht von heute auf morgen, sondern ist ein wunderbarer Prozess, der Zeit benötigt - beim einen mehr, beim anderen weniger. Jeder muss seine Hausaufgaben machen und wenn man persönlich gewachsen ist, ist man auch in der Lage, mit immer größeren Herausforderungen locker fertig zu werden. Und das ist ein ganz wunderbares, erfüllendes Gefühl.

Ich kenne keinen einzigen Top-Leader im Networkmarketing, der diesen Weg der Persönlichkeitsentwicklung nicht gegangen ist. Niemanden, der nicht eine wunderbare Reife, Ethik, Vorbehaltlosigkeit und Verantwortungsgefühl in sich trägt. Niemanden, der über andere schlecht redet, die Schuld bei anderen sucht, von Neid oder Hass begleitet wird.

**NICHTS ändert sich, bis du dich selbst änderst.
Und dann ändert sich ALLES.**

Deine Gedanken werden deine Wirklichkeit - Du wirst, worüber du den ganzen Tag dominant nachdenkst!

Wie schon im Kapitel über das Mindset angesprochen, ist das zugleich das Wunderbarste und Wichtigste, das man im Networkmarketing lernen darf.

Es ist alles andere als einfach, sich selbst zu reflektieren, an sich zu arbeiten und sich einzugestehen, dass man zu einem großen Teil selbst für die Ergebnisse in seinem Lebern verantwortlich ist. Wenn man das aber zulässt, wird man wahre Wunder erleben.

Du bekommst immer zurück, was du gesät hast.

Ist das nicht wunderbar?

Wenn man das einmal wirklich verstanden hat, ist einem klar, dass niemand durch reines Glück oder Zufall dort ist, wo er eben ist. Da schließt sich dann auch der Kreis von „tue immer das Richtige."

Speakerin. Bühne. Buchautorin

Niemals habe ich mich als Person der Öffentlichkeit gesehen. Ich war immer zufrieden mit der Rolle im Hintergrund. War der Meinung, dass andere alles besser können, dass ich nicht gut genug bin, erst besser, perfekter werden muss ... Doch das Leben hat mich eines Besseren belehrt und heute weiß ich, dass für uns alle so viel mehr möglich ist, wenn wir es selbst zulassen, unsere geistigen Grenzen erweitern und altbewährte Trampelpfade verlassen. Nach dem Motto: Einfach mal tun, könnte ja gut werden!

Natürlich ist das nichts, was von heute auf morgen passiert, sondern ein Prozess, der in Wahrheit niemals endet.

Um sich selbst besser kennen zu lernen und in der Folge persönlich wachsen zu können, ist es wichtig, sich einmal ganz klar über sich zu werden.

Folgende Fragen können dir dabei helfen. Gib dir ehrliche Antworten dazu und schreibe sie dir auf - sie werden dir helfen, klarer zu erkennen, wer du wirklich-wirklich bist und sein möchtest:

Was sind meine Attribute? Was hat mich schon als Kind ausgemacht?

Was sind meine Top 10 Gedanken?

Wer möchte ich sein?

Wie möchte ich sein?

Wie möchte ich in einem Jahr leben?

Was sind meine Passionen?

Was sind meine 5 größten Stärken? Selbstbild-Fremdbild!

Schreibe dir selbst deine deiner Meinung nach 5 größten Stärken auf und lass dann einige dir nahestehende Personen ebenfalls auf diese Frage antworten. Vergleiche eure Ergebnisse und reflektiere sie.

Und hänge die positiven Aussagen über dich gleich auf dein Visionboard!

Manchmal werde ich gefragt, wie ich nur so erfolgreich sein kann, so konsequent, zielorientiert, so perfekt, so unaufhaltbar, …

Mir ist es ganz wichtig, dir zu zeigen, dass ich - genau wie jeder andere erfolgreiche Mensch - natürlich auch ganz viele Schwächen habe. Es gibt ganz vieles, das ich nicht kann, das ich nicht bin und niemals sein werde. Es gibt Dinge, vor denen ich Angst habe, die mich stressen, in denen ich nicht einmal mittelmäßig bin. Und weißt du was? Das ist auch gut so! Nobody is perfect! Perfektion ist langweilig und spricht niemanden an. Perfektion ist unsympathisch. Kein Mensch, und mag er noch so erfolgreich sein, kann alles. Wir haben alle unsere Schwächen und Fehler, die machen uns liebenswert und einzigartig. Ich muss zugeben, dass ich in dieser Beziehung nicht immer so dachte. Ich habe erst im Zuge meines „zweiten Geburtstages", als den ich meinen Start im Networkmarketing gerne bezeichne, langsam erkannt, wie sehr ich mich mein ganzes Leben lang selbst unter Druck gesetzt habe. Wie perfektionistisch ich war. Wie sehr ich daran gearbeitet habe, meine Schwächen zu bekämpfen. Ich dachte mein Leben lang, ich müsse überall gut sein, um erfolgreich sein zu können. Wie viel Zeit habe ich aufgewendet, um in Dingen besser zu werden, die mir nicht liegen, mich nicht interessieren, die ich nicht mag. Und davon gibt es eine ganze Menge! Ich bin beispielsweise eine absolute Niete, was alle technischen Dinge betrifft! Wenn ich eine Bedienungsanleitung in die Hand bekomme, bricht mir der kalte Schweiß aus. Ich verstehe bei Computern und allen anderen technischen Geräten nur Bahnhof und löse regelmäßig alle möglichen Ausnahmefehler aus. Ich habe Excel nie wirklich beherrscht, die höhere Mathematik nie verstanden, Chemie und Physik sind spanische Dörfer für mich. Ich bin außerdem eine kleine Chaotin, die oft mehrere Dinge zugleich tut und dann mitten in der Stadt das Auto mit steckendem Schlüssel offen stehen lässt und ähnliches. Ich bin impulsiv, sensibel und nehme mir zu vieles persönlich viel zu sehr zu Herzen. Außerdem bin ich nachtragend und es fällt mir wirklich schwer, schwerwiegende Dinge, Lügen, Verrat und Enttäuschungen zu verzeihen und zu vergessen. Ich würde mir wünschen, strukturierter, ordentlicher und bedachtsamer zu sein. Lange habe ich mich mit anderen verglichen - natürlich in jedem Bereich immer nur mit denen, die genau dort ihre Stärken haben - und habe mich dann so richtig elend schlecht und minderwertig gefühlt. Ich habe mir selbst einen wahnsinnigen Druck und Stress auferlegt, dass ich all das beherrschen müsse, bevor ich beginnen könne, richtig erfolgreich zu werden.

Networkmarketing war dann mein absoluter Lehrmeister. Eine der ersten Affirmationen, die ich mir aufgeschrieben und wirklich zu Herzen genommen habe, war:

Ich muss nicht alles können. Ich muss nicht alles selber machen.

Gerade wir Frauen dürfen uns da wirklich mal an der Nase packen und reflektieren! Auch als ich schon in der höchsten Karrierestufe war, mit einem Einkommen, das dem von Topmanagern entspricht, habe ich mich noch klein und unzulänglich gefühlt, wenn mein Haushalt nicht perfekt war, der Kuchen nicht so gut gelungen war, die Wäscheberge eines Fünf-Personen-Haushaltes nicht kleiner geworden waren und ich wieder nicht jeden Tag die Woche Laufen gewesen war.

Welcher männliche Topmanager würde sich deshalb unzulänglich fühlen? Mein Ex-Mann hat diese Gefühle bei mir noch geschürt, indem er mir, je erfolgreicher ich wurde, immer mehr vorgeworfen hat, was für eine schlechte Hausfrau ich sei, dass ich doch ein einziges Mal in meinem Leben irgendetwas auf die Reihe bekommen solle und eh alles schlecht sei, was ich mache … Er hat damit sein eigenes berufliches und soziales Versagen kompensiert, wie mir später klar wurde. Es war ebenso Teil meiner Persönlichkeitsentwicklung, diese Dinge genauer zu betrachten, wie auch diese Glaubenssätze nach und nach loszuwerden. Heute bin ich stolz darauf, nicht alles selber machen zu müssen. Ich freue mich, dass ich es mir leisten kann, Dinge, die mir absolut nicht liegen, zu delegieren. Wie alle technischen Angelegenheiten, Reparaturen, Gebrauchs- und Montageanleitungen, meine Steuererklärung, den Hausputz, die Autoreifen zu wechseln, Spinnen lebendig aus dem Schlafzimmer zu befördern, bügeln, Regale zusammenbauen, Lampen montieren, …

Die Zeit, die ich dadurch spare, kann ich für Dinge verwenden, in denen ich gut bin. Wie mit Menschen in Kontakt zu kommen, mein Team zu coachen, Inspiration für andere zu sein, neue Ideen zu kreieren, unkomplizierte Lösungen für Herausforderungen jeder Art zu finden. Ich habe mittlerweile genug Selbstwert, dass ich voll dazu stehe, mir selbst etwas Gutes zu tun und kein schlechtes Gewissen deshalb zu haben. Weil ich mittlerweile weiß, dass ich nur dann ein Beitrag für die Welt sein kann, wenn es mir selber gut geht. Also genieße ich es aus vollen Zügen, wenn ich morgens ohne Wecker aufwache, dann einmal meditiere, im Wald laufen gehe, mich in Ruhe im Badezimmer fertig mache, mich anschließend mit dem Laptop auf die Veranda mit Blick in mein grünes Paradies setze und dann einmal zu arbeiten beginne, worauf ich mich schon die ganze Zeit gefreut habe.

Ich bin nicht mehr stolz darauf, gestresst zu sein, einer ungeliebten Tätigkeit nachgehen zu müssen, zu jammern und das Wochenende und den Urlaub herbeizusehnen, so wie ich es früher getan habe und wie man es von den meisten Menschen zu hören bekommt. Ich genieße es, mich auf jeden Montag zu freuen, auf jedes Telefonat mit meinen Partnern oder Interessenten, auf die aktualisierten Zahlen in meinem Homeoffice, die neuen Erfolge, die neuesten Infos aus dem Unternehmen und dem Team. Aber ich stehe auch zu hundert Prozent dazu, wenn ich tagsüber einfach nur einmal in der Sonne liege und meine Gedanken schweifen lasse und davon träume, dass ich meinen Mann am Abend endlich wieder in die Arme schließen kann... Mir im Badezimmer Zeit nehme für meine Körperpflege mit allem Drum und Dran ... Wenn ich ein gutes Buch lese. Wenn ich ein ausgiebiges Frühstück mit meiner Familie in Frieden zelebrieren kann. Wenn ich für liebe Freunde koche und den Tisch schön decke. Wenn ich meinen Garten genieße und Blumen pflücke. Wenn ich einfach Zeit fürs Leben habe. Das vergessen wir leider viel zu oft.

Und das Verrückte und Großartige ist: Je mehr Zeit wir für uns und unsere Persönlichkeits- und Weiterentwicklung aufwenden, uns um Körper, Geist und Seele kümmern, um so erfolgreicher werden wir in unserem Business als Networker sein.

Das fairste, gerechteste und ethischste Geschäft der Welt

Es gibt in dieser Welt eine Sprache, die jeder versteht. Es ist die Sprache der Begeisterung, des Einsatzes mit Liebe und Hingabe für die Dinge, an die man glaubt und die man sich wünscht.

Der Alchimist (Paolo Coelho)

Mein ganzes Leben lang habe ich mir ein Leben erträumt, von dem alle rund um mich herum ständig erklärten, dass es unrealistisch und nur der Traum eines kleinen, verwöhnten Mädchens sei.

Ich wollte so RICHTIG glücklich und erfüllt sein.

Etwas tun, was mir nicht nur Spaß macht, sondern wofür ich geradezu brenne und das meinem Leben täglich einen Sinn gibt. Ich wollte reisen, unsere ganze wunderbare Welt kennenlernen, inspirierende, innige Beziehungen mit großartigen Menschen haben, das Universum erobern, in fremde Kulturen eintauchen, Spaß haben, jeden Tag in vollen Zügen genießen, ein Beitrag für die Welt sein, etwas aufbauen und hinterlassen, reich und erfolgreich und vor allem rundum satt, dankbar und glücklich werden.

Im Networkmarketing findet man all das. Meiner Meinung nach gibt es keine genialere Chance – und zwar für jeden von uns, egal, ob man große oder nur kleine Pläne, Träume und Visionen hat.

Im „normalen" Arbeitsleben sind wir ja schon rein durch unsere Zeit begrenzt und meist an einen Ort gebunden. Niemand kann mehr als 8 bis 12 Stunden am Tag arbeiten, wobei ich 8 Stunden schon grenzwertig und alles andere als erstrebenswert finde – denn das ist ja unsere Lebenszeit, die wir da verbrauchen. Und im schlimmsten – aber leider häufigsten – Fall gefällt uns nicht einmal, was wir da tagein, tagaus stundenlang tun. Selbst wenn wir Tag und Nacht arbeiten könnten, sind wir immer dadurch begrenzt, dass niemand mehr als 24 Stunden pro Tag zur Verfügung hat. Das ist der große Unterschied zum Networkmarketing, den man verstehen muss, um die Genialität unseres Geschäftsmodells voll erkennen zu können. Dieses Geschäft bietet uns die einzigartige Chance, unsere Zeit zu multiplizieren und damit quasi unendlich zu vermehren. Wie Jean Paul Getty so schön sagte:

Ich verdiene lieber 1% an der Arbeitsleistung von 100 Leuten, als 100% meiner eigenen Arbeitskraft.

Diese Duplikation macht Networkmarketing so absolut einzigartig und wenn man das einmal verstanden hat, ist einem auch klar, dass es sich hier um keinen „Job" im herkömmlichen Sinn handelt, in dem ich Zeit gegen Geld tausche, sondern um eine großartige Möglichkeit, eine langfristige Einkommensquelle zu schaffen, die, wenn man sie einmal stabil aufgebaut hat, auch nicht mehr versiegt, sondern im Gegenteil sogar exponentiell wächst. Bis in Einkommenshöhen, die man sich als „Normalverdiener" gar nicht vorstellen kann.

Wie meine geschätzte Upline, Lydia Werner einmal so treffend erklärte: Baue dir zuerst dein Network, deine Einkommensquelle auf! Und wenn diese einmal sprudelt, dann kannst du all das machen, was du machen möchtest - Marmelade kochen, Bienen züchten, Ohrringe nähen, Yogakurse geben, den Himalaya besteigen, ...

Aber das kannst du dann als Hobby, aus Leidenschaft machen und bist nicht mehr davon abhängig, damit deinen Lebensunterhalt zu bestreiten. Es tut mir in der Seele weh, wenn ich liebe Menschen sehe, die sich so sehr abmühen, ihr Herzensprojekt, oft eine kleine Manufaktur oder ähnliches, zum Laufen zu bringen. Das ist um ein Vielfaches mühsamer, als sich sein Network aufzubauen, wo all die Dinge, die ein kleiner Selbständiger selber tun, aufbauen und zahlen muss, das Partnerunternehmen zur Verfügung stellt. Wie Werbung, IT, Produktion, Geschäftsräumlichkeiten, Materialkosten, Rohstoffe, Marketing, Verpackung und Versand, Forschung & Entwicklung, ... Und vor allem die eigene Arbeitskraft, die aber eben begrenzt ist. Das liegt in der Natur der Sache! Mich juckt es da immer regelrecht - ich möchte den Leuten SO gerne zeigen, was ich herausgefunden habe - wie sie sich ihr Leben einfacher gestalten können. Und dann eben alle Zeit der Welt für ihre diversen Herzensprojekte haben können ... Viele sind so in ihrem Hamsterrad gefangen, dass sie glauben, keine Zeit für Networkmarketing zu haben. Und erkennen gar nicht, dass genau das Gegenteil der Fall ist. Dass Networkmarketing ihnen mittelfristig alle Zeit geben kann, die sie haben wollen. Weil man hier eben keine Lebenszeit gegen Geld eintauschen muss.

Ich hatte noch nie von Networkmarketing gehört, als ich von einer entfernten Bekannten auf das Business angesprochen wurde. Dabei hatte ich vorher als Juristin in einer Rechtsanwaltskanzlei gearbeitet, wo eine der Sekretärinnen, mit denen ich mich sehr gut verstanden hatte, erfolgreich mit einem Schweizer Network-Unternehmen arbeitete. Lustigerweise hat sie mich in drei Jahren nie auf das Business, nicht einmal auf die Produkte angesprochen. In meinem Unternehmen bin ich dann in sehr kurzer Zeit zu einer der erfolgreichsten Partnerinnen geworden. Was lernen wir daraus?

Den entgangenen Nutzen kann man niemals messen.

Daher biete JEDEM deine Chance an, denn er oder sie könnte dein nächster Top-Leader werden und alles für dich und sich selbst verändern!

Zuerst hat mich einmal die Philosophie des Unternehmens, die auf Nachhaltigkeit, Ethik, Tier- und Umweltschutz, Fair-Trade, Ressourcenschonung, Regionalität und gleichen Chancen für alle beruht, begeistert und ich beschloss, Partnerin zu werden. Ich kannte kein einziges Produkt, das war aber auch gar nicht wichtig für mich. Denn Produkte, die so nachhaltig, regional und fair hergestellt werden, konnten nur wunderbar sein - das war mir von Anfang an bewusst. Ich hatte, obwohl ich mich noch nie mit Networkmarketing auseinandergesetzt hatte, niemals Bedenken in Richtung „illegales Schneeballsystem" und ähnliches. Mir war gleich klar, dass ein Unternehmen, das permanent in den Medien erwähnt wird, Mitglied im Senat der Wirtschaft und im Goldenen Buch der Wirtschaftskammer Österreich zu finden ist, natürlich nichts Illegales machen kann.

Informier dich, falls du diesbezügliche Bedenken bei der Wahl deines Partnerunternehmens hast, bei deiner Handels- bzw. Wirtschaftskammer. Es gibt ganz genaue Kriterien und Merkmale, die ein seriöses Network-Unternehmen auszeichnen. Auch in der kleinen Broschüre, „Die Kraft von Network Marketing" von Wolfgang Andes - die jeder meiner Neupartner zum Einstieg von mir geschenkt bekommt - findest du die genauen Kriterien aufgelistet.

Unser Geschäftsmodell erlebte in den letzten Jahren einen enormen Aufschwung, der sich in den nächsten Jahren noch weiter fortsetzen wird. Das wird auch von den offiziellen Stellen immer mehr erkannt und honoriert. Die Interessenvertretungen promoten Networkmarketing als Geschäft der Zukunft und erfreuen sich an den rasant wachsenden Umsatz- und Mitgliederzahlen.

Mein Tipp für dich: Such dir das Unternehmen, mit dem du arbeiten willst, gut aus. Randy Gage gibt in „Wie baue ich eine Multilevel Geldmaschine" in einem eigenen Kapitel ganz wichtige Informationen und definiert Kriterien für die Auswahl des richtigen Partnerunternehmens. Ich möchte dir aber zusätzlich aus meiner persönlichen Erfahrung empfehlen, dich auf dein Bauchgefühl zu verlassen, darauf zu hören, ob du dich eben mit der Philosophie des Unternehmens identifizieren kannst bzw. ob das Unternehmen überhaupt eine solche hat. Das Unternehmen, mit dem ich zusammenarbeite, hat ein absolutes Alleinstellungsmerkmal, etwas, das es weltweit einzigartig macht und das ist absolut genial und von unschätzbarem Wert für uns Partner. Siehe dazu auch unten im Kapitel 4 Networkmarketing - das gerechteste und fairste Geschäft der Welt.

In letzter Zeit bin ich öfter mit den Themen Regeln, Freiheit, Vorgaben und Werte konfrontiert. Im Networkmarketing finden meist bunte, sehr unterschiedliche, freiheitsliebende und kreative Charaktere ihre Heimat, die sich mitunter schwer damit tun, gewisse Vorgaben zu akzeptieren. Unser Geschäftsmodell bietet ja die Vorteile der Selbstständigkeit, aber unter dem Schutz und dem Dach eines starken Unternehmens, das all jene Dinge übernimmt, die man in der klassischen Selbständigkeit selber machen muss.

Das Partnerunternehmen hat die Marke kreiert, für die wir uns als Partner entscheiden oder eben nicht. Als Partner eines Networkunternehmens ist man vor allem eines: Markenbotschafter! Unser Business hat leider mitunter immer noch einen schlechten Ruf, eben, weil viele das nicht verstehen und beherzigen. Natürlich haben wir alle Freiheit und sollen uns authentisch, individuell und persönlich präsentieren. Aber genauso wenig, wie ein BMW-Vertragshändler öffentlich auf seinen Social-Media-Kanälen Werbung für den neuesten Mercedes machen kann oder ein McDonalds-Franchise-Nehmer für den Whopper von Burger King, kann und sollte ein Networker bei allem, was er sagt, tut oder postet, sich fragen, ob das kompatibel mit der Marke seines Unternehmens ist. Auch wenn man noch kein großes Team hat - man ist vom ersten Tag an Markenbotschafter des Unternehmens und sollte sich stets dessen bewusst sein, wie man sich in der Öffentlichkeit präsentiert.

So gut wie alle seriösen Unternehmen haben so genannte Corporate Rules, in denen die Rahmenbedingungen, die Dos und Don´ts festgehalten sind. Sieh dir diese an, bevor du dich für ein Unternehmen entscheidest und beherzige sie dann in der Folge auch. Wenn ein Unternehmen jung ist und gerade gestartet hat, ist es oft noch sehr familiär, überschaubar und die Notwendigkeit von allgemein gültigen Regeln ergibt sich erst im Laufe der Zeit.

Diese Regeln schränken unsere Freiheit nicht ein, ganz im Gegenteil! Sie dienen dem Schutz der Marke und somit unserem eigenen Schutz. Genau die Verhaltensweisen, die dafür verantwortlich sind, dass unser Geschäft von außen teilweise als unseriös, lästig oder aufdringlich empfunden wird, sind meist in diesen Rules untersagt - aus gutem Grund. Denn das einzige, was man immer und immer wieder als Argument gegen unsere Geschäftsform hört, sind eben Dinge, die Partner entgegen die Regeln machen. Wie beispielsweise standardisierte Massen E-Mails an Fremde, ohne Aufbau einer persönlichen Beziehung, öffentliches Schlechtmachen von Mitbewerbern, verbotene Over-the-Counter-Verkäufe, Unfairness durch verbotene Sonderrabatte, Aufdringlichkeit und so weiter …

Auch wenn du selbst gewisse Dinge auch ohne solche Rules niemals tun würdest - schließe da nie auf andere, denn nicht alle sind so respektvoll und mit einem guten Bauchgefühl wie du. Ich kann dir aus meiner Erfahrung sagen - es gibt wirklich nichts, was es nicht gibt!

Beispielsweise hat eine unserer absoluten Top-Leaderinnen, Lydia Werner, einmal folgende Nachricht eines Wildfremden über den Facebook-Messenger bekommen:

Hoj Lydia! Host Lust, dir ein bisserl was dazu zum Verdienen? Mit Produkten, die was frisch und nachhaltig sind? Wost dir was Cooles aufbauen kannst? Dann meld' dich bei mir!

Diese Nachricht ist schon per se das absolute Beispiel dafür, wie man es nie und unter keinen Umständen jemals machen sollte! Dazu kommt noch, dass diese Person sogar ein neuer Partner aus Lydias eigenem Team war - unfassbar! Und auch unsere Firmengründer selber bekommen mindestens einmal im Monat Nachrichten dieser Art …

Dass solche Kontaktaufnahmen unser Business in ein schlechtes Licht rücken, ist nur zu verständlich - und genau deshalb werden diese Dinge und Themen von seriösen Unternehmen ganz klar geregelt. Wir sollten dankbar dafür sein, dass unser Partnerunternehmen hier klare Regeln aufgestellt hat, sodass jeder Neupartner klar erkennen kann, was erfolgversprechend ist und was nicht.

Würden alle Unternehmen solche Regeln haben und sich die Partner daran halten - was wäre dann für unsere Branche noch alles möglich?

Es ist ganz einfach: Indem wir uns für Networkmarketing entscheiden, haben wir die einzigartige Chance, nur die Vorteile der Selbständigkeit für uns zu nutzen und alles andere, lästige und unangenehme vom Unternehmen erledigen lassen zu können. Dafür sind von den Partnern gewisse Regeln einzuhalten, um der Marke nicht zu schaden, die mit viel Mühe, meist Liebe, Zeit und riesigen Investitionen aufgebaut wurde und wofür das Unternehmen alle Kosten, die Verantwortung und das Risiko trägt. Wer sich davon in seiner Individualität und Selbstbestimmtheit eingeschränkt fühlt, sollte sich doch für eine Karriere als Einzelunternehmer entscheiden - mit allen Konsequenzen.

Sprich über das Business, nicht über Produkte!

Das ist wohl einer der wertvollsten Tipps überhaupt, um in unserem Business erfolgreich zu sein. Es wird immer und immer wieder gelehrt, in Büchern geschrieben, von erfolgreichen Networkern als DER Erfolgstipp schlechthin genannt - und dennoch ist es einer der Punkte, die am wenigsten befolgt werden. Der Fehler, der am häufigsten gemacht wird. Das ist umso erstaunlicher, wenn man bedenkt, dass nur etwa 5 % aller Menschen von sich selbst sagen, dass sie gerne verkaufen. Hingegen geben 95 % an, dass sie keine Verkäufer seien und um Himmels willen bloß nichts verkaufen wollen. Ich frage dann immer: Wenn du kein Verkäufer bist, wieso sprichst du dann immer nur über die Produkte und nicht über unsere geniale Businesschance???

Das ist ein Paradoxon, das ich wohl niemals verstehen werde, und ich werde es nicht müde, meinem Team immer und immer wieder eines zu vermitteln: Sprich über unsere herausragende Firmenphilosophie, die Werte, die dahinterstecken und die einzigartige Businesschance, die Networkmarketing uns bietet!!! Die Produkte sind ohne jeden Zweifel wunderbar, aber die sind ja sowieso die logische Konsequenz, wenn man sich in die Philosophie und/oder die Businesschance verliebt hat!

Wir haben ein einzigartiges Business, das Geschäft des 21. Jahrhunderts, mit exorbitanten Wachstumszahlen weltweit, das nicht nur absolut gerecht, fair und ethisch ist, sondern auch noch krisensicher, was wir in der Corona-Krise ganz deutlich erkennen durften.

Wir haben einzigartige Verdienstmöglichkeiten, Spaß, Sinnhaftigkeit, einen unvergleichbaren Teamspirit und Zusammenhalt, Persönlichkeitsentwicklung par excellence, die man ganz nebenbei durchmacht, inklusive. Wieso sprechen die Leute nicht darüber? Wieso verstecken sie sich hinter Produkten und Inhaltsstoffen? Und selbst wenn sie von der Geschäftsmöglichkeit sprechen, erwähnen viele ein „kleines Zusatzeinkommen", einen „Job", reden von „ein Taschengeld verdienen".

Ganz ehrlich, mich hätte dieser Ansatz damals nicht wirklich vom Hocker gehauen. Überleg einmal, wie viele Partner du NICHT gewinnst, weil du ihnen die Genialität unseres Geschäftsmodells nicht so erklärst, dass sie es verstehen können. Ich wage zu behaupten, dass jeder, wirklich JEDER grundsätzlich offen wäre, wenn er nur einen Bruchteil davon wüsste, was ich mittlerweile über das Business weiß. Das bedeutet, unsere Aufgabe und vielleicht die höchste Kunst eines Networkers überhaupt ist es zu schaffen, dass die Menschen zumindest so viel Ahnung von der Chance, die wir ihnen anbieten, bekommen, dass sie nervös werden, elektrisiert, dass sie beunruhigt sind und nicht mehr schlafen können, bevor sie nicht Näheres von uns erfahren haben. DAS ist eine unserer wichtigsten Aufgaben, wenn nicht überhaupt die aller-allerwichtigste! Denk immer daran!

Du wirst mich nie über ein Produkt reden hören, wenn ich mit einem Interessenten spreche und schon gar nicht von Inhaltsstoffen. Beide sind bei meinem Partnerunternehmen ohnehin genial, das versteht sich von selbst und die ausschließliche Benutzung der eigenen Produkte ist selbstverständlich eine logische Folge, wenn sich jemand für die Businesschance interessiert. Das bedeutet natürlich nicht, dass ich nicht jedes einzelne Produkt lieben und verwenden würde. Das ist nur einfach so klar, dass man es gar nicht extra zu erwähnen braucht! Natürlich kaufe ich nur in meinem eigenen Shop ein und nicht in dem der Mitbewerber! Natürlich liebe ich die Produkte, sonst könnte ich wohl kaum authentisch und begeistert sein. Natürlich kenne ich den Nutzen jedes einzelnen Produktes, freue mich auch heute noch wie ein Kind, wenn ich eines der wunderbaren, nachhaltigen, stylischen, liebevoll von Hand verpackten

Pakete zugeschickt bekomme. Und wenn meine Kunden online von selbst nachbestellen oder mir Nachrichten schicken, was ich für sie wieder bestellen soll, habe ich jedes Mal richtige Glücksgefühle, egal, wie klein die Bestellung ist. Auch jetzt noch, in der höchsten Karrierestufe, in der ich eigentlich „in Pension gehen" könnte und alles echt fast von alleine läuft. Natürlich verschenke ich nur Sachen aus meinem eigenen Shop zu diversen Anlässen an meine Freunde, Familie und Geschäftskontakte. Natürlich sind diese dann oft so begeistert, dass sie danach sowieso meine Kunden werden. Und natürlich platziere und verwende ich die Produkte so, dass sie möglichst viele Menschen sehen können, zuhause wie unterwegs. Und natürlich werde ich dann immer wieder darauf angesprochen!

Aber sprechen tue ich über andere Dinge.

Darüber, was unser Unternehmen so einzigartig macht, die Werte, die Philosophie, das Alleinstellungsmerkmal. Und vor allem spreche ich über die Chance, die das Businessmodell wirklich JEDEM bieten kann. Und zwar ein Passiveinkommen. Wobei dieser Ausdruck nicht sehr glücklich gewählt ist, denn ohne am Anfang alles zu geben und auch später eine gewisse Eigenaktivität zu haben, geht es definitiv nicht!

Treffender ist wohl die Bezeichnung „Residualeinkommen". Ich baue mir etwas auf, gebe am Anfang richtig Vollgas, bis etwas entstanden ist, womit ich meine Arbeit dupliziert habe. Sobald dieser Punkt erreicht ist, ich mein Wissen an genügend Führungskräfte weitergegeben habe, die es wiederum an ihre Partner weitergeben, wächst mein Team von selber und ich muss selbst theoretisch nur noch sehr wenig tun, nämlich eigenen Kundenumsatz generieren, wobei das im Vergleich zum Teamumsatz lächerlich wenig ist. Aber ich sollte dennoch grundsätzlich für meine Teampartner da sein, die mich brauchen und von mir lernen wollen. Das ist vielleicht mehr eine moralische als eine tatsächliche Verpflichtung. Denn meine Mannschaft hat sich mich ja zum Vorbild genommen, hat durch meinen Weg die Hoffnung, selbst auch erreichen zu können, was ich schon vorgemacht habe und dabei auf meine Hilfe zählen zu können. Und ihnen diese Hilfe auch zu geben, das ist ja das, was unser Geschäft so erfüllend und großartig macht. Und wofür wir Leaders unsere mehr als großzügigen Provisionen bekommen.

In Network Marketing you will think the reward is money, but the freedom will far outweigh the money and in the end it will be all about the lives you change.

Aber Fakt ist, dass es auf mein Einkommen keinerlei Auswirkungen hat, wenn ich mir einmal ein paar Monate Auszeit nehme, um auf einer Almhütte ohne WLAN als Sennerin zu arbeiten, auf Mauritius zu überwintern oder ein Kinderheim in Uganda zu bauen. Sobald ich mir ein selbständig arbeitendes Team aufgebaut habe.

Denk immer daran, dass 99 % der Menschen, mit denen du über das Business sprecht, nicht die leiseste Ahnung davon haben. Und sich nicht im geringsten vorstellen können, dass es noch etwas Anderes geben kann als einen öden, stressigen oder sinnlosen Angestelltenjob oder die Sorgen und das Hamsterrad der klassischen Selbstständigkeit. Das bedeutet, unser Fokus sollte in dem Gespräch stets darin liegen, dem Gesprächspartner die Einzigartigkeit von Networkmarketing näher zu bringen. Ich erwähne da beispielsweise immer, dass man sich mit Teamaufbau einen Vermögenswert schafft, vergleichbar mit einem Zinshaus. Je größer das Team/Haus, umso größer die Provision/ die Mieteinnahmen, und zwar unabhängig davon, ob ich selbst noch aktiv arbeite, krank bin, auf Weltumsegelung bin oder im abgeholzten Regenwald Bäume pflanze. Darunter kann sich jeder etwas vorstellen. Ich erwähne IMMER, dass man sich mit Networkmarketing etwas für die Zukunft/ das Alter aufbauen kann. Ich habe in den letzten 5 Jahren noch keinen einzigen Menschen getroffen, der sich nicht zumindest Gedanken um seine Zukunft und seine Altersvorsorge macht, ganz unabhängig davon, was er gerade arbeitet oder verdient oder hat. Die Sorge oder zumindest Bedenken, im Alter nicht genug Geld für ein gutes Leben zu haben, hat so gut wie jeder Mensch, möchte ich behaupten.

Und nicht zu vergessen: Die Möglichkeit, sein Business auf seine Kinder übertragen oder vererben zu können. Die meisten Menschen kennen nichts anderes und gehen davon aus, dass es keine Alternative dazu gibt, 40 Jahre ihres Lebens 40 Stunden die Woche für die Träume und Visionen von jemand anderem zu arbeiten, um dann einen warmen Händedruck, eventuell noch einen Blumenstrauß und 40 % ihres Aktiveinkommens als Pension zu erhalten - wenn überhaupt in unserer Generation. Ist es nicht unsere moralische Verpflichtung, ihnen zu zeigen, dass es auch einen anderen Weg gibt? Sich mit Freude und Sinnhaftigkeit selbstbestimmt etwas aufzubauen, das einem nicht nur selbst ein Leben lang Freude macht, sondern auch unseren Kindern ein gutes Leben mit einem guten Residualeinkommen ermöglicht? Ich habe wirklich noch keine einzige Mama und keinen Papa getroffen, der diese Möglichkeit nicht grundsätzlich reizvoll fand. Oder eine Tante/ einen Onkel ...

Wieso sprechen dann so wenige Networker von diesen Dingen? Das werde ich nie verstehen.

Tipp: Wenn du DARÜBER sprichst und nicht über die Produkte, kann ich dir quasi garantieren, dass deine Quote überdurchschnittlich sein und dein Team und damit dein Einkommen rasant wachsen wird!

Das WAS kommt vor dem WIE

Immer wieder erlebe ich, dass sich Partner - von ihren Business-Interessenten danach gefragt - in Details verlieren, schon beim ersten Gespräch die Produkte in allen Einzelheiten runterbeten, den Vergütungsplan erklären, die unterschiedlichen on- und offline-Veranstaltungen, die diversen Möglichkeiten, sich als Partner zu registrieren, die verschiedenen Wege, Partner und Kunden zu gewinnen, Produkte und Inhaltsstoffe erklären ... Also den vollen Eimer über den armen Interessenten ausschütten.

Fachidiot schlägt Kunden tot, heißt es ja so schön - dennoch ist das ein Fehler, der extrem häufig gemacht wird und es darf einen nicht wundern, wenn ein Interessent, der von unserem Geschäft ohnehin noch keine Ahnung hat und deshalb möglicherweise noch reserviert ist, sich von so viel Detailinformation erschlagen fühlt und denkt, das

Business sei ihm zu kompliziert, in seiner derzeitigen Lebenslage zu mühsam und man müsse wohl ein totaler Experte, Vollzeit-Networker sein und alles wissen, bevor man loslegen könne. Daher ist es ganz wichtig und wirklich essentiell, bevor man zum WIE kommt, zuerst einmal das MOTIV seines Interessenten zu kennen!

Denn nur mit einem starken Motiv werden die Menschen offen und bereit sein, ihre Komfortzone zu verlassen, sich wirklich auf etwas Neues einzulassen, auch Rückschläge hinzunehmen und weiterzumachen! Ist der Telefonhörer zu schwer, ist das Motiv zu schwach - das ist eine beliebte Aussage in meinem Partnerunternehmen. Und darin liegt sehr viel Wahrheit. Also vergeude deine Zeit und Energie nicht damit, mit deinem Neupartner detailliert jede Kleinigkeit zu besprechen, WIE er denn sein Business angehen solle, bevor ihr nicht sein WAS kennt! Und dieses WAS, dieses Motiv herauszufinden, ist ein ganz wunderschöner Teil unserer Tätigkeit. Wir dürfen den anderen wirklich-wirklich kennenlernen, uns in ihn hineinfühlen - das ist super spannend, aufregend und man kann selber auch immer ganz viel dabei lernen - über den anderen, aber auch über sich selbst.

Was braucht ein Network-Unternehmen, um fit für die Zukunft zu sein?

Gottseidank habe ich bei meinem ersten Kontakt mit Networkmarketing instinktiv genau das Unternehmen kennen gelernt, das sich mit seinen Werten, Produkten, seiner Philosophie von Qualität, Ethik und Nachhaltigkeit so mit meinen eigenen Werten deckt, dass ich von Anfang an das Gefühl hatte, dieses Unternehmen sei speziell für mich gegründet worden. Ich wäre nirgends anders so schnell so erfolgreich geworden. Aber nicht jeder hat dieses Glück. Ich kenne viele Networker, die oft viele Jahre lang auf der Suche nach dem perfekten Unternehmen waren. Wo immer irgendetwas war, das nicht gepasst hat, das nicht stimmig war oder womit sie sich nicht zu 100 % identifizieren konnten. Die dann aufgegeben haben in dem Glauben, Networkmarketing sei eben doch nichts Seriöses, es könne nicht wirklich funktionieren. Die das dann auch in die Welt hinaustragen und somit verantwortlich sind für den schlechten Ruf, den die Branche teilweise leider immer noch hat.

Worauf also sollte man achten?

Welche Unternehmen werden in Zukunft bestehen können? Da gibt es einige Punkte, die absolut eingehalten werden müssen. Achte bei der Auswahl deines Partnerunternehmens darauf, ob es diese erfüllt:

— **Keine Heilaussagen und Health Claims.**

  Heilaussagen für Nahrungsergänzungsmittel und Vitalstoffe sind verboten. Ein Verstoß gegen die Health-Claim-Verordnung kann schwere rechtliche Folgen sowohl für den Partner haben, der diese ausspricht, als auch für das Unternehmen selbst. So begeistert wir auch von den Produkten sind und so sensationell ihre Wirkung auch ist – Nahrungsergänzungsmittel sind keine Arzneien und dürfen nicht als solche beworben werden. Gerade wenn ein Unternehmen sehr erfolgreich ist, wie mein Partnerunternehmen, gibt es auch immer viele Neider, die nur darauf warten, Fehler oder Schwachstellen zu finden. Ein absolut korrektes Arbeiten ist daher in jeder Hinsicht essentiell, besonders aber, was Heilaussagen betrifft. Damit begibt man sich auf extrem dünnes Eis und kann schlimmstenfalls auch strafrechtlich zur Verantwortung gezogen werden. Achte genau darauf, wie dein Unternehmen dies handhabt! Sei froh, wenn es ganz klare Rules von Seiten des Unternehmens gibt und halte dich immer und unbedingt daran.

— **Keine Easy Claims.**

  Oft machen Networker den Fehler, unser Business zu einfach darzustellen, in der Hoffnung, durch falsche Versprechen zu mehr Partnern zu kommen. Neueinsteiger bekommen dann den falschen Eindruck, man müsse in dem Geschäft nichts tun, es komme alles von selber und man könne in kürzester Zeit absoluten Reichtum anhäufen. Das sorgt nicht nur für Frust, Enttäuschung und vorzeitiges

Aufgeben, weil diese Erwartungen natürlich gar nicht zu erfüllen sind, sondern ist auch ein Hauptgrund dafür, wieso unsere Branche mitunter einen wirklich schlechten Ruf hat - leider!

- **Eigene Forschung und Entwicklung.**

  Die Produkte müssen überdurchschnittlich und von hoher Qualität sein. Mit durchschnittlicher Massenware kann ein Networkunternehmen der Zukunft nicht bestehen. Die Konkurrenz ist zu groß und ohne Alleinstellungsmerkmal, absoluter Top-Qualität, ständiger Weiterentwicklung und Innovation wird man nicht weit kommen. Die Menschen müssen einen klaren Nutzen sehen und spüren, dass sie nirgendwo etwas Vergleichbares bekommen können.

- **Kunden, Eigenverbrauchspartner und Partner müssen klar definiert sein.**

  Es muss ganz klar sein, dass man auch als Kunde die Produkte beziehen kann, ohne selbst Partner zu sein. Dies ist auch eine wichtige Abgrenzung zu illegalen Schneeballsystemen. Die Handels- und Wirtschaftskammer haben diesbezügliche Informationen abrufbar. Es muss die Möglichkeit geben, sich lediglich für den Eigenverbrauch als Partner registrieren zu können, um eben die eigenen Produkte zu einem günstigeren Preis beziehen zu können. Und ebenso muss man die Möglichkeit haben, sich als Partner und Teamleader ein eigenes Team und damit ein Residualeinkommen aufbauen zu können.

- **Versand muss mit Amazon mithalten können.**

  Hohe Versandkosten, aufwendige Bestellvorgänge und lange Lieferzeiten sind ein Hauptgrund dafür, wieso Unternehmen nicht erfolgreich sind! Um sich am Markt behaupten zu können, muss ein Unternehmen in der Lage sein, mit den Versandkosten, aber auch der Lieferzeit mit Amazon und Co mithalten zu können. Die Menschen sind verwöhnt, kritisch und haben den Vergleich per Knopfdruck bzw. per Mausklick. Wenn ein Unternehmen da nicht mit den großen Online-Versendern mithalten kann, ist das ein absolutes Knock-Out-Kriterium. Dann kann die Qualität noch so gut und die Produkte können noch so einzigartig sein.

— **Leadership by Design.**

Was ist das absolute Rückgrat eines erfolgreichen Network-Unternehmens? Richtig - die erfolgreichen Führungskräfte. Wieso bekommen wir Top-Leader eine solch attraktive Entlohnung? Für etwas, was doch nach meiner subjektiven Auffassung doch so einfach, sinnerfüllt und voller Spaß ist?

Ganz einfach: Weil nur ca. 1 % aller Menschen sogenannte Macher sind, 9 % sind Mitläufer und die restlichen 90 % lediglich Zuschauer. Traurig, unbegreiflich, zum Aus-der-Haut-Fahren, aber leider Tatsache. Diese sogenannte „Quote" zeigt und bewahrheitet sich in jedem Team, in jedem Unternehmen. Ist kein Leader vorhanden, ist die Wahrscheinlichkeit äußerst gering, dass sich ein Team entwickelt und wirkliche Duplikation stattfinden kann. Umgekehrt kann eine Führungskraft Dinge entstehen lassen, die so groß werden und sich über viele Ebenen duplizieren. Sie können einen ganz eigenen Spirit in ihrem Team entstehen lassen, Menschen anziehen, die wiederum Führungspotenzial haben und etwas wirklich Großes entstehen lassen. Ich wage zu behaupten, dass ohne wahre Führungspersönlichkeiten ein Networkunternehmen überhaupt nicht überlebensfähig ist. Also nimm die Anerkennung, die Wertschätzung und nicht zu vergessen, die Provision, die du als Leader von deinem Partnerunternehmen bekommst, voller Stolz und Selbstbewusstsein an! Du hast es dir verdient - sonst würdest du es nicht bekommen! Aber wie kommt ein Unternehmen oder ein Teamleader zu solchen Führungskräften?

Es gibt 3 Wege, Führungskräfte zu gewinnen:

1. Sie von anderen Networks abziehen bzw. abwerben. Dies führt aber sicher nachhaltig zu keinen guten Ergebnissen und ist definitiv keine gute Idee. Das Sprichwort „wie gewonnen, so zerronnen" trifft hier ganz besonders zu, das konnte auch ich schon vielfach beobachten. Man kann das gut mit privaten Beziehungen vergleichen. Wenn du mit deinem neuen Freund eine heimliche Affäre beginnst, während er noch mit einer anderen zusammen ist, kannst du in den allermeisten Fällen davon ausgehen, dass du selbst zu irgendeinem späteren Zeitpunkt einmal die Betrogene sein und durch ein neueres Modell ausgetauscht werden wirst, mit dem dein Partner dann romantische Wochenenden im Schlosshotel verbringt, während du zuhause sitzt und denkst, er sei auf Geschäftsreise. So wie das deine Vorgängerin damals bei dir auch gedacht hat ... Genauso ist es mit Networkern, die sich bereitwillig abziehen, kaufen oder von Provisionen, Incentives, Schmeicheleien etc. ködern lassen. Wer auf diese Weise in dein Team und Unternehmen gekommen ist, wird mit großer Wahrscheinlichkeit irgendwann auf die gleiche Art wieder zum nächsten weiterziehen. Ein echter Leader weiß, dass das Gras in Nachbars Garten nicht grüner ist, sondern das eigene Gras dann und nur dann grüner wird, wenn man es richtig pflegt und wässert.

2. Darauf hoffen, dass sich durch Zufall die richtigen Leute finden und sich zu Leadern entwickeln. Dies dauert jedoch zu lange und ist weder strategisch noch ausreichend noch verlässlich genug für dynamisches, gesundes und beständiges Wachstum

3. Leadership by Design. Das Unternehmen hat seinen Fokus darauf gerichtet, Führungskräfte auszubilden und zu schulen. Wenn ich diesen Begriff „Leadership by Design" lese,

bekomme ich immer noch jedes Mal Gänsehaut. Denn genau das ist es, was mir selbst in meinem Partnerunternehmen widerfahren ist und was mein Team so groß gemacht hat. Sicher braucht man das gewisse Etwas, um ein wirklicher Leader zu werden - siehe gleich unten im nächsten Kapitel. Aber um diesen Samen dann zum Keimen und Wuchern zu bringen, dafür braucht es Input von außen. Sieh dir also gut an, welche Ausbildungen ein Unternehmen seinen Partnern bietet. Wie die Qualität ihrer Leaders und die von externen Speakern und Coaches ist. Welchen Stellenwert Weiterbildung in dem Unternehmen einnimmt, wie viel Geld dafür in die Hand genommen wird. Ob Leadership ein wichtiges Thema in dem Unternehmen ist!

Ich gehe im nächsten Kapitel auf das Thema Leadership ein - es ist von allergrößter Bedeutung!

Networkmarketing-Experten wie Eric Worre prognostizieren, dass unser Businessmodell in Europa in den nächsten Jahren boomen wird. Vor allem auch in Deutschland, denn Deutsche lieben ja bekanntlich Pläne & Vorgaben über alles … ;-) Und im Networkmarketing braucht man nichts zu erfinden, da ist alles schon vorhanden. Wenn man erfolgreich werden möchte, hält man sich am besten an die bewährten Vorgaben und die Konzeption des Unternehmens.

Ich liebe Networkmarketing mit Leib und Seele, denn es hat nicht nur mein Leben, sondern durch mich auch das von Tausenden von Menschen verändert und wird das in Zukunft noch viel rasanter tun. Network Marketing ist wahrscheinlich die letzte Chance für ganz normale Menschen wie dich und mich, sich ein überdurchschnittliches Leben aufzubauen. Für Menschen, die keine Supermodels, Millionenerben oder Ausnahmetalente sind.

Action - Partnergewinnung

Um das volle Maß der Freude genießen zu können, muss man jemanden haben, mit dem man es teilen kann.

Mark Twain

Wir Networker haben zwei Hauptaufgaben:

Kunden und Partner gewinnen. Immer und immer wieder. Nicht viel mehr und nicht viel weniger.

Action

Denken + Handeln = Erfolg

Eine ganz einfache Formel.

Man braucht beides für den Erfolg.

Über das Denken, das Mindset und die Kraft der Gedanken habe ich bereits in den vorigen Kapiteln gesprochen.

Was ist nun aber das Handeln?

Was sind die notwendigen Aktivitäten eines Networkers, oder einer Networkerin die sogenannten EPAs, die einkommensproduzierenden Aktivitäten?

Ganz einfach - wir gewinnen Kunden und Partner. Wir lernen Menschen kennen, kontaktieren Menschen, laden sie ein. Und erzählen ihnen von unserer Philosophie, den Produkten und vor allem der Business-Chance. Ich bekomme oft zu hören: „Ich weiß nicht, wie ich Menschen ansprechen kann, wie ich neue Leute kennenlernen kann."

Ich gebe zu, das ist nicht jedem gleichermaßen in die Wiege gelegt. Dem einen fällt es leichter, dem anderen schwerer. Doch die gute Nachricht ist: Auch die, die meinen, es falle ihnen schwer, mit Menschen in Kontakt zu treten, können das lernen und üben!

Mir fiel es immer schon leicht, auch fremde Menschen anzusprechen. Aber auch ich muss ehrlich sagen, dass sich das durch meine Tätigkeit als Networkerin noch verstärkt hat. Ich gehe mit viel offeneren Augen durchs Leben. Ich lerne absichtslos Menschen kennen, einfach, weil ich sie mag und ihre Geschichten immer unglaublich spannend finde. Im schlimmsten Fall war es eine nette Unterhaltung, habe ich dem anderen vielleicht ein Lächeln auf die Lippen gezaubert oder ihm ein paar angenehme Momente bereitet. Im besten Fall wird es mein neuer Shooting Star und vielleicht auch ein weiterer Herzensmensch in meinem Leben.

Wenn man andere bewusst wahrnimmt, signalisiert, dass man ansprechbar ist, dass man Menschen mag, wird sich allein dadurch schon etwas verändern. Probiere mal aus, was es für eine Wirkung hat, wenn man an der Bushaltestelle, in der Straßenbahn oder an der Supermarktkasse einfach mal andere anlächelt. Ich liebe es zu sehen, wie man allein dadurch die Miene und Laune eines anderen total verändern kann. Und auf ein Lächeln folgt dann leicht auch eine kleine Konversation. Diese Dinge kann man üben.

Und wen spreche ich an? Eines ist hier ganz wichtig: Ich spreche JEDEN an. Ohne Erwartungen und ohne Bewertungen. Leider passiert in der Praxis ganz oft das Gegenteil. Partner denken Dinge wie:

„Ach, die hat sicher kein Interesse"

„Sylvia – die hat eh mehr als genug Geld. Wieso sollte sie interessiert sein?"

„Emma hat eh jetzt schon so viel zu tun. Wie sollte sie denn auch noch Networkmarketing unterbringen?"

„Robert würde mich sicher auslachen. Als Akademiker schaut er doch auf solche Tätigkeiten herab …"

„Die hat sich doch noch nie für Kosmetik/Nachhaltigkeit/Selbständigkeit/Umweltschutz/

Zukunftsvorsorge ... interessiert"

„Barbara hat ja einen reichen Mann - wieso sollte sie so was machen wollen?"

„Wenn ich nach so langer Zeit auf einmal wegen des Business anrufe, denkt Peter sicher, dass ich mich nur aus Berechnung melde ..."

„Die Produkte sind Birgit als alleinerziehende Mutter sicher viel zu teuer ..."

„Anna denkt dann ja nur, dass ich etwas an ihr verdienen möchte ..."

Und aufgrund dieser Bewertungen sprechen sie diese Personen dann überhaupt nie aufs Business an. Eine unheimlich wichtige Grundregel heißt: Entscheide nie für andere! Und beurteile niemanden, in dessen Schuhen du nicht gegangen bist. Frage dich IMMER: Was weiß ich denn wirklich über das Leben dieser Person?

Die Dinge sind meist nicht die, die sie zu sein scheinen!

Ein wichtiger Erfolgsfaktor auf meinem Weg war ganz klar meine fast naive Herangehensweise an andere Menschen - das ist mir erst viel später bewusst geworden. Ich habe nie jemanden nach äußeren Umständen beurteilt und die Vorbehalte anderer Menschen sind an meiner kindlichen Begeisterung einfach abgeprallt, ich habe sie gar nicht registriert. Und es ist definitiv von Vorteil, wenn man sich nicht zu viele Gedanken macht, nicht „zu viel weiß", nicht zu viel reininterpretiert oder irgendwelche Weisheiten übernimmt.

Hätte ich beispielsweise drauf gehört, wenn jemand zu mir gesagt hätte: Kosmetikerinnen sind ganz klar nicht unsere Zielgruppe! Die arbeiten alle schon jahrelang mit bestimmten Marken und wechseln sicher nicht - und ganz sicher nicht zu Naturkosmetik ...!

Das hat aber gar niemand zu mir gesagt, weil ich ja noch viel zu neu und unbedarft war, und wenn, hätte ich wahrscheinlich - hoffentlich - nicht auf ihn gehört. Denn wer weiß, vielleicht hätte ich Alexandra sonst gar nicht angesprochen - und hätte jetzt nur ein halb so großes Team und das halbe Einkommen. Nicht auszudenken!

Oder meine Partnerin und Freundin Sylvia: Ich wusste natürlich, dass sie gut situiert ist und kein weiteres Einkommen braucht. Ich habe sie dennoch zu einer Präsentation eingeladen, obwohl ich zugeben muss, dass ich sie damals eher als Kundin eingestuft habe. Gottseidank habe ich ihr das aber nicht gezeigt und da sie als Bankerin natürlich gleich erkannt hat, dass es Sinn macht, Partnerin zu werden, um die eigenen Produkte deutlich günstiger zu bekommen, ist sie Partnerin geworden und führt heute eines meiner größten Teams.

Tipp: Entscheide auch nicht für andere, ob sie sich besser als Kunden oder Partner eignen. Lass sie auch diese Entscheidung selber treffen!

Du hast nun eine Idee davon bekommen, wie man mit Menschen in Kontakt kommen kann. Entscheidend ist es, IMMER eine persönliche Beziehung herzustellen, egal wie, wo und mit wem man ins Gespräch kommt. Im Networkmarketing bezeichnen wir das als „Anwärmen" von Kontakten.

Und so kann es passieren:

Um dir ein Gefühl dafür zu geben, wie man mit Menschen ins Gespräch kommt, wie man auf unser Geschäft zu sprechen kommen kann – hier ein paar Geschichten aus meinen Anfängen:

Auf einem Geburtstagsfest meines Schwiegervaters – die Gäste waren alle über Fünfzig – fragte mich eine Freundin von ihm, selbst erfolgreiche Prokuristin und Managerin einer Betonwerk-Kette in Deutschland, was ich beruflich jetzt eigentlich mache, sie habe was von „Kosmetik" gehört … Ich erzählte ihr von meinem Business und sie war sofort begeistert, von der Firma, der Philosophie und vor allem von Networkmarketing. Ihr war sonnenklar, dass Networkmarketing die Zukunft ist, daran bestand für sie gar kein Zweifel. Und ob sich ihre Tochter, die in Barcelona lebte, sich einmal bei mir melden dürfe … Einige Wochen später bekam ich eine E-Mail von der Tochter, sie sei nächste Woche in Graz, ob wir uns da zusammensetzen könnten …

Ich hatte ein Gespräch mit einer Interessentin in einem netten Lokal in der Grazer Innenstadt, das sehr positiv gelaufen ist. Die Interessentin wollte sich gleich als Partnerin registrieren und zu unserer nächsten Großveranstaltung nach Salzburg und zur nächsten Business-Präsentation in Graz mitkommen. Zwei Frauen fragten mich, ob sie sich an unseren Tisch dazu setzen dürfen – natürlich gerne! Meine Interessentin verabschiedete sich dann und ich blieb noch sitzen, um das Ticket für sie gleich im System zu buchen.

Die Frau neben mir fragte mich: *„Entschuldigung, aber ich habe zufällig mitbekommen, über welches Unternehmen Sie gesprochen haben? Wo kann ich denn eigentlich ein Produktmagazin bekommen bzw. etwas bestellen …?"*

Ich – überrascht und hoch erfreut – „Ah, bei mir, wenn Sie wollen …!"

Sie: „Und, kann man damit auch Geld verdienen?"

Ich (musste lächeln): „Ja, …schon!"

Sie: „Ok – wie kann ich Partnerin werden?"

Ich gab ihr das einzige Produktmagazin und Partnerantragsformular, das ich noch dabei hatte – und hatte am gleichen Tag noch eine neue Partnerin! Und die ursprüngliche Interessentin ist auch kurz darauf Partnerin geworden.

Karin/Andrea:

Zugegeben, es war echt ein Opfer, kaum aus Bali zurück, gleich nach Istrien ans Meer zu fahren, um dort ein Fresh Date im Ferienhaus einer Freundin abzuhalten. Die Existenz dieser Freundin war durch den plötzlichen Scheidungswunsch ihres Mannes plötzlich massiv bedroht und ich hatte ihr als Geburtstagsgeschenk eine Partnerschaft ermöglicht. Ich sagte damals zu ihr: „Ich schenke dir damit den Schlüssel zu einem freien, selbstbestimmten Leben, ob du ihn nutzt und in das Schloss steckst, liegt dann bei dir!" Sie hat den Schlüssel genutzt und einer ganz tollen Frau aus Istrien, die ein fast fertiges Studium hat, drei Sprachen fließend spricht und seit 10 Jahren für EUR 800,- Vollzeit in einem Café als Kellnerin arbeitet, die Chance ebenfalls angeboten. Es war für sie nicht leicht, das Geld für die Erstbestellung aufzutreiben. Aber sie hat es geschafft. Zu unserer Präsentation lud sie zwei Gäste ein, die beide Partnerinnen wurden. Beide hatten ebenfalls Probleme, das Geld für die Erstbestellung aufzutreiben, aber auch sie schafften es am Ende. Bei dem Follow Up am nächsten Tag war ich sehr berührt von der Begeisterung und Zielstrebigkeit, mit denen sie sofort bei der Sache waren. Es wurden Präsentationen geplant, eine pro Woche, ein Visionboard-Bastel-Nachmittag anberaumt und Kontaktlisten geschrieben … genau diese Geschichten sind der Grund, weshalb ich niemals aufhören werde, solche kleinen Wunder möglich zu machen. Eine Woche später ist bereits die 4. Partnerinteressentin an Bord …

Sissy:

Ich war im Supermarkt mit Bluetooth im Ohr mit einer Teampartnerin telefonierend, während ich meinen Wocheneinkauf erledigte. Eine ältere Frau neben mir glaubte, ich hätte mit ihr gesprochen und sprach mich an. Ich deutete auf den Knopf in meinem Ohr und konnte spüren, dass sie einsam und mitteilungsbedürftig war. Mein Gespräch dauerte, bis ich am Parkplatz zu meinem Auto ging. Das Wetter war super, also machte ich das Dach meines Autos auf. Die Frau aus dem Supermarkt parkte zufällig neben mir, mit genau dem gleichen Audi Cabrio, dessen Dach sie zugleich aufmachte … Ein nettes Lächeln und sie sprach mich an, erzählte, dass es ihr gerade nicht gut gehe, dass sie in Scheidung lebe und das nach 40-jähriger Ehe … Ich musste da natürlich gleich erzählen, dass eine Freundin gerade in der gleichen Situation war und ich live miterlebte, wie furchtbar das war. Darauf sagte sie: „Mei – hast du zufällig Zeit für einen Kaffee?" Zufällig hatte ich wirklich genau eine Stunde, bis der Kindergarten meines Sohnes zusperrte, also gingen wir in das nächste Café. Es war ein sehr nettes, berührendes Gespräch. Sissy war 63 Jahre alt und verlor durch die Scheidung gerade ihre Würde, Anerkennung, Bekanntenkreis, Haus, Geld, einfach gefühlt alles. Ich erzählte ihr, was ich so im Leben machte und das fand sie spannend. …

Maria:

Ich stand am Check-In-Schalter in Denpasar/Bali und kam mit einem netten jungen Mädchen neben mir ins Gespräch. Sie war Argentinierin, lebte in Sydney und flog gerade von ihrer Hochzeitsreise nach Hause. Wir redeten ein bisschen, waren uns gleich sympathisch und ich gab ihr meinen Facebook-Kontakt. Noch bevor ich ins Flugzeug stieg, waren wir auf Facebook befreundet. Sie hatte sich offenbar mein Profil angesehen und schrieb, was das eigentlich für eine tolle Firma sei, für die ich arbeite und wie wichtig die Themen Umwelt, Ethik und vegan seien. Und dass Networkmarketing ja sowieso die Zukunft ist. Ich dachte natürlich sofort, schade, dass sie in Australien lebt, fragte sie aber, ob sie vielleicht Freunde in Europa hatte, die ebenso denken wie sie … Hatte sie … Fortsetzung folgt…

Sandra:

Ursprünglich hatte ich eine Bekannte meiner Mama zu einer Produktpräsentation eingeladen, da sie eine Französin ist und ich gerne ein europaweites Team aufbauen wollte. Sie war sofort total begeistert, hatte aber zu dem Zeitpunkt mit der Pflege ihres Mannes zu tun und meinte, dass sie leider nach so vielen Jahren in Österreich kaum noch Kontakte in Frankreich hat. Aber dass das sehr interessant sei - eventuell hätte ihre selbstständig tätige Schwiegertochter Interesse an einer Partnerschaft. Ihre Tochter habe ich auf einem Fest kennengelernt und mich absichtslos mit ihr verbunden. Unsere 5-jährigen Söhne hatten gleich einen besonderen Draht zueinander und so habe ich sie einmal zum Spielen eingeladen - natürlich mit der Absicht, sie aufs Business anzusprechen Sie arbeitete als Angestellte auf der Uni, das sei so mäßig zufriedenstellend. Sie war sehr müde, bekam gleich unseren natürlichen Energyshot, der sofort mega wirkte bei ihr! Lustigerweise kam sie sofort auf mein Network zu sprechen und es wurde deutlich, dass auch sie mit der Absicht gekommen war, mehr über mein Business zu erfahren. Wir redeten über ihren Job und über meinen und sie fragte, ob sie auch einmal zu so einer Präsentation kommen dürfe … Sie dürfte schon bald Partnerin werden.

Michaela:

Mein allererster Auftritt als Partnerin war auf einer Weihnachtsausstellung, wo eine nette blonde Dame eine Gewinnkarte ausfüllte, sehr interessiert war, aber nie etwas bestellt hat. Ich habe sie fast zwei Jahre lang immer wieder zu unseren Präsentationen eingeladen, sie konnte nie kommen, hat aber immer betont, wie leid es ihr täte und dass ich doch das nächste Mal bitte wieder Bescheid sagen soll. Also hab ich sie weiter eingeladen, nach dem Motto: „Einmal sehen, wer von uns beiden langer durchhält." Irgendwann stellte sich heraus, dass sie mittwochs nie kann, weil sie da tanzen geht. Sie kam also zu unserem ersten Donnerstagstermin und es gefiel ihr so gut, was sie hörte, dass sie dort gleich den Partnerantrag unterzeichnete.

Alexander, Monika:

Ich räumte zuhause meine Geldbörse aus, auf der Suche nach den E-Cards meiner Töchter. Dabei stieß ich auf die Visitenkarten von zwei Zufallsbekanntschaften, die ich fürs Business ins Auge gefasst hatte, allerdings lag das schon einige Monate zurück. Die eine war eine coole Unternehmerin aus München, mit der ich beim Sundownder-Cocktail auf der Dachterrasse DES Münchner Schwulenhotels an der Bar ins Gespräch gekommen war. Der andere war ein Grazer Versicherungsmitarbeiter, der sich in einer Open Air Bar in der Grazer Innenstadt an den Tisch gesetzt hatte, an dem ich mit einem alten Freund aus den USA bei Sekt & Sardinen saß. Mit beiden hatte ich ein wenig Smalltalk betrieben und mir ihre Karten geben lassen.

Tipp: Schau immer, dass du die Kontaktdaten vom anderen bekommst, nicht umgekehrt! Sonst hast du in der Folge keine Möglichkeit, aktiv mit den Leuten in Kontakt zu treten!

Die beiden waren mir nicht extrem offen erschienen, vielmehr war der Grazer Versicherungsmitarbeiter offenbar sehr happy mit seinem Job. Monate später rief ich beide an, als ich wieder auf diese Karten stieß und gerade eine müßige Stunde hatte. Beide konnten sich noch an mich erinnern und mit dem Grazer, Alexander machte ich gleich ein Businessgespräch zwei Tage später aus. Er meinte bei dem Telefonat, dass es echt magisch sei, dass ich genau jetzt anrufe, weil er gerade vor einer beruflichen Neuorientierung stünde …

Er wurde dann auch gleich bei dem Gespräch mein Partner.

Aus dem Kontakt aus München wurde nichts. Sie hatte ihren Fokus auf anderen Dingen und unsere Korrespondenz verlief nach ein paar Gesprächen und Nachrichten hin und her im Sande.

Tipp: Leute, schmeisst nie Visitenkarten weg – mehr als ein Nein oder dass derjenige sich nicht mehr an euch erinnern kann, kann euch nicht passieren! Und notfalls könnt ihr immer noch nach einer Weiterempfehlung fragen!

Sabine:

In einem Anfall von „Entrümple dein Leben & Haus" hatte ich einige Sachen auf eine Second-Hand-Börse gestellt und Sabine kaufte eine Benetton-Kinderjacke von mir. Daraus entstand ein loser Kontakt, wir schreiben ab und zu hin und her.

Sie war Wienerin und als sie einmal beruflich in Graz zu tun hatte, kontaktierte sie mich und wir trafen uns auf einen Kaffee. Sie war die typische Karrierefrau, voller Energie, temperamentvoll und voller Ideen. Für mein Business war sie nicht offen, aber sie kannte mein Partnerunternehmen, interessierte sich für die Produkte und bestellte seit diesem Treffen einmal im Jahr einen Fußbalsam – aber nur, wenn er -20 % in Aktion war … ;-)

Zwei Jahre später lag ich auf einer Firmen-Incentive-Reise auf den Malediven am Strand und sah am Handy in meinem Mobile Office, dass der Handbalm und der Footbalm im Set um -20% in Aktion waren. Ich schrieb Sabine schnell eine WhatsApp-Nachricht und sie bestellte dieses Set – hatte damit ihr Produktsortiment um 100 % erweitert … ;-)

Kurz darauf machte ich mit einigen Partnern eine Präsentation in einer schicken Location in Wien und lud sie spontan dazu ein. Ohne mir allerdings das geringste zu erwarten. Sabine kam, war von meinen Partnerinnen, der Präsentation und der ganzen Atmosphäre begeistert - wurde auf der Stelle Partnerin und bestellte gleich mal um etwa 500 Euro. Sie kam dann auch gleich zu unseren nächsten Großveranstaltungen, war danach noch begeisterter und überlegte, ob sie eigentlich ihren gut bezahlten aber extrem stressigen Job mit dem unangenehmen Chef wirklich bis in alle Ewigkeit machen möchte ...

Romana:

Im Frühling 2017 entdeckte ich im Urlaub in Kroatien in einer kleinen Stadt eine nette Boutique mit nachhaltig hergestelltem Schmuck und Kleidern. Die Besitzerin war eine sehr interessante Frau, die Kunst in Zagreb studiert hatte, fließend Englisch sprach und die ich instinktiv gerne als Partnerin gehabt hätte. Teamaufbau war in Kroatien damals leider noch nicht möglich. Wir tauschten unsere Facebook-Kontaktdaten aus, hatten aber keinerlei Kontakt zueinander. Als fünf Jahre später Kroatien als neuer Markt eröffnet wurde, kam sie mir sofort wieder in den Sinn und ich kontaktierte sie über den Facebook-Messenger. Ich erzählte ihr die Neuigkeit und schrieb, dass ich mich noch gut an sie erinnern konnte, an ihr tolles Geschäft, an ihre faszinierende Persönlichkeit und fragte, ob sie Lust habe, bei der Markteröffnung meines wunderbaren Partnerunternehmens dabei zu sein. Sie war grundsätzlich offen, ich schickte ihr unseren Business-Film und sie war geflasht. Sie erzählte mir, dass ihr Leben sich grundlegend geändert habe und sie mitten in einem totalen Umbruch sei. Ihre Schwester war an Krebs erkrankt, Gottseidank genesen und seither beschäftigten sie sich beide ganz intensiv mit gesunder Ernährung, Lebensweise und Körperpflege. Sie konnte nicht glauben, dass ich genau in diesem Moment mit meinem Businessangebot mit einem nachhaltigen Unternehmen bei ihr meldete und registrierte sich gleich als Partnerin.

Ich habe hier eine Übung für dich:

Mach eine Stunde lang Kontakte live - am besten gleich zusammen mit deinem Team! Mach ein Team-Event daraus!

Wie machst du das konkret? Du setzt dich hin, ohne Ablenkung und kontaktierst auf den Kanälen deiner Wahl, zum Beispiel mit deinen Telefonkontakten, deinem Adressbuch, deinen Facebook-Kontakten oder Instagram-Followern, deiner Kontaktliste etc. eine Stunde lang so viele Menschen wie möglich. Damit meine ich nicht, dass du alle sofort auf dein Business ansprechen sollst. Es geht erst einmal um die reine Kontaktaufnahme.

Je nachdem, wie du mit diesen Menschen verbunden bist, kann das komplett unterschiedlich ausfallen. Bei welchen, die man schon ewig nicht mehr gehört hat, wird man den Kontakt einmal auffrischen, die Beziehung wieder aufbauen. Bei Menschen, mit denen du in regelmäßigem Kontakt stehst bzw. die schon ungefähr wissen, was du so im Leben machst, wirst du möglicherweise gleich dein Angebot formulieren. Wichtig ist dabei: Höre immer auf dein Bauchgefühl! Meines hat mich noch so gut wie nie getrogen, denn man spürt meist sehr genau, was der Gegenüber braucht und welches Verhalten im konkreten Fall angemessen ist.

Du kannst diese Übung auch über einen längeren Zeitraum machen. Einer meiner Teamleader macht das beispielsweise regelmäßig zusammen mit seinem Team. Sie nehmen sich mindestens vier Stunden Zeit für diese „Kontakt-Offensive", für die sie sich immer bei einem von ihnen zuhause treffen, mit anschließender Party. Sie sind damit immer sehr erfolgreich, gewinnen stabil und regelmäßig Kunden und Partner. Und haben nebenbei noch eine Menge Spaß und Teambuilding-Energie dabei!

Es gibt dazu übrigens ein sehr gutes Video von Eric Worre: „How to recruit 20 people in 30 days"

Warum sollten wir das tun?

Um dein bestehendes Team zu inspirieren, bringe neue Leute dazu! Es bringt eine andere Energie, einen wahren Energieschub! Denn, wie wir schon gehört haben - dein Team tut immer nur das, was du tust!! Und tut das nicht, was du nicht tust.

Und was wir tun, ist keine Hexerei, nichts, wozu man besondere Fachkenntnisse braucht. Wir lernen, während wir unser Business machen, und es sind immer wieder die gleichen Dinge. Ich habe die wichtigsten Dinge hier in acht Schritten zusammengefasst. Diese gilt es, immer und immer wieder zu tun - bis man den Olymp und absolute finanzielle und persönliche Freiheit erreicht hat:

Die acht Schritte eines erfolgreichen Networkers:

Oft werde ich gefragt: Wenn ich Partner bin, was muss ich denn dann tun? Das ist ganz einfach - es sind immer die gleichen, einfachen Dinge. Man kann sie im groben in acht einfache Schritte zusammenfassen, die sich dann immer und immer wiederholen:

1. Interessenten finden - Tell a story
2. Einladen
3. Präsentieren
4. Follow Up
5. Closing
6. Erste Schritte mit dem Neupartner
7. Veranstaltungen
8. Planung

---

1. Interessenten finden → Tell a/your story!

Kaum ein Punkt ist mit so viel Angst, Unsicherheit und Zögerlichkeit behaftet wie das Ansprechen von Menschen. Wenn jemand Angst hat,

Menschen auf sein Business anzusprechen, ist das für mich immer ein Zeichen dafür, dass die betreffende Person selbst noch nicht zu 100 % von ihrem Business überzeugt ist. Denn wäre sie das, würde sie natürlich keine Sekunde zögern, diese geniale Erfahrung mit möglichst vielen anderen zu teilen. Es würde förmlich aus ihr heraussprudeln. Ich möchte euch diese Angst so gerne nehmen. Denn auch und gerade das ist SO EINFACH!

Tell a story!

Erzähle einfach deine Geschichte! Das kann jedes Kind! Menschen lieben Geschichten, identifizieren sich damit! Ein guter Networker ist vor allem immer ein guter Geschichtenerzähler, wir sind ein story telling business! Habe auch keine Angst davor, deine Schwächen zu zeigen! Das macht dich authentisch, menschlich und sympathisch.

Ich hatte früher das Gefühl, immer alles richtig machen zu müssen, perfekt zu sein und keine Schwächen und Fehler zeigen zu dürfen - wohl ein Resultat meiner Erziehung. Damit habe ich mich selbst extrem unter Druck gesetzt und das selbst noch nicht einmal bemerkt. Im Laufe meiner Networkmarketing-Zeit habe ich mich sehr entwickelt und mein wahres Ich ist mehr und mehr ans Tageslicht gekommen. Heute genieße ich es absolut, ganz offen zu zeigen, was meine Herausforderungen, Schwächen, Unzulänglichkeiten und Ängste sind und waren. Und ich kann ganz deutlich spüren, wie sehr sich dann auch die anderen mir öffnen, inspiriert von meiner Offenheit und Unperfektheit. Wie sie sich mit meiner Geschichte identifizieren können und es genießen, sich verstanden zu fühlen - das kommt nämlich meist gar nicht so häufig vor.

Natürlich wird sich nicht jeder mit deiner Geschichte identifizieren, denn das Leben von Menschen kann nun mal sehr unterschiedlich verlaufen.

Und auch dafür gibt es selbstverständlich eine einfache Lösung: Borge dir die Geschichten von anderen aus!

Wenn du die Geschichte selbst nicht hast - nutze die Macht der dritten Person! Das ist das Schöne an unserem Geschäft - unsere

Teams sind allesamt bunt und unterschiedlich und schillernd - da ist für jeden was dabei! DU musst nicht alles selber machen! Unter anderem deshalb ist es auch so wichtig, regelmäßig die Veranstaltungen des Unternehmens zu besuchen, denn dort hört man sie, die unterschiedlichen Geschichten der Erfolgreichen. Und natürlich können wir auch Gespräche zu dritt führen. Wir können das ganz einfach vorschlagen oder erzählen, beispielsweise so:

„Würdest du dich mit einer Frau aus meinem Team treffen, die auch alleinerziehende Mutter ist?"

„Einer unserer erfolgreichsten Partner hatte genau die gleiche Ausgangssituation wie du ..."

„Wenn ich dich mit jemandem zusammenbringen würde, der auch einen wahnsinnig anstrengenden Hauptjob hat - würdest du dir seine Erfahrungen anhören?"

„Wenn wir ein Zoom-Meeting zu dritt machen würden, mit einem Partner, der auch schon über 70 Jahre alt ist - wärst du dabei?"

Du siehst - auch hier ist die entscheidende Fähigkeit jene, emphatisch und ein Menschenfreund zu sein, sich aufrichtig für andere zu interessieren und sich auf ihre jeweilige Situation einstellen zu können. Die Geschichten der anderen zu kennen, zu merken und bei passender Gelegenheit weiterzugeben.

Und stelle Fragen! Wer fragt, der führt, das ist eine alte, bewährte Weisheit.

Wie viel würdest du denn gerne dazu verdienen?

Was würdest du als erstes in deinem Leben ändern?

Wie viel Zeit hättest du denn gerne dafür?

Was sind die drei allerwichtigsten Dinge für dich?

Was sollte deine Geschichte bzw. die Geschichte der anderen, die du erzählst, unbedingt enthalten? Diese vier Punkte sollten immer darin vorkommen:

1. Dein Hintergrund, deine Vergangenheit
2. Was war nicht gut daran?
3. Ich habe eine Lösung für mich gefunden!
4. Wie denke ich jetzt über meine Zukunft?

Das bekommt wirklich jedes Kind hin!

In meinem Fall würde das in etwa so lauten - und diese Geschichte erzähle ich beispielsweise gerne Frauen und Mamas, denn die meisten stecken im gleichen Dilemma:

Ich bin Juristin, Mama von drei Kindern und habe es immer als total schwierig empfunden, Kinder und klassische Büro-Karriere für mich zufriedenstellend zu vereinbaren. Ich dachte, dass ich keine Karriere machen kann, weil es mir so wichtig war, genug Qualitätszeit mit meinen Kindern zu verbringen. Also habe ich mich dafür entschieden, meinem Mann das Geldverdienen zu überlassen und mich auf meinen Job als Mama, Familienmanagerin, Socializerin zu konzentrieren und meinem Mann für sein Geschäft den Rücken freizuhalten. Ich habe mich damals als Partnerin meines Unternehmens registriert, weil ich die Philosophie toll fand und die Produkte günstiger kaufen wollte. Dass da viel mehr möglich ist, wusste ich überhaupt nicht. Ich habe meinen Freundinnen, die größtenteils in einer ähnlichen Situation waren wie ich, von der Möglichkeit erzählt, sich flexibel von zuhause aus etwas aufzubauen und erstaunlicherweise sind mir ganz viele von ihnen gefolgt. Ich hatte also gleich einige Partner und habe bereits im ersten Monat € 620,- verdient, was damals für mich echt viel Geld war. Da habe ich erst erkannt, dass das eine total interessante Geschäftsmöglichkeit für mich ist, da ich Familie und Business perfekt vereinen kann, so, wie ich es mir immer erträumt hatte. Das hat mich geradezu elektrisiert und ich habe das Geschäft von der Pike auf gelernt. Nach zwei Jahren hatte ich bereits eine fünfstellige Monatsprovision, was früher für mich nicht einmal annähernd vorstellbar gewesen war. Und das, obwohl ich von zuhause oder wo immer ich will, arbeiten kann, neben den Kindern, angepasst an meine Familie, meinen Tagesrhythmus und mein Freiheitsbedürfnis. Das hat mich so unglaublich angespornt, dass ich mir hundertprozentig sicher war: Ich gehe diesen Weg weiter, bis ich die Spitze erreicht habe. Das war nach etwas über drei Jahren der Fall. Jetzt lebe ich persönlich und finanziell völlig frei, konnte einige lebensrettende private Entscheidungen treffen, mich aus einer toxischen Beziehung befreien und habe schon ganz vielen Menschen und vor allem Frauen geholfen, sich ebenfalls ein besseres Leben aufzubauen. Ich weiß heute, dass ich niemanden als „Erhalter" brauche und diese Freiheit ist für mich unbezahlbar. Ich kann meinen Kindern ein großartiges Leben bieten und ein Vorbild für sie dafür sein, ihr Leben selbst in die Hand zu nehmen und sich seine Würde und Unabhängigkeit immer zu bewahren. Networkmarketing hat mir buchstäblich das Leben gerettet!

Ist das schwierig? Nein, oder?

2. Einladen

In unserem Geschäft ist bei jedem seriösen, etablierten Partnerunternehmen alles vorhanden, was es braucht, um das Business zu starten und zu betreiben. Wir müssen uns nicht um Unterlagen, Infomaterial, Internetauftritt oder was auch immer kümmern. Unsere zentrale Aufgabe ist es, Menschen einzuladen.

Und wozu laden wir sie ein? Zu Veranstaltungen, zur Kunden- oder Partnergewinnung, die meist vom Unternehmen schon fix und fertig und einheitlich konzipiert sind, online wie offline. Unsere Aufgabe ist es, regelmäßig Menschen dazu einzuladen, regelmäßig mit Interessenten selbst dabei zu sein. Wir sollten niemals ohne eigene Gäste dabei sein, das hat den angenehmen Effekt, dass man immer im Tun, immer im Kontakten und Einladen ist, ganz nach dem Prinzip „nach der Veranstaltung ist vor der Veranstaltung". Hier ist die Kontinuität besonders wichtig und hier passiert es auch sehr häufig, dass die Leute faul, träge und nachlässig werden und sich dann wundern, wieso es bei ihnen nicht so läuft wie bei anderen, die mit voller Power einfach immer und immer weiter machen. Kontinuität ist das Geheimnis!!

Wie laden wir ein?

- Konkret

- Bestimmt

- Selbstbewusst

- Verbindlich

Dabei werden oft Fehler gemacht. Gerade Neupartner haben Angst, jemanden zu „belästigen", aufdringlich zu sein oder penetrant. Mein Tipp: Lade ein, wie du zu deiner Hochzeit einladen würdest. Da sagst du ja auch nicht zu deinen Freunden:

„Du, … also, … wenn du am 25. Mai noch nichts anderes zu tun hast, … dann komm doch mal vorbei … Ich habe da so eine Feier … vielleicht hast du ja Lust …"

Natürlich nicht – oder? Was für ein Gedanke! Du sagst es wohl eher auf die Art:

„Stell dir vor – ich heirate am 25. Mai im Schloss Gamlitz. Als eine meiner ältesten Freundinnen möchte ich dich unbedingt dabei haben. Schriftliche Einladung folgt. Bitte gib mir bis spätestens 15. April Bescheid, ob du kommen kannst und ob du allein oder in Begleitung kommst. Dresscode ist Pastell." Oder so.

Und genau das gleiche gilt, wenn du zu einer Business Präsentation einlädst. Mit dem kleinen Unterschied, dass du da nicht nur einen, sondern gleich zwei Termine in deinem Terminkalender fixiert hast, bevor du zum Telefonhörer greifst. Das hat folgenden Grund: Wir haben alle volle Terminkalender und es wird immer wieder passieren, dass jemand an dem einen Termin schon verplant ist. Das ist nichts gegen dich und bedeutet nicht grundsätzlich, dass er oder sie kein Interesse hat. Er oder sie hat einfach zu dem Termin schon was anderes vor. Wenn du bei dem Gespräch schon den nächsten Termin parat hast, kannst du, wenn dein Freund sagt: „Mensch du, schade, aber an dem Abend habe ich leider meine Tennis-Runde", ganz locker antworten: „Ach, das ist aber schade: Der nächste Termin ist dann am 7. Juni - wie sieht es denn da bei dir aus?"

So kannst du mit einem einzigen Anruf gleich ganz entspannt zwei Termine füllen, sparst dir also die extra Anrufe für den nächsten Termin. Das ist smartes, zeitsparendes Arbeiten.

Wenn du neu dabei bist: Lade ein wie zu einer klassischen Geschäftseröffnung. Wen würdest du denn dazu einladen? Mal mit Sicherheit die engsten Freunde, Familie und Verwandten, oder? Und natürlich würden diese kommen, weil sie dich natürlich bei deiner neuen Tätigkeit unterstützen wollen, neugierig sind, sich auf einen netten Abend in guter Gesellschaft mit einem oder mehreren Gläschen freuen. Und dich mit einem kleinen Einkauf bei deinem Geschäftsstart unterstützen wollen. Wieso sollte das bei der Eröffnung deiner Networkmarketing-Filiale anders sein?

Sei verbindlich und fordere Verbindlichkeit auch ein. Also beispielsweise:

„Fein, ich freue mich, dass du kommst. Dein Platz ist reserviert. Kommst du allein oder in Begleitung? Wie viele Leute möchtest du mitbringen?" Ich sage manchmal dazu: „Du kannst natürlich gerne jemanden mitbringen - wie viele werden das denn ein? Damit ich nicht zu wenig Prosecco kühl stelle ..." (damit ist auch gleich klar, dass es natürlich einen netten, geselligen Teil geben wird und die Leute empfinden ihre Zusage als verbindlicher, wenn ich klar mache, dass ich fix mit Ihrem Kommen rechne. Die Gäste müssen wissen, dass ihr mit ihrem Kommen rechnet, dass ihr sie fix eingeplant habt und nicht unbegrenzte Plätze habt. Kommuniziert das unbedingt - denn Knappheit schafft immer Interesse!

Ich kündige meist in dem Telefonat oder dem persönlichen Gespräch schon an, dass ich noch eine schriftliche Einladung nachschicke. Ganz einfach aus dem Grund, weil Geschriebenes verbindlicher und „offizieller" ist, man sich besser erinnert und den Termin so nicht so leicht vergisst. In meinem Partnerunternehmen gibt es da super stylish fertige Einladungen, die wir nur mehr personalisieren müssen.

Und einen oder zwei Tage vorher schicke ich noch eine kurze Nachricht, dass ich mich schon auf ihn oder sie freue oder dass sie anrufen sollen, falls sie wider Erwarten den Weg nicht finden sollten oder ob es dabei bleibt, dass sie zu dritt kommen ... Damit kann ich sicherstellen, dass der Termin nicht vergessen wird.

Du siehst, es liegt ganz viel in unserer Hand, wie konkret wir die Einladung formulieren, wie klar, bestimmt und selbstbewusst wir dabei sind. Dennoch wird es auch euch immer wieder passieren, dass Menschen trotz Zusagen nicht kommen oder in letzter Minute absagen. Das ist leider eine Unsitte unserer Zeit. Die Menschen werden immer unverbindlicher, übersättigt von Events und To dos und teilweise auch faul und bequem. Ich bin überzeugt davon, dass man auch hier selber anzieht, was man ausstrahlt. Bin ich selber verbindlich, korrekt und verlässlich, werde ich höchstwahrscheinlich auch eher solche Menschen und Reaktionen anziehen.

Und auch hier gilt: Nicht persönlich nehmen, nicht auf euch beziehen, nicht ärgern oder beleidigt sein.

Sollte es passieren, dass eine Person öfter als zweimal absagt, und du das Gefühl hast, es sei eine Ausrede, die Person hat gar kein wirkliches Interesse, traut sich aber nicht, dir das so zu sagen, kann ich dir einen Tipp geben: Frag ganz direkt: „Hast du wirklich keine Zeit oder interessiert es dich einfach nicht?"

Dein Gesprächspartner wird wahrscheinlich verblüfft sein über deine direkte Frage – denn leider reden wir meist lieber um den heißen Brei rum, anstatt einfach ehrlich zu kommunizieren. Und mit großer Wahrscheinlichkeit wirst du dann eine ehrliche Antwort bekommen.

Also entweder auf die Art: Es ist wie verhext, mittwochs kann ich leider nie. An einem anderen Wochentag wäre ich sehr gerne dabei! (Gewöhn dir gleich an, bei den beiden Terminen, die du fix geplant hast, immer unterschiedliche Wochentage auszuwählen, ganz viele Menschen haben ihren Sport, Chor, Stammtisch etc. immer an fixen Tagen).

Oder: Du, sei mir nicht böse, das ist nicht so ganz mein Thema, das interessiert mich nicht so sehr ...!" Dann kannst du dich für diese klare Antwort bedanken und nach einer Weiterempfehlung fragen ... Und da ist ja bekanntlich alles möglich.

3. Präsentieren

Die Veranstaltungskonzeption wird in jedem Unternehmen etwas anders sein. Bei meinem Partnerunternehmen gibt es Business-Präsentationen, die vom Unternehmen selbst organisiert werden. Diese gibt es regelmäßig live und online und in allen Sprachen unserer Märkte. Man kann seine Interessenten dazu einladen und diese hören in ganz Europa und auf allen Sprachen sehr professionell die gleichen Inhalte. Zusätzlich sieht unsere Konzeption Veranstaltungen vor, die von uns Partnern selbst durchgeführt werden. Auch diese laufen nach einem fixen Schema ab, es gibt genaue Abläufe, Vorschläge, man kann sich Videos ansehen, wie das in etwa aussehen kann und wir haben Unterlagen zur Verfügung, in denen ganz viele Tipps, Tricks und Vorschläge für die Durchführung dieser Präsentationen zu finden sind. Es empfiehlt sich auch hier, das Rad nicht neu zu erfinden, sondern auf die langjährigen bewährten Erfahrungen anderer erfolgreicher Partner zurückzugreifen. Duplikation ist eben alles im Networkmarketing. Auch für diese Partner-Events gilt der Grundsatz „Keep it simple". Wir wollen ja unsere künftigen Partner nicht erschrecken mit zu viel Perfektion, zu viel Fachwissen oder einem perfekten Vier-Gänge-Menü. Solltest du Angst davor haben, vor Menschen zu sprechen - das macht überhaupt nichts! Erstens bist du damit in guter Gesellschaft, denn nur den allerwenigsten unter uns verursacht der Gedanke, vor Menschen sprechen zu müssen, keinen Schweißausbruch. Und zweitens ist das Geniale an unserem Business, dass wir ja nicht alles selber machen müssen! Wir können uns mit anderen zusammentun, Präsentationen im Team machen, auch team- und länderübergreifend, unsere Gäste zu Veranstaltungen unserer Up-, Side- oder Crossline einladen. Gerade wenn du neu bist, wird deine Upline dich nur zu gerne unterstützen. Hier geht es weniger darum, selbst die perfekte „Rampensau" zu sein, als vielmehr die Fähigkeit zu haben, sich zu vernetzen und auszutauschen, vor allem auch innerhalb des Unternehmens.

Ich habe beispielsweise einmal ein Online Coaching für das Team einer ganz lieben Kollegin aus Südtirol gemacht. Es hat mir selber keinen direkten Vorteil gebracht, ich mag sie sehr gerne, wollte ihr einfach gerne helfen und ich weiß, dass es gut fürs Karma ist, anderen ohne Hintergedanken Gutes zu tun. Dieses Coaching hat in diesem Team viel Inspiration und Wachstum gebracht. Unter anderem war eine italienische Partnerin darunter, die dieses Coaching und Präsentationen nun ganz begeistert auf italienisch für ihr Team anbietet. Sollte mein Team in Italien endlich explodieren, weiß ich, dass ich meine italienischsprachigen Partner zu ihr schicken darf, bis wir selber genug Partner dort haben, die das dann weiterführen werden. Deshalb habe ich es aber nicht getan. Ein ganz wichtiger Baustein für den Weg zum Erfolg ist es, uneigennützig zu geben, anderen zu helfen ohne eine Gegenleistung zu erwarten. Das Universum wird zu gegebener Zeit darauf reagieren - so wie es auf alles irgendwann reagiert!

4. Follow Up

Dieses kann, je nachdem, zu welcher Veranstaltung du deine Interessenten eingeladen hast und wie intensiv euer Kontakt bereits ist, sehr unterschiedlich ablaufen. Im Idealfall hat sich dein Interessent bereits als Partner registriert oder eine Kundenbestellung aufgegeben. Doch das ist nicht immer der Fall, vor allem wenn es um die Partnergewinnung geht. Meist ist es so, dass noch einige Informationen nötig sind. Es passiert nur in den selteneren Fällen, dass jemand sofort beim ersten Kontakt den Partnerantrag unterzeichnet. Lös dich von dieser Vorstellung – sie entspricht nicht der Realität! Wenn du das einmal verinnerlicht hast, nimmt dir das viel an Druck und Stress und du fühlst dich nicht unzulänglich, wenn dein Interessent nicht sofort JA sagt, sondern weißt ganz entspannt, dass es einfach part of the game ist, dass die Dinge eben ihre Zeit brauchen, dass es einfach meist noch Fragen gibt, Unsicherheiten, Einwände, Ängste, Vorurteile etc. Und mein ganz, ganz großer Wunsch ist es, dass du keine Angst vor Einwänden mehr hast, sondern mit der Zeit und Übung lernst, dich auf Einwände ebenso zu freuen, wie ich es tue! Denn:

Einwände sind deine zweite große Chance,
deine Geschichte zu erzählen!

Es passiert meiner Erfahrung nach nur selten, dass jemand, der ernsthaftes Interesse hat, sofort den Partnerantrag unterschreibt, da es meist noch Unsicherheiten, offene Fragen usw. gibt. Es macht also absolut Sinn, sich darauf einzustellen, dass Einwände zum täglichen Geschäft gehören. Einwände bedeuten grundsätzliches Interesse. Und man kann sich gerade als Anfänger perfekt auf sie vorbereiten! Freu dich also über diese Einwände, anstatt dich davor zu fürchten!

Es gibt zwei Arten von Einwänden:

1. Fehlender Glaube **an dich selbst** (ich kenne niemanden, bin kein Verkäufer, mein Mann lässt mich nicht, ich habe keine Zeit ...)
2. Fehlender Glaube **an das System** (illegal, Schneeball, kennt schon jeder, Markt ist abgegrast, Produkte sind zu teuer ...)

Das Tolle an Einwänden ist einerseits, dass du eben noch eine Chance bekommst, mit deiner oder einer ausgeborgten Geschichte die Herzen der Menschen zu berühren. Und außerdem habe ich eine ganz gute und beruhigende Nachricht für dich: Auf Einwände kann man sich perfekt vorbereiten, denn ES SIND IMMER DIE GLEICHEN! Wenn du noch neu im Geschäft bist und der Gedanke an Einwände dir das Blut in den Adern gefrieren lässt, kann ich dir verraten, dass es nur wenige Einwände gibt, und sie kommen immer und immer wieder. Darauf kann man sich perfekt vorbereiten, denn sie haben alle eines gemeinsam: Sie sind objektiv nicht haltbar. Sie sind Glaubenssätze, Vorurteile, Halbwahrheiten, Falschinformationen und diese kann man allesamt ganz souverän entkräften.

Ganz wichtig dabei ist: Diskutiere nie, rechtfertige dich nicht, belehre den anderen nicht, versuche nicht, ihn zu überzeugen!

Eine gewonnene Diskussion ist meist ein verlorener Partner. Kein Mensch lässt sich gerne belehren. Jeder, der Kinder hat, weiß das nur zu gut. Und Erwachsene schätzen das sogar noch weniger. Bei der Einwandsbehandlung geht es darum, den anderen zu verstehen, Fragen zu stellen und Verständnis für seine Bedenken zu zeigen. Lass ihn selbst seine Antworten finden! Und sieh seine Einwände nicht als persönlichen Angriff gegen dich, denn das sind diese niemals. Sieh sie als Interesse, das aber Hand in Hand geht mit der Angst des Neuen, Unbekannten, genährt von diversen unwahren Informationen, die der andere vielleicht schon anderswo gehört hat. Du hast nun die einmalige Chance, diesen Menschen von diesen Unsicherheiten zu befreien und ihm den Blick auf eine einzigartige Chance zu ermöglichen!Freu dich darauf, diese Möglichkeit zu bekommen!

Vier Schritte der Einwandsbehandlung:

1. Zuhören!!! Höre dir einmal an, was genau sein Einwand ist und nimm ihn als Interesse an, indem du zum Beispiel darauf antwortest: „Aha, interessant …", „Das ist mir neu"

2. Würdigung des Einwandes: Nimm ihn erst und frage nach: „Was meinst du damit?" „Gut, dass du das ansprichst …". Und dann LASS IHN AUSREDEN und höre aktiv zu, denn hier erfährst du ganz genau, welcher Punkt ihm Kopfzerbrechen bereitet. Das ist der wichtigste Teil!! Eine liebe Führungskraft aus meinem Team, die hauptberuflich als

Coach und Führungskräfte-Trainerin arbeitet, beschreibt das ganz plakativ als „Kotzen" bzw. auf gut österreichisch als „Speiben". Wenn jemand kotzen muss, sollte man ihn nicht daran hindern oder unterbrechen. Und es macht definitiv keinen Sinn, jemanden mit Essen zu füttern, während er noch kotzt. Also lass ihn auskotzen, also ausreden, all seine Begrenzungen, Vorurteile, Bedenken etc. loswerden und füttere ihn währenddessen NICHT mit Informationen! Ganz wichtig!! Das Füttern beginnt immer erst, wenn das Kotzen vorbei ist!

3. Verständnis/Beziehung, Emotionen aufbauen: Sobald er sich ausgekotzt hat, können wir nun -wahrheitsgemäß, versteht sich -, Vertrauen aufbauen. Das ist wahnsinnig wichtig und man kann förmlich beobachten, wie Menschen aufblühen und aufatmen und sich quasi alles in Wohlgefallen auflöst, wenn sie sich verstanden fühlen. Ich liebe diesen Moment! Gute Beispiele dafür sind: „Das kann ich gut verstehen ..." „Da geht es dir genau wie mir damals" „Das habe ich anfangs auch gedacht ..."

4. Tell a/your story: „Da bist du ganz wie ich ...". Siehe oben Punkt 1.

Und welche sind diese Einwände, die immer und immer wieder kommen?

1. Ich habe keine Zeit.
2. Ich kenne niemanden.
3. Ich bin keine Verkäuferin.
4. Mein Mann lässt mich nicht.
5. Das ist doch ein illegales Schneeballsystem.
6. Muss ich da solche Tulperfix-Partys machen?

7. Ist das nicht so wie Amiwami?
8. Die Produkte sind zu teuer.
9. Das macht doch schon jeder / das kennt doch schon jeder …

Und das war es auch schon. Es mag noch einige Varianten oder Untergruppen geben, aber das ist es im Wesentlichen. Und darauf kann man sich definitiv vorbereiten.

Ich möchte dir nun anhand einiger Beispiele aus meiner Praxis zeigen, wie einfach du diese Einwandbehandlung umsetzen kannst:

— **Einwand: Ich habe keine Zeit.**

Ich: *Aha, interessant! Wie meinst du das? (Da habe ich gleich Schritt 1 und 2 zusammengefasst.)*

Interessentin: *Na ja. Ich habe ja zwei Kinder und einen Vollzeitjob, der mich total auslaugt und mir alles abverlangt. Ich hetze in aller Frühe aus dem Haus, bringe die Kinder in den Kindergarten, arbeite dann den ganzen Tag und komme todmüde nach Hause. Und dann ist der Haushalt noch nicht gemacht, die Kinder wollen meine Aufmerksamkeit. Und mein Mann ist ja auch da.*

Ich: *Ja, das kann ich gut verstehen. Mir ging es ganz gleich, als ich damals begonnen habe. Ich hatte meine drei Kinder, das jüngste war gerade drei Jahre alt und alle sind täglich mittags nach Hause gekommen. Ich habe also für alle gekocht, habe nebenbei das Büro meines Mannes mit aufgebaut. Unser Haus mit über 300 m2 habe ich damals allein geputzt, und überhaupt die gesamte Hausarbeit plus den Garten allein gemacht. Außerdem habe ich versucht, zumindest dreimal die Woche Laufen zu gehen. Die Nachmittage waren immer schon den Kindern gewidmet, mit Hausaufgaben, Taxidienst zu diversen Sportarten, Arztterminen, was halt immer so anfällt … Meine Tage waren total ausgefüllt.*

Versucht hier, authentisch und wahrheitsgemäß, Gemeinsamkeiten anzusprechen, mit denen sich euer Gegenüber identifizieren können.

Das kann ruhig ausführlich sein, da geht es um Beziehungsaufbau.

Interessentin: *Aha … und wie hast du es geschafft, dir nebenbei so was Großes aufzubauen?* (Ich habe hier etwas Entscheidendes erreicht: Ich habe meine Interessentin zu einer FRAGE veranlasst. Ich habe sie mit meiner Geschichte berührt und sie ist nun an meiner Lösung für eine Situation, die sie ja auch hat, interessiert.)

Ich: *Das erkläre ich dir gerne. Dafür frage ich dich: Wenn ich dir zeigen würde, wie du das Business einfach und leicht in deinen Alltag integrieren kannst, ohne viel Zeit aufzuwenden, um dir damit ein zweites Standbein aufzubauen, mit dem du dann mittelfristig sogar mehr Zeit für deine Kinder, deinen Mann und deine Hobbys hast – bist du dann grundsätzlich offen, dir von mir zeigen zu lassen, wie du das machst?*

Interessentin: *Na ja, wenn das wirklich ginge … das klingt schon sehr gut … Was müsste ich denn da anfangs machen?*

Ich: *Das ist ganz einfach. Wir gewinnen Kunden und Partner, indem wir selbst begeistert von der Philosophie des Unternehmens und der Geschäftsmöglichkeit sind und anderen authentisch davon erzählen. Gerade, wenn du in deinem Alltag viele Menschen triffst, also im Job, im Kindergarten, bei diversen Kinder-Veranstaltungen, ist es einfach und kostet keine zusätzliche Zeit, mit anderen ins Gespräch zu kommen …*

— Einwand: Ich kann nicht verkaufen!

Ich: *Aha … das ist mir neu … Wie meinst du das?*

Interessentin: *Na ja, ich bin einfach keine Verkäuferin. Ich mag keine Freunde ansprechen und ihnen was andrehen, was sie gar nicht haben wollen oder ihnen lästig fallen oder so … Ich kenne jemanden, eine Nachbarin von mir, die für so ein amerikanisches Unternehmen arbeitet und mit der schon niemand mehr was zu tun haben möchte, weil sie immer so lästig und aufdringlich ist und über nichts anderes redet als dass die Leute ihr ihre Produkte abkaufen können. So was will ich auf keinen Fall machen!*

Ich: *Das kann ich total gut verstehen. Das habe ich anfangs auch gedacht. (Und hier habe ich jetzt die wunderbare zweite Chance, meine Geschichte zu erzählen!) Ich muss dir ganz ehrlich sagen, dass ich auch keine Verkäuferin bin und auch Bedenken hatte, da jetzt solche „Tulperfix-Partys" zu machen, denn das bin ich absolut nicht. Anfangs hat mich das total verunsichert. Aber dann habe ich mit meiner Mentorin gesprochen und vor allem gesehen, wie sie arbeitet. Und da habe ich erkannt, dass es ja um was ganz anderes geht als ums Verkaufen. Sie ist genauso wenig Produktverkäuferin wie ich es bin, eine ganz tolle Frau. Sie hat das Business von der Pike auf gelernt und verstanden und hat den Menschen wirklich eine Chance angeboten, wie sie diese noch nie gehört haben. Und Chancengeber für andere sein zu können, das hat mich immer schon fasziniert. Ein positiver Beitrag im Leben anderer Menschen sein zu können. Als ich erkannt habe, dass ich da genau das ausleben kann, war ich total begeistert und nicht mehr zu halten. Ich habe gesehen, dass es nicht um Verkaufen geht, sondern darum, eine Philosophie von Bio, Ethik und Nachhaltigkeit bekannt zu machen und den Menschen ein Leben in finanzieller und persönlicher Freiheit zu bieten. Und ich war ja wirklich total begeistert von der Unternehmensphilosophie und der Business-Chance, die mir als dreifach Mama total neue Perspektiven geboten hat. Ich habe einfach meinen Freundinnen ganz wahrheitsgemäß davon erzählt, und da waren dann schon einige total interessiert und so sind die ersten Partner in mein Team gekommen …. Ich weiß, dass leider viele Menschen im Networkmarketing das wahre Geschenk, das in dem Business liegt, gar nicht erkennen und sich rein auf die Produktempfehlung beschränken. Das finde ich sehr schade und es ist mir ganz wichtig, das selbst anders zu machen und auch so in meinem Team zu schulen.*

Möchtest du dir selbst ein Bild machen, welche unglaublichen Möglichkeiten das Business bietet, die weit über den Produktverkauf hinausgehen?

Interessentin: *Na ja … wenn du das so sagst. Wenn das wirklich ist … das klingt ja ganz anders, als ich gedacht habe … Das würde mir schon gefallen. Ich war ja immer eine Vorreiterin, wenn ich es recht bedenke. Ich habe ja immer viel Neues ausprobiert und viele Freundinnen haben es mir dann nachgemacht. Wie z. B. den Reiterhof, wo dann einige meiner Freundinnen ebenfalls Reitstunden genommen haben. Oder als ich Vegetarierin geworden bin - ich hatte da immer echt gute Rezepte, die bei meinen Freunden immer gut angekommen sind und die sie dann nachkochen wollten … Wenn ich damit Geld verdienen könnte, also das wäre schon cool. Was müsste ich denn also genau machen?*

Ich: *Das ist ganz einfach. Wir gewinnen Kunden und Partner, indem wir unsere echte Begeisterung für das Unternehmen und die Business-Chance mit anderen teilen.*

— **Einwand: Das ist ja so ein illegales Schneeballsystem.**

Ich: *Aha, interessant! Wie meinst du das?*

Interessent: *Also, meine Schwester war einmal bei so einem amerikanischen Schneeballsystem. Es haben sie eh alle gewarnt, aber sie wollte nicht auf uns hören. Sie musste erst einmal um mehrere Tausend Euro Produkte kaufen und bei sich lagern. Die hat sie dann versucht, an den Mann zu bringen. Das waren so Wasserfilter und Backofenreiniger und auch Cremes und so. Das Zeug war total teuer und es hat niemanden interessiert. Die wenigen Sachen, die sie verkauft hat, musste sie selber verpacken und das Geld kassieren und mit der Firma verrechnen. Das hat sich überhaupt nicht ausgezahlt, für das wenige Geld, das sie damit verdient hat!*

Ich: *Wahnsinn, das klingt ja echt schrecklich! Das kann ich total gut verstehen, dass dich das abgeschreckt hat! So was würde ich auch niemals machen wollen! Und weißt du, ganz ehrlich gesagt - zu*

Beginn war ich mir auch unsicher, ob dieses Business nicht auch so auf diese Art sein würde. Doch dann habe ich ein Gespräch mit meiner Mentorin geführt, und die hat mir erzählt (und hier hast du wieder die wunderbare Gelegenheit, deine Geschichte zu erzählen und die Informationen zu bringen, die der Interessent noch nicht hatte!), wie das Unternehmen tickt. Dass die Produkte frisch in Österreich erzeugt und aufgrund der Frische gar nicht gelagert werden können, sondern vom Werk direkt an die Kunden verschickt werden. Dadurch gibt es keine Investitionen durch die Partner, kein Verpacken und Verschicken und auch die Verrechnung erfolgt direkt durchs Unternehmen. Als ich gesehen habe, dass ich echt null Risiko habe und einfach etwas empfehlen muss, was ich wirklich großartig finde, dachte ich mir: Was habe ich schon zu verlieren? Und als ich gesehen habe, wie viele nationale und internationale Preise das Unternehmen seit nunmehr 25 Jahren verliehen bekommt, war mir klar, dass die natürlich nichts Illegales machen …

Interessent: *Hm, das ist schon wahr … Na, wenn das so ist mit der Frische, dass man gar nichts verkaufen darf …*

— **Einwand: Die Produkte sind mir zu teuer!**

Ich: *Aha, interessant! Wie meinst du das? Verglichen womit?*

Interessent: *Na ja. Ehrlich gesagt, ich kaufe meine Pflegeprodukte im Drogeriemarkt, da kosten sie einen Bruchteil von euren Produkten und sind wohl nicht so viel schlechter… Da gibt es auch Bio-Produkte und Naturkosmetik und so … Wer soll etwas so viel Teureres denn haben wollen?*

Ich: *Ich kann gut verstehen, was du meinst! Offen gestanden, bevor ich Partnerin wurde, habe ich meine Cremes auch im Drogeriemarkt gekauft, ohne mir da groß Gedanken zu machen. Sogar noch zu Beginn meiner Partnerschaft, um ganz ehrlich zu sein. Aber mit der Zeit habe ich dann mehr über die Produkte, die Herstellung und die Unternehmensphilosophie erfahren und ich habe da erst erkannt, dass ich da*

Äpfel mit Birnen verglichen habe. Mir wurde bewusst, was Frische bedeutet und dass Produkte, die drei Jahre lang im Supermarktregal haltbar sein müssen, natürlich nicht frisch sein können. Und ich weiß ja von der Ernährung, dass frischgepresster Orangensaft natürlich besser für mich und meine Familie ist als einer aus dem Tetrapack. Oder Gemüse vom Bauern mehr Vitalstoffe und Vitamine enthält als Konservendosen. Und als ich dann die Philosophie des Unternehmens verstanden habe, habe ich erst erkannt, was für ein Riesenunterschied allein in der Produktion ist. Ob Rohstoffe fair angebaut oder von einem ausbeuterischen Konzern billigst hergestellt werden, macht für die Bauern vor Ort definitiv einen riesen Unterschied! Für mich war das Thema Ethik ja immer sehr wichtig und ich war absolut elektrisiert, als ich erkannt habe, dass ich da als Partnerin wirklich ein Beitrag sein kann, dass die Welt ein Stückchen besser wird. Und dass jeder Konsument mit seinem Kassenzettel, wie und was er einkauft, quasi einen Stimmzettel darüber abgibt, wie die Welt zukünftig aussehen wird. Ich wollte mich jedenfalls mehr für Ethik und Nachhaltigkeit einsetzen als rein darauf zu achten, möglichst billig einzukaufen. Und mit meinem Business, das von Anfang an gut gelaufen ist, konnte ich mir das ja auch leisten und wert sein.

Oder: Mir wurde bewusst, dass es da genauso einen Unterschied gibt, wie ob ich einen Mercedes oder einen Lada kaufe. Ob ich mich für Käfig Eier aus der Legebatterie entscheide oder für Bio Freilandeier. Natürlich ist Zweiteres teurer, aber mir war klar, dass man das natürlich nicht vergleichen kann. Und dass der Preis allein nie der Grund ist, wieso jemand etwas kauft, denn sonst würde man keinen einzigen Porsche auf der Straße sehen und keine Louis Vuitton Tasche. Und als Partner kann man die Produkte ja auch deutlich günstiger bekommen, was für viele ein erstes Motiv ist, sich zu registrieren…

Oft kommen auch konkrete Fragen als Einwände und auch auf diese kann man sich perfekt vorbereiten, da es im Wesentlichen auch immer die gleichen sind. Wichtig ist auch hier, diese nicht als persönlichen Angriff oder Misstrauen zu sehen, sondern als ehrliches Interesse, gepaart mit einer Unsicherheit aus Unwissenheit. Und unser Job ist es ganz genau, auf diese Unsicherheiten souverän, ehrlich und verständnisvoll einzugehen und sie so zu entkräften.

Ich möchte dir hier die häufigsten Fragen, die mir in Laufe der Jahre untergekommen sind, aufzählen, gleich zusammen mit einigen Möglichkeiten, wie du darauf reagieren kannst. Auch hier gilt: Nicht diskutieren, belehren, überzeugen oder rechtfertigen!

Ich antworte bei solchen Fragen grundsätzlich gerne erst einmal mit „Das ist ganz einfach!", denn das gibt mir etwas Zeit, mir zu überlegen, was ich darauf antworte und gleichzeitig gebe ich dem Interessenten das gute Gefühl, das er ja bekommen soll, weil es die Wahrheit ist. Dass unser Geschäft einfach und leicht ist. Ohne natürlich was Falsches vorzutäuschen, näheres dazu im Kapitel Networkmarketing, das ethischste und gerechteste Geschäft der Welt.

Und stelle immer zuerst Fragen, bevor du deinen Interessenten mit Informationen zuschüttest. Auch hier gilt: Wer fragt und zuhört, der führt!

Und sei selbstbewusst! Du bist kein Bittsteller, sondern Chancengeber! Hab keine Angst vor Klarheit und Bestimmtheit! Dein Interessent hat ja noch keine Ahnung von dem Geschäft und es liegt in deiner Hand, wie strukturiert, klar und professionell euer Gespräch abläuft!

Was sind denn die Fragen, die man von Interessenten so zu hören bekommt?

Interessent: *Was genau wäre denn dann der nächste Schritt?*

Ich: *Das ist ganz einfach. Du bekommst von mir einen Link per Mail, mit dem du dich für 29,- Euro registrieren kannst und sofort dein Homeoffice freigeschaltet bekommst. Du kannst eines oder gleich alle drei unserer Starterpakete wählen und sofort starten. Bist du bereit dafür?*

Interessent: *Muss ich da was bestellen?*

Ich: *Das ist ganz einfach! Müssen nicht, denn bei uns ist alles So Free. Aber du wirst mir sicher recht geben, dass du nichts authentisch und von*

Herzen weiterempfehlen kannst, das du selber gar nicht kennst …?

Oder: *Ja! Du musst die Produkte selbst kennenlernen. Denn ich frage dich: Wie willst du etwas seriös empfehlen, das du selbst noch nie ausprobiert hast?*

Interessent: *Muss ich da was verkaufen?*

Ich: *Möchtest du denn etwas verkaufen?*

Achtung: Macht hier nicht den Fehler, vor lauter Angst, den Interessenten zu vergraulen, zu beteuern: Nein, nein, du musst überhaupt nichts verkaufen! Denn obwohl es Fakt ist, dass etwa 95 % aller Menschen von sich sagen, dass sie nicht verkaufen möchten, wissen wir ja nicht, ob uns nicht genau ein Exemplar der restlichen 5 % gegenüber sitzt. Und es wäre doch schade, diesen zu enttäuschen, oder? Vor allem, da man unser Geschäft ja auf so viele unterschiedliche Arten betreiben kann, dass sich jeder das für ihn Passende heraussuchen kann!

Es gibt also auch hier zwei mögliche Antworten:

Variante 1:

Interessent: *Ja. Ich bin der geborene Verkäufer!*

Ich: *Super! Wir verkaufen vor allem eine Geschäftschance. Aber auch mit Produktverkauf kannst du sehr erfolgreich sein und dir eine hohe Provision aufbauen! Es gibt für beides ganz viele Beispiele in unserem Unternehmen!*

Variante 2:

Interessent: *Oh Gott, nein! Ich bin absolut keine Verkäuferin!*

Ich: *Kein Problem. Da kann ich dich beruhigen: Wir sind reine Empfehlungsgeber. So nach dem Motto: Ist der Mund offen, ist das Geschäft offen. Wichtig ist, dass du selbst begeistert von den Produkten, der Philosophie und dem Geschäftsmodell bist. Dann kannst du es wohl kaum vermeiden, deinen Freunden davon zu erzählen, oder? Hast du schon einmal ein Restaurant oder einen Film empfohlen …? Und war das schwierig?*

Oder: *Du gibst mir sicher recht, dass du, wenn du von etwas so richtig begeistert bist, wohl ziemlich gemein wärst, wenn du deinen liebsten Menschen das verschweigen würdest, oder?*

— Frage Interessent: Was genau wäre denn meine Aufgabe?

Ich: *Das ist ganz einfach! Kunden und Partner gewinnen. (Am besten macht ihr hier gleich einen Stopp. Denn: KISS - Keep It Short and Simple ist eine Regel, die immer gilt bei uns! Weniger ist immer mehr - nicht vergessen!)*

Wenn der Interessent weiter fragt, versuch, beim WAS zu bleiben, also bei seinem Motiv und dich nicht in den Details zu verlieren, wie genau er sein Business aufbauen kann, denn das ist dann erst der nächste Schritt.

Das WAS kommt vor dem WIE!! Gaaanz wichtig!!

Sollte er insistieren, gib kurz und knapp Antworten, auf die Art:

Es gibt ganz unterschiedliche Möglichkeiten, je nachdem, in welchem Bereich deine Interessen liegen. Also von der reinen Produktempfehlung über die Möglichkeit, als Coach und Mentor Menschen in den Erfolg zu begleiten bis hin zur Möglichkeit, internationale Führungskraft, Teamleaderin und Speakerin auf unseren großen Bühnen zu werden - es liegt ganz an dir...

Das besprechen wir dann ganz genau speziell für dich, sobald du deine Entscheidung getroffen hast.

— Frage Interessent: Muss ich reisen?

Ich: *Möchtest du reisen?*

Variante 1:

Interessent: Ja, ich liebe es zu reisen!

Ich: *Super! Wir sind mitten in der Europa-Expansion und bald geht es über den großen Teich! Du kannst dir ein internationales Team aufbauen und dieses überall in unseren Märkten besuchen, coachen und auf den Veranstaltungen in ganz Europa sprechen, sobald du ein gewisses Level erreicht hast!*

Variante 2:

Interessent: *Nein - bloß nicht! Ich will ja endlich mehr Zeit für die Familie haben!*

Ich: *Perfekt! So war das bei mir damals auch! Du kannst unser Business einfach und leicht vom Sofa zuhause aus aufbauen! Es gibt sämtliche Infos, Schulungen etc. vom Unternehmen online und in allen Sprachen. Du brauchst nur Menschen, die du kennst - egal, wo in Europa sie leben - auf die Business-Chance aufmerksam zu machen. Es geht alles online oder über unsere Partner und Country Manager vor Ort. Auch als Mama von Kleinkindern kannst du dir so ein geniales, internationales Team von zuhause aus aufbauen. Klingt das grundsätzlich interessant für dich?*

— Frage Interessent: Ist das so wie Tulperfix/Amiwami?

Ich: *Was meinst du damit?*

Da sind wir dann wieder in der klassischen Einwandbehandlung. Lass ihn mal auskotzen und unterbrich ihn dabei nicht, denn da bekommst du ganz wichtige Informationen, wo seine Vorbehalte und Glaubenssätze liegen. Und wenn er sich ausgekotzt hat, reagierst du entsprechend seinen Bedenken beispielsweise:

Da kann ich dich beruhigen. Damit/mit Plastik haben wir nichts zu tun. Unser Unternehmen ist anders …

— Frage Interessent: Muss ich Ausbildungen bezahlen?

Ich: *Das ist ganz einfach! Grundsätzlich musst du bei uns gar nichts. Partner sprechen bei unseren Veranstaltungen unentgeltlich, um ein Beitrag für andere zu sein und die Partner zahlen lediglich einen kleinen Businessbeitrag für Verpflegung und Saalmiete.*

Oder: *Grundsätzlich musst du bei uns überhaupt nichts! Du gibst mir aber sicher recht, dass eine Investition in dich selbst und deine Weiterbildung absolut Sinn macht?*

— Frage Interessent: Muss ich investieren?

Ich: *Das ist ganz einfach! Wenn 29,- Euro für die Registrierung und eine erste Bestellung von Produkten, die du sowieso brauchst und kennen solltest, eine Investition ist – dann ja!*

Oder: *Das ist ganz einfach: Nein! Denn eine Investition im Sinne einer Geschäftsgründung sind im „normalen Leben" meist Tausende Euro. Bei uns bist du schon mit Euro 29,- Registrierungsgebühr und einer ersten Produktbestellung für dich dabei und kannst dir damit etwas Unvergleichliches aufbauen.*

Ganz wichtig beim Follow up: Es muss IMMER IMMER einen Folgetermin geben, egal in welcher Phase wir uns gerade mit unserem Interessenten befinden. Er muss immer wissen, was der nächste Schritt ist und darf niemals einfach im Regen stehen gelassen werden. Du bist die Mentorin oder der Mentor, der/die künftige Leader und damit darfst du schon bei der Anbahnung der ersten Partnerschaft beginnen. Leadership ist, immer die Richtung vorzugeben, die Informationen bereit haben und dem Interessenten den Weg zeigen, ganz einfach und leicht.

5. Closing

Das Closing ist essentiell und wird in der Praxis leider ganz oft vergessen. Oder die Partner trauen sich nicht, zu closen, aus Angst, zu viel Druck zu machen und lästig zu sein.

Wir closen IMMER! Nicht nur nach den vier Schritten der Einwandbehandlung, wo wir dann ja den „Sack zumachen" wollen, sondern auch bei Terminen, Einladungen, Bestellungen, bei Businessgesprächen, Blitzkontakten, Präsentationen, …

Auch hier arbeiten wir wieder mit Fragen, genauer gesagt, am besten mit Alternativfragen! Und denk bei Alternativfragen daran, dass es psychologisch erwiesen ist, dass Menschen eher dazu neigen, sich da für die zweitgenannte Alternative zu entscheiden. Sag also als zweite Alternative immer die, die du lieber haben möchtest.

Hier ein paar Beispiele:

Sollen wir morgen um 11 oder um 15 Uhr telefonieren?

Möchtest du eines der Startersets oder gleich alle drei?

Interessierst du dich mehr für die Pflegeprodukte oder die Vitalstoffe?

Möchtest du wissen, wie man bei uns starten kann?

Welcher Termin für meine Präsentation passt dir besser – der 25. oder 30. Mai?

Möchtest du erst einmal als Kundin die Produkte probieren oder gleich als Partnerin eine Provision für deinen eigenen Einkauf bekommen?

Möchtest du dir noch eine Präsentation ansehen, um ganz sicher zu sein oder möchtest du gleich losstarten?

Mach IMMER ein Closing. Das hilft nicht nur dir selbst zu wissen, wo du mit dem jeweiligen Interessenten stehst, auch dein Gegenüber weiß genau, woran er ist, was der nächste Schritt ist und spürt, dass ihm jemand gegenübersteht, der weiß, wovon er redet und klar und bestimmt ist und ihm den Weg vorgibt. Das schafft Vertrauen!

6. Erste Schritte mit dem Neupartner

Nichts ist so entscheidend dafür, ob ein Partner nachhaltig dabei bleibt oder bald wieder das Handtuch wirft wie sein Erfolg in den ersten drei Monaten! Deshalb ist es essentiell, den Neupartner gut ins Tun zu bringen, ihm alle nötigen Informationen zu geben, ihn gut durch die Anfangsphase zu lotsen und ihm immer das Gefühl zu geben, dass man als Mentor für ihn da ist und ihn Schritt für Schritt, Hand in Hand begleitet. Bis er alleine gehen kann und das Gleiche wieder mit seinem eigenen Neupartner wiederholt. Hat man das geschafft, hat man echte Duplikation erreicht und eine sehr gute Basis dafür, dass aus diesem Partner ein nachhaltig wachsendes Team entsteht.

Deshalb bin ich kein Fan von „Massen-Rekrutierungen" über Social Media etc., weil für mich das Persönliche in unserem Geschäft im Vordergrund steht und ich der Meinung bin, dass es sich bezahlt macht, wenn man sich anfangs mal mehr Zeit nimmt für die Neupartner, eine Beziehung zu ihnen aufbaut, ehrlich interessiert und für sie da ist, da das für mich die Basis einer guten und stabilen Geschäftsbeziehung ist. Ich empfehle, langfristig pro Monat zwei bis drei Neupartner zu gewinnen, nicht unbedingt mehr. Qualität geht mir hier eindeutig über Quantität. Es zahlt sich aus, vor allem in den ersten drei Monaten in den Neupartnern zu investieren. Viel mehr als drei pro Monat schafft man meiner Meinung nach nicht, ohne dass die Qualität des Mentorings leidet. Langfristig zahlt es sich meiner Erfahrung nach jedenfalls aus, gerade in der ersten Zeit den vollen persönlichen Einsatz zu bringen.

Wenn ein Neupartner nach sechs Monaten noch kein Geld verdient (egal wie viel), ist es zu 80 % wahrscheinlich, dass er aufhört!

Die Aufgabe des Mentors ist es, dafür zu sorgen, dass die Neupartner bereits in den ersten sechs Monaten Geld verdienen!

Daher ist es ratsam, dem Neupartner von Anfang an ganz klar zu kommunizieren, dass er in den ersten drei bis sechs Monaten unsere besondere Aufmerksamkeit und Unterstützung bekommt, aber nicht unbedingt in alle Ewigkeit, vor allem nicht, ohne dass er selber aktiv sein Geschäft lernt und aufbaut.

Eine riesige Kontaktliste erstellen zu müssen, kann manche Menschen einschüchtern. Verlange deshalb beim Erstgespräch gegebenenfalls nur zehn Namen, das reicht für den Anfang. Und da wir ja kontinuierlich arbeiten, kommen dann regelmäßig neue Namen hinzu. Als Mentor können wir da ganz viel Inspiration sein, dem Neupartner Gedankenanstöße geben, welche Menschen er im Laufe seines Lebens schon kennen gelernt hat und wie viele Menschen er ja laufend neu kennenlernt.

Vergiss eines nie: Lobe deine Partner!

Das ist so ungeheuer wichtig in unserem Business und wäre es definitiv überall sonst ebenfalls. Aber in welchem Job bekommt man schon Lob, Anerkennung und Wertschätzung? Man weiß, dass den Menschen dies sogar noch wichtiger ist als die monetäre Entlohnung - dennoch haben die Menschen in den Chefetagen herkömmlicher Unternehmen immer noch nicht gecheckt, welches Potenzial sie vernichten, indem sie ihren Mitarbeitern nicht genug ehrliche Wertschätzung geben.

Dass dieses Lob aufrichtig und erst gemeint sein muss, versteht sich von selbst. Ansonsten wäre es Schmeichelei, und die bringt uns definitiv nicht weit. Ein weiterer Grund, wieso es bei uns so wichtig ist, sich ernsthaft für die Menschen zu interessieren. Denn nur, wenn du das tust, weißt du genug über sie, dass du sie adäquat loben, für Erfolge ehren und öffentlich wertschätzen kannst. Anfangs erschien mir all das völlig übertrieben und lächerlich, denn auch ich kannte das aus meiner bisherigen Berufserfahrung natürlich nicht. Ich dachte mir insgeheim, puh, die tun ja so, als würden sie täglich Staatsverträge aushandeln, so wie sie sich in den Facebook-Gruppen, auf der Bühne der Veranstaltungen, bei Team-Events etc. loben, ehren und feiern! Erst mit der Zeit habe ich erkannt, wie wahnsinnig wichtig all das tatsächlich ist. Denn wir dürfen nicht vergessen, dass die Kehrseite unseres genialen, freien und selbstbestimmten Business ohne Chef die Tatsache ist, dass wir in der Regel auch niemanden haben, der uns antreibt, Aufgaben gibt, Vorschriften macht etc. So selbstbestimmt alleine vor sich hin zu arbeiten ist etwas, womit gar nicht so wenige echt ein Problem haben. Viele verlieren den Fokus, das Ziel aus den Augen, können ohne Fremdeinwirkung, ohne gesehen zu werden, ihr Ding nicht konsequent durchziehen. Durch Lob, Ehrungen für Erfolge, Wertschätzung, Förderung der Teamzugehörigkeit, gemeinsame Veranstaltungen und Erlebnisse können wir unheimlich viel bewirken. Dass unsere Partner sich gesehen, verstanden, geschätzt und gebraucht fühlen. Haben wir das geschafft, brauchen wir uns in der Regel keine Sorgen zu machen, dass uns ein Partner abspringt, aufhört und nicht mehr loyal hinter uns steht. Unterschätze diese Tatsache niemals! Viele aus meinem Team würden auch dabei bleiben, wenn sie monetär nichts daran verdienen würden, einfach, weil es so schön und selten ist, diese Wertschätzung, die Zugehörigkeit, die gemeinsamen Aktivitäten und den positiven Flow und Teamspirit am eigenen Leib erleben zu dürfen!

Und das fängt mit Kleinigkeiten an! Gratuliere deinen Partnern persönlich zum Geburtstag oder zu einem erreichten Erfolg. Lobe sie auch vor anderen für ihre Erfolge. Schenke ihnen kleine Aufmerksamkeiten für ein erreichtes Ziel. Kommentiere ihre Beiträge in den Gruppen. Achte immer auf die persönliche Verbindung zwischen euch. Merke dir ihre Geschichten, Probleme und Ziele. Sei und bleibe der Grund, wieso sie sich damals für dich als Mentor entschieden haben!

Mache deinem Neupartner von Anfang an eines ganz klar:

Dies ist dein Unternehmen! Ich bin immer für dich da, aber TUN musst du selber! Unser Ziel ist es, unsere Partner unabhängig von uns zu machen, am besten so schnell wie möglich.

Der Weg dahin kann in vier Schritte aufgeteilt werden:

1. **TELL**: Erst einmal gibst du deinem Neupartner alle Infos, die er braucht, um gut starten zu können. Gib die Information scheibchenweise, überfordere ihn nicht, setze Prioritäten. Sage ihm ganz klar: Mein Ziel ist es, dich unabhängig von mir zu machen! Wie schnell möchtest du, dass das passiert? Er muss erkennen, dass diese Entscheidung ganz klar bei ihm liegt. Wir haben ein Business, bei dem man on the job lernt und der Neupartner muss nicht jedes Detail vom ersten Tag an wissen. Vieles wird er ohnehin dann selbst lernen – by doing!

2. **SHOW**: Networkmarketing ist kein Geschäft, für das man ein besonderes Fachwissen braucht. Viel mehr macht man nach, was man vorgezeigt bekommt. Und dieses Vorzeigen ist eine ganz

wichtige Aufgabe von dir als Mentor. Zeige deinem Neupartner, wie man Präsentationen macht, Businessmeetings, kleine Teamevents etc. Mach welche und lasse ihn seine Interessenten dazu einladen. Zeige ihm, wie man das Business macht, indem du es ihm vormachst. Denn wie schon gesagt: Deine Partner tun immer nur das, was du auch tust. Und sie tun das nicht, was du nicht tust.

3. **TRY**: Lass deinen Neupartner möglichst bald selbständig werden. Tue nichts für ihn, was er nicht auch selbst tun kann. Das fängt bei Kleinigkeiten an, wie, dass er sich die Infos aus seinem Homeoffice selber raussucht bis hin zu eigenen Businessgesprächen, Präsentationen und Teammeetings. Hier braucht es etwas Fingerspitzengefühl und Flexibilität. Der eine wird schneller selbständig als der andere. Auch hier kommt es dir zugute, wenn du empathisch bist und ein gutes Gefühl für andere Menschen hast! Man lernt in dem Geschäft nur, indem man tut! Lass deinen Neupartner Dinge selbst rausfinden! Tue nichts für deinen Partner, was er nicht selbst tun kann! Auch das ist Duplikation! Lass ihn die Dinge möglichst schnell selbst probieren, lass ihn Fehler machen, daraus lernen, ermutige ihn, übe konstruktives Feedback, ohne zu verletzen und steh zur Verfügung, wenn du gebraucht wirst, ohne dich anzubiedern oder den Partner zu sehr zu bemuttern. Networkmarketing ist eine Holschuld, das heißt, der Partner meldet sich bei dir, wenn er was braucht, nicht umgekehrt. Zu Beginn gibst du den Fahrplan vor, wann ihr euch trefft, wann du ihm was beibringst, wann ihr eure gemeinsamen Präsentationen macht. Achte aber immer darauf, dass auch er seinen Teil erfüllt, also beispielsweise Gäste zu den Präsentationen einlädt, sich das nötige Wissen aneignet, die Produkte probiert, seine Kontaktliste und sein Visionboard wie vereinbart erstellt … Mentoring ist nie eine Einbahnstraße!

4. **DO**: Du wirst spüren, wann dein Neupartner so weit ist, selbst den Weg zu gehen. Kommuniziere ganz klar, dass er jetzt so

weit ist, dass er dich nicht mehr für die Basics braucht, dass du aber immer zur Verfügung stehst, wenn es Fragen, Probleme, Unsicherheiten und natürlich den Wunsch nach Austausch gibt. Stelle klar, dass du als Mentor immer für ihn da sein wirst, aber er für seine Aktivitäten ganz allein verantwortlich ist. Siehe mehr dazu im Kapitel Mentoring.

Was mir sehr am Herzen liegt: Sei ehrlich! Es gibt Neins, Zurückweisung, Hochs &Tiefs,... Wachstum tut auch weh! Viele Mentoren sind so happy, einen Neupartner zu haben, dass sie aus dem verständlichen Wunsch heraus, der Neupartner möge das Business als die genialste Chance seines Lebens sehen, alles nur perfekt, einfach und freudvoll darstellen. Das ist zwar nachvollziehbar, aber nicht sehr konstruktiv. Denn wo Licht ist, ist auch Schatten, Erfolg kommt nie ohne den entsprechenden Einsatz und je weiter man kommt, umso mehr Rückschläge, Niederlagen und Misserfolge muss man einstecken können. Das ist in unserem Business genauso wie überall sonst. Zeichne von Anfang an ein realistisches Bild und bereite deinen Neupartner darauf vor, dass man umso erfolgreicher wird, je mehr Rückschläge man erlitten hat. Wenn du ihm vormachst, alles sei nur wie im Bilderbuch, wird er relativ schnell frustriert das Handtuch werfen und der Meinung sein, Networkmarketing sei offenbar nichts für ihn, wenn es bei allen anderen so perfekt klappt, nur bei ihm nicht.

7. Veranstaltungen

Erzähle immer von den Veranstaltungen!

Es ist essentiell, die Partner - und gerade die Neuen - auf die Veranstaltungen des Unternehmens zu bringen! Anhand der Anzahl deiner Teamparter bei den Veranstaltungen kannst du die Stabilität deines Teams und Erfolgs messen. Wenn du einmal 100 Partner auf einer Großveranstaltung hast, ist dein Erfolg nicht mehr zu stoppen - das ist eine allgemein bewährte Formel.

Dass alle erfolgreichen Partner und Führungskräfte IMMER auf den Veranstaltungen anzutreffen sind, versteht sich von selbst. Diese Dynamik, die Stimmung, die Energie, das Vernetzen, das dort entsteht, ist durch absolut nichts zu ersetzen und unendlich kostbar.

Ich habe das Riesenglück, dass mein Partnerunternehmen mit seiner Veranstaltungskonzeption absolut einzigartig ist. Diese Veranstaltungen finden auf höchstem Level statt, mit den Top-Leadern sowie hochkarätigen Guest-Speakern auf der Bühne - und das alles für einen sehr geringen Unkostenbeitrag. Uns Partnern wird absolut alles abgenommen, das einzige, was wir zu tun haben ist, diese Veranstaltungen in unseren Teams zu promoten, selbst dabei zu sein und dafür zu sorgen, dass die Veranstaltungen der Motor für unser Business sind, werden und bleiben. Sie sind auch die perfekte Möglichkeit, das Team, die verschiedenen Linien untereinander bekannt zu machen, zu vernetzen, Freundschaften entstehen zu lassen. All das ist von unschätzbarem Wert. Ich mache immer am Freitagabend vor unseren Jahreshauptveranstaltungen, die zweimal im Jahr stattfinden, ein gemeinsames Team-Dinner. Ich habe ein Hotel gefunden, in dem ich immer ein Kontingent an Zimmern reservieren lasse und kommuniziere an mein Team, dass jeder, der dabei sein will, dort sein Zimmer buchen und an dem Dinner teilnehmen kann. Das wird sehr gut angenommen und viele freuen sich auf dieses interne Meeting fast mehr als auf die Großveranstaltung, da wir da unter uns sind, in relativ überschaubarem Rahmen, Platz ist für Gespräche, Beziehungsaufbau, Vernetzung auch nach Regionen, Erfahrungsaustausch, ... Natürlich kann da schon lange nicht mehr das ganze Team dabei sein. Aber auch das ist Duplikation! Die Leader meiner größeren Teams haben mir auch das nachgemacht und machen ihre eigenen Teamevents in ihren eigenen Hotels. Auch wenn ich rein persönlich immer etwas traurig bin, wenn sich wieder ein Team abspaltet, weil wir einfach schon zu viele sind, bin ich gleichzeitig überglücklich, denn was Besseres kann einem nicht passieren, als dass Partner und Team selbständig werden, wie oben schon gesagt.

8. Planung

Planung ist ganz klar die halbe Miete. Wer das Ziel nicht kennt, kann den Weg nicht wählen. Ohne Plan kann kein Geschäftsmann erfolgreich sein, das gilt auch in unserem Business. Viele verabscheuen es zu planen, weil sie Zahlen und Excel-Sheets hassen oder weil sie ihr Network in ihrem Innersten immer noch als Hobby sehen und nicht als Beruf. Ich kann in meinem Team sofort leicht erkennen, ob der Teamleader plant oder nicht. Und auch, ob er, falls er plant, einfach irgendwelche Zahlen hinschreibt, um die Upline happy zu machen oder sich wirklich die Aktivitäten und Realitäten in den Zahlen widerspiegeln.

Aber was planen wir eigentlich genau?

Über Ziele und Visionen haben wir schon gesprochen. Bei der Planung brechen wir diese auf konkrete Zahlen herunter. Wir planen unsere Zeit, unsere Karrierestufen, Teamgrößen, Aktivitäten, und natürlich die Höhe unserer Provision. Diese ist die unmittelbare Folge der von uns gesetzten Aktivitäten und dadurch wirklich durch uns selbst festzusetzen, was für viele anfangs richtig ungewohnt ist. Geld ist ja bekanntlich das Tauschmittel für die Verwirklichung unserer Ziele. Ich möchte hier also einmal sehr konkret werden und deine monetären Ziele planen:

Frage dich einmal selbst – und schreib dir die Zahlen auf:

Stell dir vor, es ist heute in einem Jahr: Was will ich da verdienen?

Welcher Betrag soll da auf meiner Monatsabrechnung stehen?

Schreib dir den gewünschten Betrag auf. Wenn du das getan hast, streich ihn durch und schreib den doppelten Betrag darunter. Hast du das getan? Dann streich auch diesen durch und schreib nochmal den doppelten Betrag darunter.

Welche Zahl steht jetzt dort? Bereitet sie dir Gänsehaut? Fühlt sie sich gut an?

Schreib dir auf, welchen Betrag du gerne auf deiner Monatsabrechnung stehen hättest. Gewöhne dir an, gross zu denken, auch, wenn es sich (noch) völlig verrückt für dich anfühlt. Man kann immer nur das erreichen, was man auch gedanklich grundsätzlich für möglich hält!

Und frage dich jetzt: Was muss passieren, dass das auch Realität wird?

Diese Zahl in der ersten Zeile war die, die ich bei dieser Frage bei einer Veranstaltung meines Partnerunternehmens in meinen Block schrieb. Damals hatte ich gerade die höchste Karrierestufe erreicht und dieser Betrag war für Ende des Jahres zwar sportlich gedacht aber nicht unmöglich. Dies dann zu verdoppeln, war dann schon ein anderes Kaliber! Und es dann noch einmal zu verdoppeln! Wow! Ich hatte in den letzten Jahren schon gelernt, groß zu denken. Dennoch verursachte es mir Gänsehaut, mir vorzustellen, dass dieser unfassbar hohe Geldbetrag in absehbarer Zeit auf meiner Monatsabrechnung stehen könnte.

Wir planen auch unser Jahr. Unsere Monate. Unsere Wochen. Unseren Tag.

Was gehört in die **Jahresplanung**? Ganz klar einmal die schon bekannten Veranstaltungen des Unternehmens. Es ist nicht in jedem Unternehmen üblich, dass Veranstaltungen organisiert werden, oftmals wird das den Partnern überlassen. Wenn es bei dir Unternehmensveranstaltungen gibt, sei um jeden Preis dabei. Trag sie dir zu Jahresbeginn in deinen Kalender ein und behandle sie dann so, wie es wichtigen Geschäftsterminen gebührt: Du siehst sie als absolute Must-Gos, die um keinen Preis verschoben oder abgesagt werden – egal was passiert. Es ist eine alte und sehr wahre Weisheit in unserem Business, dass alle erfolgreichen Partner immer auf den Events zu finden sind. Deshalb sind sie erfolgreich. Punkt.

In die Jahresplanung gehören ebenfalls Incentive-Reisen. Indem du diese einträgst, kreierst du dir das positive Mindset, dass du dich für diese tolle Reise NATÜRLICH qualifizieren wirst.

Weiter gehören all deinen eigenen Team-Events und die deiner

Upline, Schulungen, Meetings etc. sofort in den Jahresplan, sobald sie bekannt sind. Und an diesen wird in der Folge auch nicht gerüttelt!

In meinem Unternehmen gibt es für die **Monatsplanung** ein eigenes Sheet, das sehr hilfreich ist. Was planen wir da? Ganz einfach: unsere Monatsergebnisse. Also direkte Neupartner, Neupartner aus dem Team, Präsentationen, Kunden- und Teamumsätze, geplante neue Zielstufen und die Höhe unserer Provision. Das Spannende an der Monatsplanung ist für mich, nach Ende des Abrechnungsmonats Bilanz zu ziehen und die geplanten Zahlen mit den erreichten zu vergleichen. Das halte ich für ein enorm wichtiges Tool, denn ich erkenne daran auf einen Blick:

1. Habe ich realistisch geplant oder liege ich meilenweit daneben?
2. Wenn ich daneben liege: was ist der Grund dafür?

1. Habe ich zu optimistisch/pessimistisch geplant? Wenn ja, sollte ich eine Lehre daraus ziehen und mich mehr mit den eigenen Aktivitäten und Zahlen sowie jenen des Teams beschäftigen, um im nächsten Monat besser zu liegen. Und ein Gefühl für mein Team bekommen, was ich unter anderem dadurch erreiche, dass ich aktiv mit meinen Leuten kommuniziere, herausfinde, welche Aktivitäten sie planen und tatsächlich setzen, welche Quote sie realistischer Weise haben und ihnen die Planung erkläre und anfangs dabei helfe.

2. Habe ich die nötigen Aktivitäten gesetzt, um die geplanten Neupartner/Umsätze/Zielstufen/ Provisionen zu erreichen? Wenn nein - warum nicht? Was hat mich daran gehindert? Wie wichtig waren mir meine Ziele?

Tipp: Mach dir für jeden Monat ein solches Sheet, speichere es dir ab und überschreibe es nicht, sondern hebe dir die einzelnen Monatsplanungen gut auf. Es ist extrem hilf- und lehrreich, später auf seine Planungen zurückzublicken und zu erkennen, ob man zu groß denkt oder zu klein, ob man die selbst geplanten Aktivitäten auch gesetzt hat und ob man sein Team gut einschätzen kann. Ein guter Leader tut das.

Ich habe beispielsweise erkannt, dass ich sehr lange, nachdem ich schon sehr erfolgreich war, immer noch zu klein gedacht und regelmäßig meine eigenen Planungen übertroffen habe. Schrittweise hat mich diese Erkenntnis dazu gebracht, größer zu denken.

Beim **Wochenplan** geht es um deine konkreten Aktivitäten in der kommenden Woche. Idealerweise machst du sie Sonntagabends, es reicht, wenn du einen allgemeinen Kalender hernimmst und dir dort fix deine Network-Aktivitäten einträgst. Dazu gehören etwa: Kundenpräsentationen, Teammeetings, Teamcalls, Kunden- und Partnertermine, deine persönliche Weiterbildung, Seminare, Gespräche mit Interessenten etc. Trage sie dir verbindlich in den Kalender ein und sieh sie als das, was sie tatsächlich sind: fixe, verbindliche Geschäftstermine.

Im **Tagesplan** werden die Aktivitäten des Wochenplans dann auf die Stunden heruntergebrochen. Wann habe ich Zeit zu telefonieren? Wann mache ich meinen Zoom-Call? Wann meine Buchhaltung? Wann schule ich meinen Neupartner ein? Sehr hilfreich kann hier eine so genannte ABC Liste sein. Nimm ein A3-Blatt, mach drei Spalten A - B - C, wobei die Buchstaben für folgendes stehen:

A: Absolute Priorität, muss unbedingt heute gemacht werden. Zum Beispiel die Kundenpräsentation, das vereinbarte Telefonat mit dem Interessenten, die Anmeldung für das rasch ausverkaufte Event, ...

B: Wichtig, sollte nach Möglichkeit heute erledigt werden, beispielsweise die Steuerunterlagen, die bis Ende der Woche fertig sein müssen, die Einladung für das Event in zwei Wochen, ...

C: Sollte erledigt werden, kann aber notfalls auch später geschehen.

Schreib dir unter jeden Punkt nicht mehr als fünf Dinge und beginne mit Kategorie A. Sobald diese abgearbeitet sind, rutschen die von B auf A und so weiter.

Und wenn deine Planung fertig ist, geht es in die Umsetzung, also ins TUN und danach in die Überprüfung/Reflexion. Und zwar immer, egal ob du ein Event planst, eine Zielstufe, eine bestimmte Umsatzhöhe, eine bestimmte Anzahl an Kontaktaufnahmen etc.

Mache es immer in diesen drei Schritten:

1. Plan!

2. Do

3. Review!

Anfangs fiel es mir als Chaotin sehr schwer, meine Arbeit so systematisch zu kategorisieren, ich erkannte aber mit der Zeit, dass es vor Vergessen aber auch vor Überforderung schützt. Es gibt immer viel zu tun, vieles ist oft nur „hektische Betriebsamkeit" und es ist ein sehr wichtiger Schritt in Richtung Erfolg, wenn man sich selbst beibringt, seine Prioritäten richtig zu setzen.

Zum Thema erster Kontakt mit potentiellen Interessenten gibt es ein super Kapitel in Lydia Werners Buch „Make Life wow." Sie bezeichnet diesen Erstkontakt als sogenannten Blitzkontakt und dieser ist nach einem fixen Schema aufgebaut. Ich kann dir nur raten, dir dies durchzulesen und es genauso in deine Praxis umzusetzen.

„Wenn ich dir zeige, wie ..., würdest du dann ...?"

„Wenn ich dir was schicke, bis wann kannst du es dir ansehen?"

Mach dir eine Liste von Leuten, vor denen du Angst hast, sie anzurufen. Und dann ruf sie an! Frage dich: Was ist das Schlimmste, was mir dabei passieren kann?

Vorher kannst du zur Übung folgendes machen: Schreib dir auch Leute auf deine Kontaktliste, die du nicht magst und ruf sie an, um ihnen das Business anzubieten. Du kannst wunderbar mit ihnen üben, denn du willst sie gar nicht dabei haben! Das Schlimmste, was dir dabei passieren kann, ist, dass sie ja sagen und Teil deines Teams werden. Notfalls kannst du immer noch deine Upline bitten, das Coaching für diese ungeliebte Person zu übernehmen, falls du es bei aller Überwindung nicht hinbekommen solltest ;-)

There is no shame to fail, there is only shame to give up!

Erfolg ist kein Glück, sondern das Ergebnis von Blut, Schweiß und Tränen

Der Text dieses Liedes von Kontra K bringt es meiner Meinung nach genau auf den Punkt:

Da wo sie scheitern, musst du angreifen
In einen höheren Gang schalten
Und auch wenn der Rest dann aufgibt, heißt es festbeißen
Dran bleiben, anspannen und standhalten
Glück nicht verwechseln mit Können
Aber dein Können niemals anzweifeln
Nie genug, aber auch nie zu große Ziele
Mach die Luft in deiner Lunge zu Benzin für die Maschine
Den Neid von so vielen zu Öl für das Getriebe
Neuer Tag, neues Glück, neue Regeln, neue Spieler
Hochfliegen heißt fallen in die Tiefe
Doch ohne große Opfer gibt es keine großen Siege
Wir hören kein Nein, kein das geht nicht, kein der Weg ist zu weit
Denn nur mit Blut, Schweiß und Tränen
Bezahlt man die Unendlichkeit
Und noch einen anderen Weg kenn ich keinen
Und selbst wenn, schätzt man erst den Wert, zahlt man auch den echten Preis
Du sagst, du kannst nicht, dann willst du nicht ganz einfach
Talent ist nur Übung und Übung macht den Meister
Erfolg ist kein Glück
Sondern nur das Ergebnis von Blut, Schweiß und Tränen
Das Leben zahlt alles mal zurück
Es kommt nur ganz darauf an, was du bist
Schatten oder Licht
Erfolg ist kein Glück
Sondern nur das Ergebnis von Blut, Schweiß und Tränen
Das Leben zahlt alles mal zurück
Es kommt nur ganz darauf an, was du bist
Schatten oder Licht
Neuer Versuch, neues Glück

Es ist zu spät für noch nichts
Denn man erntet nur so viel, wie man auch gibt
Und wenn deine Flamme dann erlischt
Warst du nur ein kleines Licht
Oder ein Feuer hoch wie Häuser
Das auch brennt bei starkem Wind
Du musst es wollen, wie deine Lunge die Luft zum Atmen will
Denn Flügel wachsen einem nur, wenn den Mut auch hat und springt
Wenn ich stürze, bleib ich liegen, steh ich härter auf und fliege
Nur wer Angst hat vor dem Fall, muss ein ganzes Leben kriechen
Geh nie auf die Knie, der Blick immer Richtung Sonne
Den Anblick speichern für den Fall, dass es mal länger blitzt und donnert
Auch wenn man einmal verliert, muss man besser zurückkommen als man ging
Der Wille macht das Fleisch auf deinen Knochen zu Beton
Nichts ist umsonst, jeden Zentimeter muss man selber gehen
Denn von alleine wird nichts kommen
Motiviert, der Tunnelblick ans Ziel
Denn wann wenn nicht jetzt und wer wenn nicht wir
Erfolg ist kein Glück
Sondern nur das Ergebnis von Blut, Schweiß und Tränen
Das Leben zahlt alles mal zurück
Es kommt nur ganz darauf an, was du bist
Schatten oder Licht
Erfolg ist kein Glück
Sondern nur das Ergebnis von Blut, Schweiß und Tränen
Das Leben zahlt alles mal zurück
Es kommt nur ganz darauf an, was du bist
Schatten oder Licht
Keine Zeit mehr zu warten, lass die Anderen für mich schlafen
Die immer träumen von Erfolg, doch zieh durch bis er dann da ist
Talent ist harte Arbeit, Perfektion dauert Jahre
Wenn sie schreien ich hab es leicht, dann habt ihr leider keine Ahnung
Wir kommen tief aus dem Dunklen entgegen der Erwartung
Hass und Neid, Blut und Schweiß gibt dem Leben nur mehr Erfahrung
Ausdauer ist der Schlüssel für den Ruhm

Es gibt viel was mir fehlt, aber davon hab ich genug
Erfolg ist kein Glück
Sondern nur das Ergebnis von Blut, Schweiß und Tränen
Das Leben zahlt alles mal zurück
Es kommt nur ganz darauf an, was du bist
Schatten oder Licht
Erfolg ist kein Glück
Sondern nur das Ergebnis von Blut, Schweiß und Tränen
Das Leben zahlt alles mal zurück
Es kommt nur ganz darauf an, was du bist
Schatten oder Licht (Kontra K)

Ich kenne keine einzige Führungskraft, weder in meinem Unternehmen noch irgendwo sonst, die durch Glück, Zufall, „den richtigen Zeitpunkt" oder sonstige Einflüsse von außen erfolgreich geworden wäre. Alle Top-Leader sind zu diesen geworden, weil sie die richtigen Dinge getan haben, und zwar konsequent über mehrere Jahre hinweg immer und immer wieder.

Trust the Company!

Es ist eine allgemein anerkannte Networkmarketing-Weisheit, dass Motivation, der Glaube an dich selbst, deine Firma, deren Produkte und vor allem auch an dein Team absolut essentiell sind.

Ohne wird es sicher nicht klappen! Ich kann in meinem Team auf den ersten Blick erkennen, wenn jemand diesen Glauben, das Vertrauen in Networkmarketing, ins Unternehmen, ins Team, in die Produkte nicht hat.

Gib immer 100 %, glaub nicht an dein Glück.

Auch wenn wir nicht hart, sondern mit Lust und Freude arbeiten dürfen, auch wenn wir uns irgendwann einmal ein Einkommen aufgebaut haben, das von selber fließt - von nichts kommt nichts und bevor man erntet, muss man auch in unserem Geschäft was leisten - wie auch überall sonst im Leben

Was tust du für deinen Erfolg?

Eine Sache, die auch von sehr vielen Amateuren nicht gelebt wird, ist die Priorität für ihr Business. Dabei ist eines unbestritten, wenn du nach oben willst:

Deine Priorität MUSS im Networkmarketing liegen, auch wenn du (noch) einen Hauptjob hast!

Verinnerliche es dir so: Du hast zwei Berufe:

Einer ernährt dich und der andere wird dich reich machen!

Aber nur, wenn du ihm bis dahin Priorität einräumst! Damit meine ich nicht, dass du dich Fulltime damit beschäftigen sollst - denn die meisten von uns haben noch einen Hauptjob, wenn sie mit Networkmarketing starten. Aber du musst deine gedankliche Priorität haben, deine Ziel klar vor Augen und die kontinuierliche Aktivität, um dein Business aufzubauen - egal, wie wenig Zeit du anfangs dafür hast! Eine Top-Leaderin aus meinem Unternehmen hatte, als sie ihr Business startete, folgende Situation: Sie war Mama von drei kleinen Kindern, das jüngste hat sie noch gestillt. Ihre demente Schwiegermutter lebte bei ihnen im Haus und wurde von ihr und ihrem Mann gepflegt. Zusätzlich hatte sie einen 20-Stunden-Bürojob. Hatte Sie mehr Zeit als andere, die nicht nach oben kommen? Wohl kaum. Aber was entscheidend war: Sie hatte die Priorität ganz klar auf ihr Business gelegt. Ihr Mann stand hinter ihr. Das ist extrem wichtig - hol dir immer deinen Partner an deine Seite, sonst wird es sehr mühsam sein, wenn du jemanden an deiner Seite hast, der gegen dich arbeitet! Sie hatten ein Agreement, dass er jeden Tag eine halbe Stunde lang die Kinder und alles andere übernimmt. Mehr war nicht möglich. Entscheidend ist, dass sie diese Entscheidung getroffen hatte und es dann konsequent einige Jahre lang durchgezogen hat. Sie hat sich in dieser halben Stunde im Arbeitszimmer eingeschlossen und jede Minute aktiv genutzt. Telefoniert, Leute eingeladen, Termine geplant, Gespräche geführt. Es gibt andere, die schneller die höchste Karrierestufe erreicht haben, das ist klar.

Aber sie hat sie ebenfalls erreicht, und zwar mit einem extrem stabilen, gefestigten, aktiven und selbständig arbeitenden Team. Sie haben diese Basis lange aufgebaut und nun haben sich ihre Träume verwirklicht. Längst ist sie nur mehr im Networkmarketing tätig, ihr Mann konnte seinen Job kündigen, sie haben ihr wunderschönes Haus ausgebaut, um ein geniales Büro erweitert und genießen es, die Zeit mit ihren drei Kindern aktiv mit Reisen und Aktivitäten in der Natur zu genießen. Darum geht es. Das meine ich mit: Dein Business muss Priorität haben, wenn du nach oben kommen möchtest.

Achte darauf - wer sind die 5 Leute, mit denen du die meiste Zeit verbringst? Schreib sie dir auf und halte dir deren Leben und Erfolg bzw. Einkommen vor Augen.

Dein (künftiges) Einkommen entspricht dem dieser Menschen!

Ein sehr wichtiger Ratschlag, den ich dir geben möchte, ist folgender:

Take action before you are ready!

Vergeude deine kostbare Zeit nicht mit der Vorbereitung der Vorbereitung. Warte nicht darauf, bis du perfekt bist, bis du bereit bist, bis du alle Produkte auswendig kennst, vielleicht auch noch die Inhaltsstoffe, den Karriereplan deines Unternehmens oder alle Bücher über Networkmarketing gelesen hast. Gerade in unserem Business ist es so, dass du lernst, während du tust, und während du lernst, darfst du hier, im Gegensatz zu den meisten anderen Berufsausbildungen, bereits (gutes) Geld verdienen. Es gibt keine praxisbezogenere Ausbildung als den Job eines Networkers! Ich habe sehr oft erlebt, dass Menschen aus genau diesem Grund bei uns nicht erfolgreich werden. Weil sie warten. Bis sie die perfekte Einladung haben, das perfekte Wording, die perfekte Location für ihre Präsentation oder die gesamte Homepage auswendig gelernt haben. So kommen sie nie in die Aktivität und ohne Aktivität gibt es keinen Umsatz und keine Provision. Und ohne Provision verliert man dann ganz schnell mal die Lust. Und Schuld ist dann das

Networkmarketing, das „ja nicht funktioniert"...!

Tipp: Mach einmal folgende Challenge: gib jeden Tag 100 %, 30 Tage lang! Und dann schau dir deine Resultate an!

Und nach dieser Challenge mach gleich die nächste, ganz einfache:

Mach jeden Tag kleine Schritte! Steigere dich jeden Tag um nur 0,3%.

Dann wirst du mit der Zeit folgende Steigerung registrieren:

Nach einem Jahr: 100 % Steigerung.

Nach zwei Jahren: 200 % Steigerung.

Das Geniale an unserem Geschäft ist, dass wir zu einem sehr großen Teil unsere Ergebnisse selbst bestimmen können. Networkmarketing ist ja antizyklisch, das heißt, wir wachsen in der Krise und sind auch und gerade in wirtschaftlich schwachen Regionen erfolgreich. Denn wenn wir selbst unsere Aktivitäten nur um einen kleinen Prozentsatz steigern – einen Anruf mehr pro Tag, ein paar Kontakte mehr pro Woche, ein wenig mehr Eigenumsatz, ein wenig mehr Investition in die persönliche Weiterentwicklung, ein paar Präsentationen mehr pro Woche – können wir unsere Ergebnisse meist drastisch verbessern. Umso mehr, wenn es uns gelingt, diese gesteigerte Aktivität auch ins Team zu duplizieren.

Sei größer als deine Probleme!

Es heißt ja so schön, dass nicht das Problem selbst das Problem ist, sondern rein die Art, wie wir damit umgehen. Und damit ist ihm auch schon ein großer Teil seines Schreckens genommen, wenn wir das hinbekommen. Weil wir eben nicht hilflos irgendeiner Macht oder Situation ausgeliefert sind, sondern es selbst in der Hand haben, ob wir zulassen, dass uns etwas von außen kaputt macht.

Lerne, Glaubenssätze umzudrehen!

Das kannst du wirklich täglich in deinem ganz normalen Tagesablauf üben und verbessern.

Wenn du beispielsweise denkst: „Ich kenne ja keinen", wandle diesen destruktiven Glaubenssatz in etwas Positives um, wie zum Beispiel: „Wo kann ich denn neue Leute kennen lernen?"

Oder statt zu denken: „Ich habe kein Geld", überlege dir: „Wie kann ich zu Geld kommen?"

Oder eben statt: „Ich habe Schwierigkeiten, neue Partner zu gewinnen!", einfach: „Die ganze Welt ist voller Menschen, die nur darauf warten, Teil meines Erfolgsteam werden zu dürfen."

Statt: „Die Produkte sind Christina sicher zu teuer" denkst du: „Wie kann ich ihr zeigen, wie einzigartig und wertvoll die Produkte sind? Und wie sie damit sogar noch Geld verdienen kann?"

Statt: „Ich werde das sicher nicht hinbekommen", denkst du: „Ich werde es euch allen zeigen!"

Statt: „Wie soll gerade ich graue Maus ausgerechnet hier erfolgreich sein – ist mir ja noch nie gelungen?" Zum Beispiel: „Das ist die Chance, auf die ich ein Leben lang gewartet habe! Ich kann endlich meine Berufung leben und die Resultate werden alle sehen! Jetzt gebe ich einfach mal ALLES."

Statt: „Jeder hier kennt doch schon das Unternehmen und die Produkte!", etwa: „So wie ich das Unternehmen und die Business Chance präsentiere, tut das niemand und meiner Persönlichkeit und Begeisterung kann sich keiner entziehen!"

Habe keine Angst, Fehler zu machen!

Ein Profi wird durch Rückschläge stärker, der Amateur gibt auf!

Sieh Fehler und Rückschläge nicht als Versagen, sondern so: Entweder ich gewinne oder ich lerne! Der Unterschied zwischen einem Top-Leader und einem Anfänger ist, dass ersterer sehr viel mehr Fehler gemacht hat als der Anfänger. Und dann geht es darum: Lerne ich aus diesen Fehlern? Reflektiere ich mich? Adaptiere ich meine Handlungen und Gedanken? Oder gehe ich den bequemeren Weg? Mache ich andere dafür verantwortlich und mich selber zum Opfer der Umstände? Denn allein darum geht es in Wahrheit. Nicht um Talent – das ist der mit

Abstand kleinere Beitrag zum Erfolg. Viel entscheidender ist, wie du mit Fehlern – die definitiv jeder macht, Gottseidank! – umgehst.

Sei kein Nörgler – nur DU bist verantwortlich!

Jeder, der was tut, macht Fehler. Oder anders gesagt: Es macht nur der keine Fehler, der nichts tut! Und vom Nichtstun wird man in unserem Business definitiv nicht erfolgreich! Bereite nicht die Vorbereitung zur Vorbereitung vor! Gerade in unserem Business gilt, dass man nur durch TUN lernt! Wir lernen, während wir arbeiten und schon Geld verdienen dürfen! Networkmarketing funktioniert so, wie ein Kleinkind eine Sprache lernt. Es hört sie, es beobachtet, macht nach, macht Fehler, kann vieles noch nicht nachsagen oder aussprechen. Doch mit der Zeit, je öfter es zuhört, nachmacht, um so besser wird es. Bis es schließlich eine wunderbare, grammatikalisch komplizierte Sprache wie beispielsweise Deutsch völlig fehler- und akzentfrei spricht! Das ist die natürlichste, beste und einfachste Weise, eine Sprache lernen! Niemals mehr wirst du es so spielerisch, leicht und fehlerfrei lernen! Das Gleiche beim Skilaufen! Wie oft fällt ein Dreijähriger auf Brettern auf den Po? Und steht wieder auf? Nach relativ kurzer Zeit fährt es dann schon ganz sicher einen Hang hinunter!

Übung macht den Meister! Das habe ich oben schon erwähnt, doch ich kann es gar nicht oft genug sagen! Überprüfe einmal: Hast du schon die 10.000 Stunden Übung hinter dir, die du brauchst, um ein Networkmarketing-Professional zu werden? Solange du diese Frage nicht klar mit „Ja“ beantworten kannst, bist du immer noch Schüler! Und selbst, wenn du die 10.000 Stunden hinter dir hast, wirst du dennoch immer weiter lernen und besser und besser und effizienter und klarer werden. Je besser, überzeugter, sicherer und klarer du bist, umso mehr werden dir die Menschen vertrauen und folgen. Also sieh es als Geschenk an, tun und lernen und dich weiterentwickeln zu dürfen! Das ist dein WAHRER Reichtum!

Das Gib-was-du-willst-Prinzip:

Bevor du Geld verdienst, musst du arbeiten.

Das ist für mich eines der wichtigsten Erfolgsprinzipien überhaupt, nicht nur im Networkmarketing, sondern in jedem Geschäft und jedem Lebensbereich. Was genau bedeutet es?

Die vorherrschende Einstellung im Job ist die folgende: Gib mir zuerst, danach überlege ich, ob ich was tue. Also, gib mir zuerst eine tolle Position, ein gutes Gehalt, eine großartige Provision, Wertschätzung, was auch immer … und dann schaue ich mal, ob ich geruhe, etwas dafür zu tun. Schon beim Lesen muss man erkennen, wie absurd das ist. Ich mag auch den Spruch: Ich muss in den Ofen erst Holz reintun, bevor er mir Wärme geben wird. Und genau so ist das in jedem Job und ganz besonders in unserem Network-Marketing-Business! Und hier haben ganz viele einen großen Denkfehler, der oft mit alten Glaubenssätzen einhergeht. Viele sind ja sehr skeptisch, wenn sie in unserem Geschäft starten - ich war da keine Ausnahme -, haben so gewisse Vorurteile und Bilder im Kopf, nach dem Motto: Pass auf, da musst du eine Menge einzahlen, um dabei zu sein, du musst deine Garage mit Zeug füllen, das du dann nicht loswirst … gib also keinen Cent aus, bevor du nicht was bekommen hast. Irgendwie verständlich, und ich muss gestehen, dass ich auch gewisse Zweifel hatte, als ich mein erstes Produktpaket bestellt hatte, weil ich irgendwie die Bedenken hatte, ob das Abzocke ist, ob ich da jetzt eine Idiotensteuer zahle und das Ganze nicht doch unseriös ist. Ich wurde sehr rasch eines Besseren belehrt. Und gerade weil ich diese Gedanken, Bedenken und Ängste kenne und nachvollziehen kann, möchte ich hier ganz klar machen, dass das Gib-was-du-willst-Prinzip allgemein gültig und unheimlich wichtig und erfolgversprechend ist. Wenn du das einmal für dich akzeptiert hast, hast du schon einen riesigen Schritt in Richtung Erfolg gemacht!

Leadership & Mentoring

Great leaders don't set out to be a leader …
they set out to make a difference.
It's never about the role – always about the goal!
(Lisa Haisha)

Einen meiner ersten Gänsehaut-Momente hatte ich, als ich in Randy Gages genialem „Wie baue ich eine Multilevel Geldmaschine" das Kapitel „Erfolgsgeheimnisse im MLM" las, in dem er sechs Eigenschaften aufzählt, die auffallende Gemeinsamkeiten unter extrem erfolgreichen Menschen in unserem Geschäft darstellen.

Bei jedem dieser Punkte verstärkte sich meine Gänsehaut, denn ich prüfte jeden davon ganz kritisch, fragte mich, ob ich denn das sei bzw. mitbringe und musste es jeweils ganz ehrlich und klar mit JA für mich beantworten. Das war auch einer der magischen Gänsehaut-Momente auf meinem Karriereweg. Zu erkennen, das ich grundsätzlich alles mitbringe, um ganz nach oben zu gelangen.

Am meisten berührte mich der letzte Punkt, in dem es um Leadership geht. Randy schreibt da folgendes:

„Jeder in dieser Gruppe ist eine Führungskraft. Sie wurden nicht als Führungskräfte geboren. Niemand hat sie in diese Position gesetzt und sie scheren sich nicht im geringsten um Titel, Hierarchie oder Konformität. Eine kleine, ruhige Stimme in ihrer Seele hat sie in die Führungsposition berufen. Sie führen, weil sie Glauben haben. Glauben an einen besseren Weg. Glauben daran, dass jeder mit dem Anspruch auf Wohlstand geboren wird. Und sie wissen, dass die Überzeugung mit der Verantwortung einhergeht, diesen Glauben mit einer größeren Gemeinschaft zu teilen."

Genau das war es, was bei mir passiert war, ganz unmerklich, schrittweise und ohne, dass ich es anfangs selbst erkennen konnte. Es verursachte mir Bauchkribbeln, das so schwarz auf weiß zu lesen. Noch heute berührt mich diese Passage ungemein und ich denke, dass es wohl einer der wichtigsten Knackpunkte auf meinem Weg nach oben war, selbst zu erkennen, dass mit diesen sechs Eigenschaften aber vor allem mit der Beschreibung, was eine echte Führungskraft ausmacht, genau ICH beschrieben wurde. ICH - die kleine Sonja - was für eine unglaubliche WOW-Entdeckung!

Gerade für Menschen, wie ich früher einer war, die sich nicht viel zutrauen und immer nur die anderen bewundern, ist diese Erkenntnis wirklich bahnbrechend und kann ALLES verändern. Denn all das sind Dinge, die man in der Regel schon mitbringt, die einem in die Wiege gelegt wurden, die den Charakter eines Menschen ausmachen, unabhängig von der Ausbildung, dem sozialen Status etc. Sie können sich im Laufe des Lebens sicher noch ausprägen und verstärken, je nachdem, für welche Wege man sich entscheidet.

Was braucht ein Leader?

A leader is one who knows the way
goes the way
and shows the way

(John C. Maxwell)

Das ist eine schwierige Frage, auf die es möglicherweise keine allgemein gültige Antwort gibt. Auch diese Antworten sind wohl lediglich Meinungen.

Meiner Meinung nach muss ein Leader vor allem ein Menschenfreund sein. Er muss den innigen Wunsch verspüren, ein positiver Beitrag im Leben anderer Menschen zu sein. Er muss sein Ziel klar vor Augen haben und diesem immer folgen, egal, welche Hindernisse sich ihm in den Weg stellen. Er muss all das, was er von seinen Leuten erwartet, selbst machen und erlebt haben.

Ein Leader ist vor allem immer eines: Ein Vorbild, ein Leuchtturm, dem die Menschen folgen. Das bedeutet, dass ein Leader immer als Wegbereiter vorausgeht. Er tut all das, was er von seiner Mannschaft verlangt, auch selber, und zwar mehr davon, konsequenter, härter, stärker, ausdauernder, unerschütterlicher. Gerade in unserem Business ist Vertrauen alles. Die Menschen spüren instinktiv, ob jemand authentisch und integer ist oder sich nur leerer Worte bedient. Walk the talk!

Als Leader ist es deine zentrale Aufgabe, Teamgeist zu vermitteln: DU musst mehr an deine Partner glauben als sie selber! Es ist schwer, aufzugeben, wenn dein Mentor an dich glaubt! Habe das immer vor Augen, wenn du mit deinem Team und vor allem deinen Neupartnern arbeitest! Ich habe viele Menschen in meinem Team, die allein wegen unseres Teamgeistes, unserer Verbundenheit, des Zusammenhalts, des Zugehörigkeitsgefühls, der Kameradschaft, meinem Glauben an sie und nicht zu vergessen dem Spaß, niemals mit dem Business aufhören würden.

Auch die Anerkennung fällt hier hinein. Diese wird sehr oft unterschätzt und deshalb vernachlässigt. Dabei ist Anerkennung so immens wichtig! Menschen sehnen sich danach, bekommen aber davon in ihrem Leben in der Regel viel zu wenig. Mach einmal eine kleine Übung, um das zu überprüfen. Poste in deine Team-Facebook Gruppe – oder wo immer ihr euch vernetzt – ein verdientes und ehrliches Lob über einen Teampartner. Beispielsweise, wenn jemand einen Neupartner hinzugefügt hat und du ihn dort begrüßt. Ich schreibe da beispielsweise gerne:

Liebe XY, herzlich willkommen in meinem großartigen Powerteam!! Ich freue mich sehr über deine Entscheidung und wünsche dir ganz viel Spaß und Erfolg. Hoffentlich lernen wir uns bald persönlich kennen! Mit YX hast du eine wunderbare Mentorin!

Ganz simpel, ernst gemeint und persönlich. Und diese Mentorin ist immer die erste, die diesen Kommentar mit Herzchen versieht oder mir eine persönliche Nachricht schickt, wie sehr sie sich über dieses Lob gefreut hat. Und damit freuen sich alle: Der Neupartner, weil er das

Gefühl hat, von der Teamleiterin wahrgenommenen, wertgeschätzt zu werden und bestätigt zu bekommen, bei seinem Mentor in den besten Händen zu sein. Der Mentor des Neupartners, weil er spürt, dass nicht nur sein erfolgreiches Recruiting von der Upline gesehen wird, sondern auch seine Tätigkeit im Team zur Kenntnis genommen und wertgeschätzt wird. Dass ich in seine Fähigkeiten vertraue. So sehr, dass ich ihn vor der versammelten Mannschaft lobe. Und ich bin auch happy, weil mein Team happy ist. Und wenn ein Partner happy ist, dann spürt er, dass er am richtigen Platz ist. Und wieso sollte er daran etwas ändern wollen?

Das ist eigentlich ganz einfach. Wieso machen es dann nur so wenige? Und wieso ganz besonders wenige männliche Networks?

Sei ein Werkzeug für dein Team! Sei immer vorbereitet, stehe immer zur Verfügung! Dieser Tipp macht ganz klar, was wirkliches Leadership bedeutet! Rufe dir das immer wieder in Erinnerung und reflektiere regelmäßig, ob du dieser Anforderung gerecht wirst. Als Teamleader bist du immer nur das, was dein Team ist. Ohne dein Team bist du im Networkmarketing gar nichts, kein Superstar, kein Großverdiener, kein Chancengeber. Vergiss das nie!

Tue immer das Richtige!

Dieser Satz ist für mich zur Visitenkarte meines Geschäftes geworden.

Ich habe ihn ziemlich zu Beginn meiner Karriere gelesen und instinktiv ganz deutlich gespürt, dass er die Essenz von allem darstellt. Ich habe mein Leben lang mehr oder weniger nach diesem Grundsatz gelebt, habe aber nie darüber nachgedacht bzw. es nicht bewusst getan. In meinem Business habe ich ziemlich rasch gespürt, dass genau das den großen Unterschied macht zwischen Erfolg und Mittelmäßigkeit, zwischen Vertrauen und Skepsis, was eine Führungspersönlichkeit von jemandem unterscheidet, der das zwar auch sein möchte, diese Werte aber nicht in sich trägt und nicht wirklich lebt. Dieses „tue immer das Richtige" kann man tagtäglich üben, in kleinen wie in großen Dingen, im Geschäft wie im restlichen Leben. Bei uns geht ohnehin das eine nahtlos ins andere über.

Gib das zu viel herausgegebene Wechselgeld zurück. Wirb keine Kunden oder Interessenten von anderen Networkern oder Unternehmen ab. Sei großzügig. Sei hilfsbereit, ohne eine Gegenleistung zu erwarten. Halte deine Zusagen und Versprechen IMMER ein. Sei pünktlich. Versprich deinen Business-Interessenten nicht das Blaue vom Himmel, sondern sei realistisch, authentisch und ehrlich. Akzeptiere ein NEIN. Mache die Erfahrung, dass du anderen Gutes tun kannst, indem du einfach einmal lächelst, z. B. in der Straßenbahn oder im Supermarkt. Sprich ein ehrliches Lob aus, wenn dich beispielsweise ein Kellner oder Verkäufer gut bedient hat. Mach einfach einmal etwas Nettes!

Ich habe z. B. einmal lange bei der Post in der Schlange gewartet, die Dame am Schalter war überfordert und extrem genervt. Als ich endlich an der Reihe war, seufzte sie tief und erzählte mir, was für ein furchtbarer Tag heute sei. Ich selbst war so richtig in meinem Flow und gerade so durch und durch glücklich und dankbar für mein Leben. Sie tat mir leid – schon allein, weil sie so einen Job machen muss und nicht so gesegnet ist wie ich – und so griff ich einer Eingebung folgend in meine Tasche und holte eine kleine, nett verpackte Seifenprobe meines Partnerunternehmens heraus. Ich gab sie ihr und meinte, dass ich ihr dann vielleicht eine kleine Freude machen könne. Sie war total überrascht und hat sich so sehr gefreut, über die Seife, aber wohl auch über meine spontane Geste. Ihr Gesicht leuchtete auf einmal und sie war wie ein anderer Mensch. Ich habe mir davon nichts erwartet, habe sie nicht nach ihrer Telefonnummer gefragt – es hat mich nicht viel gekostet und ich hatte selbst dieses schöne Gefühl, einfach was Nettes getan zu haben. Wenn man an Karma glaubt – was ich absolut tue – weiß man ja, dass sowieso alles im Leben zurückkommt. Also wieso nicht einfach nett sein?

Steh zu deinem Wort. Auch und vor allem dir selbst gegenüber. Löse dich im Gespräch vom Ergebnis. Da geht es nicht um dich, sondern um den anderen. Sei dir bei all deinen Taten und Worten bewusst, dass du Markenbotschafter für dein Partnerunternehmen bist. Dass du der erste Eindruck bist, den dein Gegenüber vom Unternehmen und dem Business bekommt. Glaube daran, dass alle Menschen von Grunde auf gut sind und Gutes wollen. Verlange nichts von deinem Team, was du nicht auch selbst tust. Steh zu deinen Fehlern. Zeig dein wahres Gesicht. Sei auch mal verletzlich.

Man kann sich beispielsweise als Übung vornehmen, jeden Tag eine kleine nette Geste zu setzen, und wenn es nur ein Lächeln ist, jemandem die Tür aufzuhalten, einen Euro für den Einkaufswagen zu schenken, ein aufrichtiges Kompliment zu machen, ein paar Worte mit einem alten, einsamen Menschen wechseln oder ein großzügiges Trinkgeld zu geben.

Ich möchte dir an einem aktuellen Beispiel aus meinem Team zeigen, wie mächtig dieses „Tue immer das Richtige" ist:

Ein Freund von mir, Peter, Rechtsanwalt, hatte ein Bewerbungsschreiben für eine Bürotätigkeit in seiner Kanzlei erhalten. Er hatte keine freie Stelle, erinnerte sich aber daran, dass ich in meinem Team Platz für motivierte Leute habe. Anfangs hatte er - wie die meisten Menschen in klassischen Berufen - eher Vorbehalte gegen meine exotische Tätigkeit gehegt, aber als Freund bekam er im Laufe der Zeit natürlich mit, wie glücklich und erfüllt ich war, wie wenig gestresst, wie oft ich im Vergleich zu ihm mit meinen Lieben unter Palmen am Strand saß. Und dass es monetär gut lief, blieb ihm auch nicht verborgen. Also leitete er mir die E-Mail dieser Frau, Daniela, weiter. Ich rief sie an, erklärte ihr, wie ich zu ihrer Nummer gekommen war und fragte sie, ob sie auch für eine freiberufliche Tätigkeit grundsätzlich offen sei. Das war sie und wir vereinbarten einen Termin für ein Businessgespräch. Nun hätte ich sie natürlich gleich unter mir registrieren und mich über die Vorteile freuen können, die wir für das Gewinnen von direkten Neupartnern bekommen. Nun war es aber so, dass ich schon seit längerer Zeit immer wieder mit der Frau dieses Freundes, Anna, übers Business gesprochen hatte, da mir bei unserem Kennenlernen schon klar gewesen war, dass sie die perfekte Networkerin war. Sie war nie abgeneigt gewesen, es hatte aber zeitlich noch nie wirklich gepasst bei ihr, aufgrund eines Jobwechsels und ähnlichem. Als ich nun den Termin mit Daniela vereinbart hatte, rief ich Anna an und sagte ihr:

„Pass auf, dein Mann hat mir gerade eine ernsthafte Business-Interessentin vermittelt. Damit hat er genau den Job eines Networkers gemacht und sollte meiner Meinung nach auch etwas davon haben. Ich gehe davon aus, dass sie sich nächste Woche als Partnerin registrieren wird und möchte dir sagen, dass du, wenn du dich vorher über ihr registrierst, dann auch euren verdienten Anteil für diesen Teamaufbau bekommst. Interessiert dich das? Ihr seid meine Freunde und ich möchte nicht, dass ihr irgendwann einmal das Gefühl habt, von mir hintergangen worden zu sein."

Es interessierte sie und sie registrierte sich noch am selben Tag als Partnerin, mit einer fetten eigenen Bestellung, da sie eh schon lange die Produkte hatte testen wollen. Der Termin mit Daniela musste dann krankheitshalber verschoben werden. Anna kam dennoch zu meiner nächsten Präsentation, mit einer ebenfalls sehr interessierten Freundin. Peter, ihr Mann, hatte inzwischen auch Lunte gerochen und erzählte seinen Freunden, die ihm vorjammerten, dass ihre Frauen nicht wüssten, was sie nach der Kinderbetreuungszeit machen sollten, von unserer Möglichkeit. Da er für diese eine gewisse Autorität besitzt, wischten sie ihre Bedenken und Vorurteile einmal beiseite und „sahen es sich einmal an", kamen also ebenfalls zu unserer Präsentation. Daniela war auch dabei und das Team Anna ist innerhalb kürzester Zeit explodiert.

Abgesehen davon, dass ich meinen Freunden dadurch immer in die Augen sehen kann, hab ich auch eine wahre Kettenreaktion an positiver Energie und Neupartnern ausgelöst, die sonst niemals entstanden wäre, hätte ich Daniela einfach still und heimlich ohne Anna registriert. Anna und ihr Mann waren total entwaffnet von meinem fairen Vorschlag - solche Dinge passieren in der klassischen Arbeits- und Anwaltswelt eher selten.

Und wie wird Anna selbst agieren, wenn sie selbst einmal in eine solche Situation kommt? Und Daniela? Genau, sie werden meine Vorgehensweise duplizieren und so ebenfalls ihr Team zum Wachsen bringen. Denn nichts motiviert einen Partner mehr, als ein aktiver Partner unter ihm. Und wenn er gleich von Anfang an dabei ist - was kann man sich Besseres wünschen? Beide werden von Anfang an schon ein erstes Einkommen haben und das ist die größte Motivation, langfristig dranzubleiben! Und alle sind happy und haben sich lieb! Ist unser Geschäft nicht einfach wunderbar?

Was haben alle ganz Erfolgreichen gemeinsam?

Ich möchte an dieser Stelle noch einmal die Eigenschaften aufzählen, die laut Randy Gage alle ganz Erfolgreichen in unserem Geschäft gemeinsam haben. Meiner Meinung nach trifft er damit absolut ins Schwarze. Zu erkennen, dass ich zwar vielleicht sonst nicht viel kann, in keinem einzigen Bereich wirkliches Expertenwissen habe, aber diese sechs Eigenschaften definitiv mitbringe, hat mein Leben radikal verändert.

1. Jeder ist ein Träumer
2. Jeder ist ein kritischer Denker
3. Jeder ist ein Arbeiter
4. Jeder ist ein guter Lehrer
5. Jeder ist ein Schüler
6. Jeder ist eine Führungskraft - siehe oben.

Eigentlich gar nicht so schwer, oder? Das sollte man meinen. Ich habe aber die Erfahrung gemacht, dass genau in diesen scheinbar so einfachen Dingen oft der Knackpunkt liegt. Dass die meisten Menschen eben genau dazu nicht bereit sind.

Es zeigt aber auch, dass im Networkmarketing wirklich auch JEDER ganz nach oben kommen kann, der diese Eigenschaften mitbringt, völlig unabhängig von Alter, Herkunft, Geschlecht, Rasse, Ausbildung und Hautfarbe. Und genau das macht unser Business so absolut besonders und wunderbar!

Sehen wir uns diese Eigenschaften einmal genauer an!

1. Jeder ist ein Träumer

Ein **Träumer** zu sein bedeutet, seine Wünsche noch nicht begraben zu haben. Daran zu glauben, dass es wirklich möglich ist, was man sich als enthusiastischer Jugendlicher so von seinem Leben erträumt hat. Sich vom Herdendenken, dem Pessimismus und der Resignation der Masse abzugrenzen und es nicht hinzunehmen, als Arbeitsdrohne sein Leben zu verschwenden, um nach 40 Jahren 40 Stundenwochen dann mit 40 % seiner Aktivbezüge in Rente zu gehen. Auch wenn es in meinem Leben durchaus auch Phasen gab, in denen ich meine Träume beiseitegeschoben hatte, da ich mir irgendwie nicht vorstellen konnte, dass es für mich anders sein konnte, als es mir von meinem gesamten Umfeld vorgelebt und – gezeigt wurde, habe ich diese aber dennoch nie GANZ verloren. Es war immer ein kleiner Funken Revoluzzerin in mir, eine gewisse Portion Trotz, ein Hauch von „euch werde ich es noch allen zeigen" und eine gehörige Portion Sehnsucht, das Leben und die Welt in all ihrer Herrlichkeit voll leben und auskosten zu können. Spürst du diesen Funken in dir?

2. Jeder ist ein kritischer Denker

Was macht einen **kritischen Denker** aus?

Kennt ihr das Gefühl, das ich als Jugendliche oft hatte – nicht wirklich dazuzugehören, Gedanken zu haben, die andere nicht verstehen, gewisse Dinge einfach nicht akzeptieren zu können, die andere überhaupt nicht hinterfragen? Sich manchmal wie ein Zuseher zu fühlen, der aus einer Außen-Perspektive auf das Geschehen rund um sich blickt und sich wundert? Heute weiß ich, dass ich damals schon eine kritische Denkerin war, ohne mir dessen bewusst zu sein. Dass ich oft intuitiv auf mein Urteilsvermögen oder Bauchgefühl vertraut habe – und damit so gut wie immer goldrichtig gefahren bin. Eine gewisse Skepsis ist absolut notwendig. Dinge zu hinterfragen, nicht blind dem Mainstream zu folgen und auch mal den Mut zu haben, eine andere Meinung zu haben und zu dieser zu stehen, egal, was die anderen im Moment auch davon halten mögen. Es waren nie die Herdentiere, die Angsthasen, die Mitläufer, die die Dinge auf der Welt zum Besseren verändert haben. Sondern genau diese Andersdenker, Revoluzzer, Visionäre ... Menschen, die belächelt, verspottet, verachtet, diskriminiert, am Scheiterhaufen verbrannt wurden.

Vielleicht ein krasser Vergleich, aber mich hat es sehr berührt, über die Widerstandsbewegung ab 1938 gegen die Nazis zu lesen:

Im Unterschied zu anderen besetzten Ländern hatten die Widerstandskämpfer in Österreich jedoch in einer von Denunzianten und fanatischen Regimeanhängern durchsetzten Umwelt zu wirken. Die wichtigsten organisierten Widerstandgruppierungen gehörten der Arbeiterbewegung und dem katholisch-bürgerlichen Lager an. Innerhalb dieser beiden Lager vermischten sich im Widerstand die weltanschaulichen Grenzen zwischen Sozialdemokraten, Kommunisten und anderen Linksgruppen einerseits und ehemaligen Christlichsozialen und Heimwehrangehörigen sowie Monarchisten und „unpolitischen" Katholiken andererseits.

Die verschiedenen Widerstandsgruppen waren von ganz unterschiedlichen politischen, ideologischen, religiösen, sozialen, ethischen oder österreichisch-patriotischen Motiven geleitet. Wesentlichste Aktivität des Widerstandes war die Verbreitung illegaler Druckwerke, wie Streuzettel, Flugblätter und Zeitschriften. Damit sollte das Meinungsmonopol des NS-Regimes durchbrochen werden.

Ab 1942 bildeten sich, meist auf Initiative von Kommunisten, auch einzelne bewaffnete Widerstandsgruppen (v.a. slowenische Partisanen in Südkärnten sowie die Gruppe Leoben-Donawitz). Gegen Kriegsende formierten sich erste überparteiliche Widerstandsgruppen, deren Aktivisten z.T. aus früher verfeindeten Lagern stammten und vom Willen beseelt waren, Österreich nach dem Krieg gemeinsam neu aufzubauen.

Die größte dieser Widerstandsgruppen war die Gruppe 05, die mit der militärischen Widerstandsgruppe im Wehrkreiskommando XVII in Wien (unter der Leitung von Major Carl Szokoll) in Verbindung stand (Karl Biedermann, Alfred Huth, Rudolf Raschke).

Der nicht organisierte Widerstand bzw. das individuelle Oppositionsverhalten reichte vom verbotenen Abhören ausländischer Sender bis hin zur Sabotage an kriegswichtigen Einrichtungen und zur Hilfeleistung für verfolgte Personen (Juden, Fremdarbeiter, Kriegsgefangene und andere).

Insgesamt wurden etwa 2.700 Österreicher als aktive Widerstandskämpfer zum Tod verurteilt und hingerichtet; 32.000 Österreicher starben als Widerstandskämpfer und Opfer präventiver Verfolgung in Konzentrationslagern und Gefängnissen, insbesondere in Gestapohaft; etwa 15.000 Österreicher kamen als alliierte Soldaten, als Partisanen oder im europäischen Widerstand ums Leben. Rund 100.000 Österreicher waren aus politischen Gründen inhaftiert.

* Quelle: dasrotewien.at, Weblexikon der Wiener Sozialdemokratie

Es hat mich sehr nachdenklich gemacht, als mir bewusst wurde, dass dieser Widerstand - wie auch jede andere Veränderungen unserer Welt - durch Menschen verursacht wurde, die den Mut hatten, Dinge zu hinterfragen, kritisch zu sein, hinter ihren Werten zu stehen, sich nicht um die Meinung des Mainstream zu kümmern und keine Angst zu haben, zu ihrer Meinung zu stehen - auch wenn diese anders war als die der grauen Masse. Es hat mir klar aufgezeigt, wie wichtig jeder einzelne von uns ist, wie essentiell es ist, dass wir unser Gehirn benutzen, Dinge hinterfragen, nicht resignieren, sondern den Mut haben, an Veränderung zu glauben und ein Beitrag dazu zu sein, dass diese stattfinden kann. Jeder von uns kann die Welt verändern, einfach und allein dadurch, dass er seinen Weg geht, zu seinen Werten steht, sich nicht verbiegt, mutig seine Meinung vertritt und niemals aufhört zu lernen und seinen Horizont zu erweitern. Keinesfalls wird man das aber als Mitläufer, Nachahmer, Angsthase oder Mutloser bewerkstelligen können.

3. Jeder ist ein Arbeiter

Entgegen der teilweise noch herrschenden Meinung ahnungsloser Menschen, als Leader im Networkmarketing müsse man nichts tun, sondern nur „die anderen, die unter sich, für sich arbeiten lassen" ist genau das Gegenteil in Wahrheit der Fall.

Als Führungskraft bist du den gesamten Weg, den dein Team geht, schon vorausgegangen. Du hast all die Erfahrungen, die deine Mannschaft am Weg nach oben machen muss, schon selbst gemacht - und meist noch viel mehr. Du hast jeden Fehler, den sie machen, auch schon gemacht, bist danach aber nicht liegen geblieben, sondern wieder aufgestanden, hast daraus gelernt und es das nächste Mal besser gemacht. Bis zum nächsten Fehler. Jeder Top-Leader, den ich kenne, scheut sich niemals davor, die Ärmel hochzukrempeln und anzupacken, wenn nötig. In unserem Geschäft kann man davon ausgehen, dass niemand durch Nichtstun ganz nach oben gekommen ist. Networkmarketing ist das ehrlichste und fairste Geschäft, das ich kenne. Die Zahlen lügen nie und ohne Arbeit wird man hier ebenso wenig wie in jedem anderen Geschäft erfolgreich.

4. Jeder ist ein Lehrer

Und da sind wir bei deiner vielleicht wichtigsten Aufgabe als Mentor: Sei ein **Lehrer**! Was bedeutet es, im Networkmarketing ein guter Lehrer zu sein? Meiner Meinung nach ist das eines der wichtigen Erfolgskriterien überhaupt: Wie sehr schaffe ich es, meine Mannschaft zu schulen, um echte Duplikation sicherstellen zu können? Hier beobachte ich immer wieder, dass das Verständnis dafür fehlt, dass viele als „Einzelkämpfer" denken und nicht als Teil und Kopf eines Teams. Das ist schon an banalen Dingen zu bemerken. Ein wichtiger Teil dieses „Lehrer-Seins" ist schlicht und einfach die Weitergabe von Informationen. So simpel das in der Theorie klingen mag, so wenig wird das oft umgesetzt, es ist immer wieder erstaunlich.

Beispielsweise, wenn ich eine Veranstaltung promote, etwa telefonisch mit einem Teampartner und dann zu hören bekommen: „Oh schade, aber zu dem Termin bin ich leider nicht da!" Und damit ist das für die meisten dann erledigt. Mir kommt da sogleich der Gedanke: „ Ohje, du denkst leider - noch - nicht als Teamleader. Denn würdest du das tun, wäre es für dich völlig irrelevant, ob du selbst da verhindert bist oder nicht. Du würdest dennoch sogleich dein eigenes Team informieren und diese Veranstaltung dort promoten auch - und gerade wenn - du selbst nicht teilnehmen kannst!" Stattdessen beobachte ich, dass es mit diesem „da bin ich leider nicht da" für viele erledigt ist und die Partner die so wichtige Tätigkeit eines Networkers - wenn nicht überhaupt die wichtigste -, nämlich die Promotion und Informationsweitergabe einfach nicht machen. Und somit ist in der Folge dann nicht nur diese eine Person nicht dabei, sondern mit großer Wahrscheinlichkeit auch ihre gesamte Downline nicht. Und das gilt nicht nur für Veranstaltungen. Auch bei Teamcoachings, Buchtipps, Produktinformationen oder Aktionen des Partnerunternehmens ist das zu beobachten.

Mein Tipp daher: Gewöhne dir an, alles, wirklich ALLES, was du an relevanten Informationen in die Finger bekommst, immer gleich an dein Team weiterzugeben! Gewöhne dir an, jede Gelegenheit dafür zu nutzen! Wenn du beispielsweise sowieso gerade mit einem Teampartner telefonierst oder schreibst, frag ihn gleich, ob er eh schon für die nächste Großveranstaltung angemeldet ist, ob er sowieso schon Gäste zu einer nächsten Präsentation eingeladen hat - was auch immer! Im Networkmarketing gibt es IMMER etwas zu promoten, nach der Veranstaltung ist vor der nächsten Veranstaltung, nach der Präsentation ist vor der nächsten Präsentation, wenn ein Buch ausgelesen ist, ist der beste Zeitpunkt, das nächste zu beginnen etc. Und als Teamleader kann ich meine Partner IMMER inspirieren. Das ist mein Job, dafür bekomme ich meine attraktive Provision, das hat mich zur Führungskraft gemacht! Es ist, wie oben schon ausgeführt, nur ein sehr kleiner Prozentsatz der Menschen von sich aus aktiv. Die meisten brauchen einen Anstoß von außen, um in die Aktivität zu kommen. Und sie orientieren sich ganz stark an anderen, an Vorbildern, Führungspersönlichkeiten. Wenn du das einmal verstanden hast, wirst du dich auch nicht mehr darüber wundern, dass wir als Führungskräfte in unserem Business wirklich großzügige Provisionen ausbezahlt bekommen! So schön, so freudvoll, inspirierend, sinnstiftend, genial unsere Tätigkeit auch ist - und glaubt mir, ich kenne das Gefühl nur zu gut, mich zu fragen, wieso um Himmels willen ich Monat für Monat großzügige Provisionen bekomme, da ich ja nur tue, wofür ich brenne und was mir Spaß macht - es ist eine Tatsache, dass es dennoch immer nur sehr wenige sind, die als Vorbilder und aktive Macher vorangehen. Und diese wenigen wahren Leuchttürme werden zu Recht leistungsbezogen entlohnt. Denn ohne echte Leader entsteht kein Momentum und kein Teamwachstum. Und wenn die Leistung auch noch Spaß macht - was gibt es Genialeres?

Gerade unser Business ist wirklich sehr simpel. Es sind einfache Dinge, die von jedem getan werden können. Man muss kein Genie, kein Raketenforscher oder Universitätsprofessor sein, um sie umsetzen zu können. Ich behaupte, dass sich wirklich JEDER mit Networkmarketing ein besseres Leben aufbauen kann. Manche vertreten die Meinung, dass nicht jeder ganz an die Spitze kommen kann - ich persönlich bin aber überzeugt davon, dass das für jeden grundsätzlich möglich ist - es ist allein eine Frage der Konsequenz, des Fleißes, des Mindset und der Fähigkeit und dem Willen, seine PS auch wirklich auf die Straße zu bringen, seinen Visionen also auch Taten folgen zu lassen. Aber wie dem auch sei, unsere Aufgabe als Teamleader ist es, unser Wissen weiterzugeben! Das setzt voraus, dass wir es selbst einmal erworben haben - siehe dazu den nächsten Punkt: sei ein Schüler. Dass wir es also selbst gelernt haben, es tun, anderen zeigen, wie man es tut, ihnen dabei helfen, ihren Teampartnern zu zeigen, wie man es tut, und das immer und immer wieder.

Im Networkmarketing geht Kontinuität ganz eindeutig über Genialität. Es gibt erprobte Systeme und Tools, die bereits erfolgreich umgesetzt wurden und in vielen Unternehmen schon jahrelang wunderbar funktionieren. Deine immens wichtige Aufgabe als Mentor ist es, diese Tools selbst anzuwenden, in deinem Team zu schulen, sodass jeder sie leicht nachmachen und ebenfalls wieder an sein Team weitergeben und schulen kann. Nicht der wird erfolgreich, der funktionierende Systeme hinterfragt und das Rad neu erfinden will, sondern der, der kontinuierlich und beständig vorhandenes, bewährtes Wissen weitergibt, immer und immer wieder. Bis er dann irgendwann ganz oben ankommt. So einfach ist das.

5. Jeder ist ein Schüler

Sei ein **Schüler** – leicht gesagt, doch in der Umsetzung scheitert nicht selten gerade dieser Punkt am Ego, am Stolz und an der Unbelehrbarkeit von Menschen. Gerade Menschen, die vorher schon beruflich erfolgreich waren, die eine Führungsposition und vielleicht einen Universitätsabschluss haben, tun sich oft schwer damit, sich erneut in die Rolle des Schülers zu begeben. Doch wie heißt es so schön: Wenn du in einer Sache Meister geworden bist, suche dir eine andere, in der du wieder Lehrling bist. Nirgendwo kannst du das besser als im Networkmarketing. Du lernst lebenslang, es ist ein Beruf wie jeder andere, doch im Unterschied zu den meisten anderen Ausbildungen darfst du hier schon durchaus gutes Geld verdienen, während du noch lernst. Es gibt die Faustregel, dass du, egal in welchem Bereich, etwa 10.000 Stunden Übung brauchst, um ein Meister deines Faches zu werden. Das gilt für einen Geiger genauso wie für einen Basketballprofi, Manager, Konditor, Künstler, Politiker und eben auch für den Networkmarketing-Professional. Nun kannst du selbst leicht ausrechnen, wann das bei dir als Networker der Fall sein wird! Ich habe, wie du weißt, nach dreieinhalb Jahren die höchste Karrierestufe erreicht. Wenn man davon ausgeht, dass ich 20 Stunden pro Woche gearbeitet habe – und da ist alles eingeschlossen, jede Präsentation, jede Fortbildung, jedes Gespräch, jedes gelesene Fachbuch – komme ich im Jahr auf 1.040, in dreieinhalb Jahren also noch immer erst auf 3.650 Stunden. Auch ich habe also immer noch einen guten Weg vor mir, und ich freue mich darauf. Und ich weiß, auch wenn ich diese 10.000 Stunden einmal erreicht habe, werde ich nicht aufhören zu lernen und besser zu werden, sondern weiterhin offen für Neues sein, mich reflektieren, Erfolgreichen auf die Finger schauen und danach trachten, persönlich und beruflich weiter zu wachsen.

Halte dir das vor Augen, wenn du der Meinung sein solltest, mit dem Erreichen eines bestimmten Ziels nun „alles zu wissen". Denn das wird auch nach 10.000 Stunden Übung in Wahrheit nie der Fall sein. Man lernt nie aus, und eine Führungskraft mit einem dynamischen Mindset zeichnet sich dadurch aus, das auch zu wissen und sich dem lebenslangen, freudvollen Lernen verschrieben zu haben.

Ich kann mich noch gut daran erinnern, wie es war, als ich mein Jurastudium beendet hatte, das nie meine große Leidenschaft war, wie bereits erwähnt. Ich war glücklich, erleichtert und auch stolz, es durchgezogen und geschafft zu haben. Doch damals war ich auch der Meinung, dass ich nun meine „Schuldigkeit" getan hatte, bewiesen hätte, dass ich Dinge zu Ende bringen kann und wollte mich mal auf meinen Lorbeeren ausruhen. Es ist wohl überflüssig zu erwähnen, dass ich in diesem Bereich nie wirklich eine große Karriere an den Tag gelegt habe, einfach, weil es mich nie wirklich interessiert hatte und ich nicht bereit war, mich in dem Bereich weiter zu entwickeln und dazuzulernen. So kann man natürlich nie an die Spitze kommen. Denn man konkurriert ja auch in dem Fall, das man selbst nicht liebt, was man tut, mit jeder Menge von Leuten, die genau für ihr Ding brennen. Wie soll man also jemals neben diesen bestehen können?

Erst, als ich im Networkmarketing meine Leidenschaft und Berufung gefunden habe, habe ich erkannt, wie wichtig, aber auch wie absolut erfüllend es ist, in einer Sache, das man liebt, ständig zu wachsen und sich weiter zu entwickeln. Hat man diesen Punkt einmal erreicht, wird man nie mehr das Gefühl haben, „arbeiten zu müssen". Ganz ehrlich, ich hatte vor allem anfangs oft das Gefühl „ja gar nichts zu tun", was meine attraktive Provision rechtfertigen würde. Ich musste mich erst von dem alten Glaubenssatz lösen, dass Arbeit unangenehm sein müsse, dass man nur gutes Geld verdienen könne, wenn man sich ordentlich im

Hamsterrad abstrampelt und seine kostbare Lebenszeit opfert, um es irgendwann geschafft zu haben. Es war ein wirklicher Lernprozess, zu erkennen, dass es genau andersrum ist: dass man die Spitze in Wahrheit NUR dann erreichen kann, wenn man brennt für das, was man tut. Und wenn man für etwas brennt wird man in der Regel auch alles tun, um darin möglichst gut zu werden. Es ist eigentlich ganz einfach.

Ich habe in meinem Team oft erlebt, was für ein Riesenunterschied es ist, ob jemand lernbereit ist oder nicht. Meine Top-Leaderin Alexandra, die Gottseidank schon wenige Monate nach meinem Start in mein Team gekommen und mir auf dem Fuß in die höchsten Positionen gefolgt ist, war anfangs - wie übrigens ziemlich alle, die starten - durchaus skeptisch, kritisch und hat nach Fehlern und Haken gesucht. Doch trotz aller Skepsis hat sie am Ende des Tages getan, was ich ihr empfohlen habe. Ich als Mentorin war mit ihr wirklich gefordert und durfte beweisen, dass ich konsequent bin und „dranbleibe", auch wenn es teilweise echt mühsam war. (Aber wir sagen ja niemals, dass unser Business ein Kindergeburtstag ist. Wir sagen lediglich, dass es sich mehr als lohnt, einfach mal eine Zeitlang alles zu geben und sein Ziel beharrlich zu verfolgen!)

Und während sich das bei ihr ausgezahlt und sich mit einem exorbitant wachsenden Team und einer entsprechend mit wachsenden Provision manifestiert hat, habe ich eben sehr oft auch das Gegenteil erlebt. Dass Neupartner nicht bereit waren, meine Hilfe anzunehmen, meine Tipps und das bestehende System ignoriert haben, weil sie der Meinung waren, schon alles zu wissen oder besser zu können. Ich muss wohl nicht erwähnen, dass das natürlich der schwierige, längere, mühsamere Weg ist. Denn da dein Team ja immer nur das tut was du tust (oder eben auch nicht tust), hat sich auch dieses Verhalten ins jeweilige Team dupliziert und entstanden ist eine Linie, die nicht homogen war, nicht nach Konzeption gearbeitet und dadurch messbar schlechtere Ergebnisse hatte. Diese Teams schrumpfen meist nach kurzer Zeit oder brechen sogar völlig weg. Und das Verrückte daran ist, dass das den meisten nicht einmal bewusst ist und sie den Fehler immer anderswo suchen - beim Unternehmen, der Marktsituation, ihrer mangelnden Zeit, dem

Mentor, dem Team, den Produkten, dem Businesskonzept ... Ich habe bis heute noch keine Antwort darauf gefunden, wie man Leute, die nicht bereits sind, zu lernen, inspirieren kann, einfach mal eine Zeit lang das zu tun, was ihnen ihr Mentor, der ja schon bewiesen hat, dass er weiß, wie es funktioniert, empfiehlt.

6. Jeder ist eine Führungskraft

Führungskraft zu sein bedeutet in unserem Business mehr als überall sonst, dass du nur weitergeben kannst, was du selbst erlebt hast. Walk the talk - ein wichtiger Grundsatz, wenn du im Networkmarketing weiterkommen möchtest.

Als Führungskraft im Networkmarketing liebst du deine Arbeit so sehr, dass sie dir nicht wie Arbeit erscheint und dass du dich folglich nicht davon erholen oder befreien musst. Als ich die höchste Karrierestufe meines Partnerunternehmens erreicht hatte, wurde ich oft gefragt, ob ich mich jetzt nicht „zur Ruhe setzen" und mein Leben genießen würde.

Ehrlich - so etwas kann nur jemand fragen, der von unserem Business nicht die geringste Ahnung hat! Ein Leader in unserem Business liebt, was er tut und tut, was er liebt. Der Beruf ist unsere Berufung und auf uns trifft der Spruch: „Wenn du dich auf den Montag freust, hast du es im Leben geschafft" absolut zu. Genau so ist und war es für mich vom ersten Tag meiner Network-Karriere an. Wie herrlich, wenn endlich wieder Montag ist! Meine Zahlen - Umsatz, Neupartner etc. - aktualisiert werden, ich telefonieren, Meetings anberaumen, die Dynamik im Team und im gesamten Unternehmen förmlich spüren kann! Meine Teampartner haben immer gespürt, dass ich nichts, wirklich absolut NICHTS von ihnen verlange, was ich nicht selbst tue und getan habe - ein unglaublich wichtiger Aspekt - denn nur so kann man authentisch und glaubwürdig sein und nur so werden einem Menschen langfristig folgen! Noch, als ich längst in der höchsten Karrierestufe angelangt war - und, ganz ehrlich, größtenteils tue ich es auch heute noch - war ich stets die erste, die bei unseren Firmenpräsentationen mit Produkten,

Rollups etc. bepackt vor Ort war und die letzte, die nach der erfolgreichen Präsentation die Location verlassen und alles wieder in Ordnung gebracht hat.

Mein Unternehmen bietet sehr geniale sogenannte „Summits", das sind wunderbare Reisen, mit denen die im Businessaufbau erfolgreichsten Partner für ihre Arbeit belohnt werden. Es sind meist etwa 80 bis 100 Partner von den insgesamt 100.000 Partnern, die mein Partnerunternehmen europaweit hat, die dazu eingeladen werden. Hätte mir jemand am Beginn meiner Karriere prophezeit, dass ich bis zur Erreichung der höchsten Karrierestufe bei jedem dieser zweimal pro Jahr stattfindenden Summits dabei sein würde, hätte ich ihn für verrückt erklärt (mein Mindset war damals noch sehr klein und zaghaft).

In Wahrheit habe ich tatsächlich keine dieser Reisen ausgelassen. Das Ranking dafür wird auf der Partner-Website meines Unternehmens angeführt und wird von uns intern als „Liste der Wahrheit" bezeichnet. Denn es ist dort ganz klar ersichtlich, wer wirklich die nötigen Dinge tut, und nicht nur darüber redet. Und das ist völlig egal, ob es eine Führungskraft in der höchsten Karrierestufe ist oder ein Neupartner, der ganz am Anfang steht. Jeder wird gleich behandelt und jeder hat die gleichen Chancen - es zählen nur die Ergebnisse - was für ein wunderbar faires, gerechtes und ethisches System! Meiner Meinung nach gibt es auf der ganzen Welt kein besseres!

Das ist auch so eine Besonderheit unseres Businesses. Man kann nichts vortäuschen, man wird nichts fürs Reden, Wollen oder Planen belohnt, sondern nur fürs TUN. Und die, die wirklich TUN, sind auf diesen Ranking-Listen zu finden. Ich weiß nicht genau, was wichtiger für mich war - bei diesen wirklich unvergesslichen Traumreisen dabei zu sein, den Wettbewerb anzunehmen oder Vorbild für mein Team zu sein, indem ich mich immer im oberen Teil dieser Liste wiederfinde. Ganz ehrlich - es war vor allem Letzteres! Und es wurde natürlich vom Team zur Kenntnis genommen. Ich bin überzeugt davon, dass meine Partner mir nicht so zu 100 % vertraut hätten, mir nicht so gefolgt wären, wenn sie nicht schwarz auf weiß gesehen hätten, dass ich tagtäglich genau die Dinge, die ich von ihnen verlange, auch selbst tue - und das mit Erfolg!

Und das spürt man in meinem Team! Meine Partner folgen mir, hören auf mich, duplizieren mich, weil ich auch jetzt, nachdem ich schon mehr als zwei Jahre in der höchsten Karrierestufe bin, immer noch präsent bin, mir nicht zu gut bin, die ganz normalen Dinge zu tun, auch jetzt noch, in der höchsten Karrierestufe.

Die vier Leadership-Sprachen

1. Sprache der Aufgaben

Ein guter Leader verteilt Aufgaben und stellt sicher, dass sie gemacht werden. Das fängt bei der Einschulung der Neupartner an, denen wir die ersten kleinen Aufgaben geben, die sie bis zu unserem nächsten Termin erfüllen. Darunter fällt das Erstellen einer Kontaktliste, eines Visionbords, die Planung von online oder live Präsentationen, das Einladen von Gästen, das Anmelden zu Fortbildungen und Events.... Und diese Aufgabenverteilung begleitet uns auch weiterhin. Wir geben unseren Partner Aufgaben, die sie erfüllen müssen, um beispielsweise bei einem unserer Coachings dabei zu sein. Wenn wir gemeinsame Team Aktivitäten planen, verteilen wir auch da Aufgaben und machen als Leader niemals alles alleine. Gemachte Aufgaben sind ein wichtiges Feedback Instrument für uns als Mentoren: Trägt unser Partner seinen Teil bei? Oder lässt er sich nur berieseln und verhält sich selbst passiv? Man lernt relativ schnell, dass es nur Sinn macht, seine Energie und Zeit ausschließlich in Partner zu investieren, die ihrerseits ebenfalls ihren Part beitragen und ihre Aufgaben erfüllen.

2. Sprache der konstanten Challenges

Die Challenges sind eines der lustigsten Dinge in unserem Geschäft. Menschen lieben es, für ihre Leistungen gesehen, gelobt und belohnt zu werden. Wir können Coachings oder andere benefits anbieten, an denen Partner teilnehmen dürfen, wenn sie bestimmte Kriterien erfüllt haben. Man kann für bestimmte Erfolge seiner Teampartner nette kleine Belohnungen ausschreiben, Reisen, Städtetrips, zu einem edlen Business-Brunch einladen. Du kannst in deinen Gruppen loben und Preise ausschreiben für diejenigen, die in einem Monat bestimmte Dinge erreicht haben. Deiner Kreativität sind da keine Grenzen gesetzt, All das motiviert nicht nur die, die es gewonnen haben, sondern bringt auch die anderen in Schwung. Denn jeder liebt es, beschenkt, gelobt und wertgeschätzt zu werden. Wertschätzung ist eine der größten Antriebsfedern für uns - sie motiviert noch mehr als monetäre Entlohnung. Ein kluger Leader weiß das und setzt dies bewusst ein, um sein Team zu Top Leistungen anzuspornen.

3. Sprache der Storys

Wie schon erwähnt- Networkmarketing ist ein Storytelling Business! Ein guter Networker erzählt Geschichten, denn diese berühren unsere Emotionen und bleiben uns langfristig in Erinnerung, Menschen lieben es, sich mit anderen identifizieren zu können, daher fühlt sich auch jeder von einer anderen Geschichte inspiriert und abgeholt. Indem wir unsere Geschichte oder auch die von anderen erzählen, zeigen wir, dass wir alle Menschen mit Stärken und Schwächen sind, dass wir menschlich und verletzlich sind, dass wir Fehler machen und dennoch und gerade deshalb vorankommen können. Damit schaffen wir Identifikation und geben den Leuten Mut und Hoffnung, dass sie sich selbst auch zutrauen, was auch jemand anderer, der vielleicht sogar eine schlechtere Ausgangssituation hatte, schaffen konnte.

4. Sprache der Vision

Wenn du über Produkte sprichst, gewinnst du Kunden.

Wenn du über Einkommenshöhen spricht, gewinnst du Partner.

Und indem du über Visionen sprichst, gewinnst du Führungspersönlichkeiten.

Du kannst andere ja nie motivieren und selbst wenn, hält diese Motivation von außen nicht lange an. Daher ist die Selbstmotivation, die von innen kommt, das einzige, was langfristig anhält und Erfolg möglich macht. Diese Selbstmotivation kannst du aus deinen Partnern und Interessenten „herauskitzeln", wenn es dir als Führungskraft gelingt, die Vision deines Gegenüber herauszufinden und ihm zu helfen, diese einmal für sich zu definieren, klar vor sich zu sehen und wachsen zu lassen. Hast du das geschafft, wird der Rest dann fast wie von selbst gehen- denn je grösser die Vision und das Ziel ist, um so eher ist man bereit, sich in Bewegung zu setzen. Kluge Führungskräfte wissen das und nutzen die Sprache der Vision, um ihre Partner zum Grossdenken anzuregen.

Welche 10 Dinge sind essentiell für deinen Erfolg?

Es gibt 10 Dinge, für die man wirklich null Talent braucht, die aber essentiell sind, um erfolgreich zu werden - übrigens in jedem anderen Bereich auch - nicht nur im Networkmarketing. Und diese kann man üben, sobald man sich einmal selbst reflektiert hat:

1. Pünktlichkeit
2. Ethisches Arbeiten
3. Anstrengung
4. Energie
5. Körpersprache
6. Leidenschaft
7. Die Extrameile gehen
8. Vorbereitet sein
9. Für Coaching offen sein
10. Attitude

Allein, wenn du diese 10 Dinge konsequent umsetzt und zu deiner Gewohnheit machst, wirst du überrascht sein, was für dich auf einmal alles möglich ist! Jeder wirklich Erfolgreiche hat sich diese Dinge zur Gewohnheit gemacht! Talent kann nie so entscheidend sein wie die Fähigkeit, sich zu reflektieren, diese Dinge zu erkennen, sich anzueignen und zu leben! Das habe ich schon als Kind erlebt, als ich Violine lernte, was ich nicht wirklich mochte, das meinen Eltern aber auch nicht eingestehen wollte. Meine ältere Schwester war eine äußerst talentierte und erfolgreiche Geigerin, die bei Konzerten gespielt und Wettbewerbe gewonnen hat. Wir beide hatten den gleichen Geigenlehrer und ich erinnere mich noch gut daran, dass er mir damals schon sagte, dass nur ca. 30 % Talent seien und 70 % Übung, um erfolgreich zu werden. Und dass ich wirklich talentiert sei - zumindest gleich talentiert wie meine Schwester - aber leider mein Fleiß und meine Bereitschaft zu Üben nicht gegeben seien, so schade... Er hatte absolut recht damit - in jeder Hinsicht, das weiß ich heute. Auch in unserem Business ist es nicht anders. Vielleicht macht das Talent überhaupt nur 10 % aus, keine 30 %.

Abschließend möchte ich dir gestehen, was für mich immer noch eine der schwierigsten Dinge als Führungskraft überhaupt ist:

Als Top-Leader wirst du mit einer Sache konfrontiert, die wirklich frustrierend ist und mich auch nach über sechs Jahren von Zeit zu Zeit immer noch so richtig nervt und auslaugt: Du hast zu 99 % mit Menschen zu tun, die weit weniger motiviert sind als du. Das ist auf Dauer schwerer zu ertragen, als man sich vorstellen kann. Man muss schon echten Biss haben und ein WIRKLICHER Leuchtturm sein, um sich von der allgemeinen Lethargie, dem Jammern, wieso etwas nicht geht, den Ausreden, dem Negativismus, der Faulheit und Gleichgültigkeit so vieler Menschen nicht mitreißen zu lassen. Genau das macht nämlich den Unterschied, ob du ein Gewinner oder Verlierer, ein Leader oder Zuseher und Mitläufer bist. Was kannst du tun?

Erstens: Dich damit abfinden.

Nur 1 % der Menschen sind Leader, wie wir schon gehört haben.

Zweitens: Dich mit den anderen Führungskräften zusammentun, Mastermind-Gruppen bilden, da deine Batterien wieder aufladen.

Drittens: Arbeite an deinem Mindset. Mach dir bewusst, dass es gewisse Dinge gibt, die du nicht ändern kannst. Das einzige, was du beeinflussen kannst, ist die Art, wie du darüber denkst, wie du damit umgehst und was es mit dir macht. Ob du die Stärke hast, über einen langen Zeitraum hinweg vorauszugehen, auch wenn dir keiner oder kaum einer folgt. Deine Inspiration und Motivation nicht aus den anderen zu schöpfen, sondern aus dir selbst, deinem Inneren, deinem wahren Wesen. Dein Strahlen und deine Begeisterung auch unter lauter Schlafenden nicht zu verlieren.

Mentoring

Einen guten Lehrer erkennt man daran, dass er sich mit der Zeit überflüssig macht.

Kurt Tepperwein

Als Mentor ist es deine Hauptaufgabe, Vorbild für deine Partner zu sein und als Fels in der Brandung unerschrocken voranzugehen. Dein Team tut immer nur, was du tust bzw. tut nicht, was du nicht tust.

Ausnahmslos.

Die irrige Annahme vieler, die keine Ahnung von unserem Geschäft haben, dass „die da oben" ja nur „fett abcashen", während die „armen Kleinen unten" die ganze Arbeit machen müssen, könnte falscher nicht sein. Denn wenn du nicht eine längere Zeit die richtigen Dinge tust, wird unter dir niemals nachhaltig ein stabiles Team entstehen, dass dir langfristig dein Residualeinkommen garantiert.

Eine gute Führungskraft macht sich selbst möglichst ersetzbar. Aufgeblasene Egos sind hier weder angebracht noch hilfreich. Ich habe relativ zu Anfang meiner Karriere einen guten Tipp bekommen, der mir sofort einleuchtete und den ich bis heute verinnerlicht habe. Ich möchte euch ebenfalls empfehlen, das immer zu bedenken und anzunehmen:

Wenn du der beste Kopf deines Teams bist, dann hat dein Team ein gravierendes Problem.

Das Beste, was dir passieren kann ist, dass deine Teampartner dich überholen, geistig, in der Persönlichkeitsentwicklung, umsatzmäßig, in der Karrierestufe, der Bekanntheit im Unternehmen, auf der Bühne der Veranstaltungen, als Coaches und Mentoren.

Tu nichts für deinen Partner, was er nicht auch selbst tun kann.

Viele Networker sind so happy, wenn sie einen Partner gewonnen haben, vor allem zu Beginn, dass sie es mit dem Mentoring gutgemeint etwas übertreiben. Den Neupartner sozusagen „an den Busen legen", ihn nähren und - ähnlich wie bei einem eigenen, heißgeliebten Kind - ihm alles abnehmen. Damit tut ihr aber langfristig weder ihm noch euch selbst etwas Gutes. Denn so wird der Partner niemals oder nur schwer selbständig und ewig von euch erwarten, dass ihr die Dingte tut, die eigentlich er selbst tun sollte. Und, was noch schlimmer ist, er wird das genauso in sein Team duplizieren, wie er es von euch gelernt hat und in der ganzen Downline werden hilflose Partner entstehen, die nie selbständig ins Tun kommen und wo nichts passiert, wenn die Upline einmal nicht zur Stelle ist. Genau das wollen wir aber nicht, denn das Geniale an unserem Geschäft ist ja eben, dass es irgendwann wie von selbst läuft, auch ohne dass wir dauernd präsent sein müssen.

Mach deinem Neupartner von Anfang an klar, was deine Aufgabe als Mentor ist. Du arbeitest nämlich nicht für ihn, sondern bist da, um ihm zu helfen.

I help you build your business.

Ja, das ist grammatikalisch nicht ganz korrekt. Aber lass mich ein Satzzeichen setzen, dann passt es wieder und du verstehst auch gleich in einem Satz, was Mentoring ausmacht:

I help. You build your business.

Alles klar?

Fehler, die du vermeiden kannst

Gar nicht erst anfangen oder zu früh aufhören:

Es ist ein klassischer Fehler, dass sich Neulinge oft mit 1000 % in ihr Business stürzen, ganz große Ambitionen haben, einen neuen Rekord bei der Erreichung der höchsten Karrierestufe aufstellen wollen. Ich höre das oft und an sich ist da ja auch nichts Schlechtes daran. Wenn es nicht meist damit Hand in Hand gehen würde, dass diese anfängliche überschwängliche Begeisterung schon nach wenigen Monaten abflaut und meist sind diejenigen, die anfangs am größten reden, dann die, die ganz rasch in der Versenkung verschwinden und irgendwann wegen Untätigkeit aus dem Partnersystem ausscheiden.

Daher mein Tipp:

Don´t be a talker - be a doer!

Rede weniger, mach zuerst mal was.

Und zwar kontinuierlich, über zumindest ein bis drei Jahre, und zwar das, was dir dein erfolgreicher Mentor sagt und was du auf den Veranstaltungen eures Unternehmens lernst. Zieh es durch. Networkmarketing ist kein Geschäft, in dem man über Nacht reich wird. Wenn man aber kontinuierlich die richtigen Dinge tut, kann man sich gar nicht so blöd anstellen, dass man sich nicht durch Beständigkeit ein überdurchschnittliches Einkommen aufbauen kann! Gib dir Zeit, deine finanzielle Freiheit aufzubauen, das geht nicht von einem Tag auf den anderen!

Die Vorbereitung vorbereiten:

Du musst nicht gut sein, um anzufangen.
Aber du musst anfangen, um gut zu werden.

Dies passt zum gerade Gesagten. Viele Neupartner machen den Fehler, zuerst einmal alle Unterlagen, Inhaltsstoffe, Wordings, Checklisten etc. zu studieren, bevor sie starten. Das Rad neu erfinden, Einladungen selbst designen, obwohl vom Unternehmen alles in perfektem Corporate Design vorhanden ist. Die erst mal eine Reihe von Coachings machen, bevor sie endlich mit den EPAs, den einkommensproduzierenden Aktivitäten starten. Und sie wiegen sich mit dieser „hektischen Betriebsamkeit" in dem Glauben und der falschen Gewissheit, damit etwas Produktives für ihr Business getan zu haben.

Aber es ist ganz einfach: Unser Job ist es, Kunden und Partner zu gewinnen. Nicht mehr und nicht weniger. Natürlich sollen wir lernen und uns weiterentwickeln. Aber WÄHREND wir schon arbeiten - das ist der große Unterschied zu einem Universitätsstudium beispielsweise, wo man jahrelang studiert, ohne einen Cent zu verdienen und erst danach vielleicht merkt, dass es nicht das Richtige für einen war. Warte bitte nicht darauf, bis du perfekt bist, bevor du startest. Denn dann wirst du nie beginnen. Niemand von uns wird jemals perfekt sein - Gottseidank! Wir lernen, während wir tun - das ist das Besondere und Schöne an unserem Geschäft!

Angst vor dem NEIN haben:

Viele Networker denken, dass das NEIN das Schlimmste ist, was sie zu hören bekommen können. Das stimmt aber nicht. Denn das absolut Schlimmste, was passieren kann ist, dass man gar nichts zu hören bekommt, weil man gar nicht erst gefragt hat. Und die wohl größte Kunst eines Networkers ist es, die NEINS lieben zu lernen, sich auf sie zu freuen. Denn das JA und das NEIN sind immer ein Pauschalangebot. Es gibt das eine nicht ohne das andere. Anders gesagt: Das NEIN ist der Weg, das JA das Ziel! So wie es Erfolg nie ohne Niederlage, Licht nie ohne Schatten, Flut nie ohne Ebbe gibt. Und davon gibt es keine Ausnahme. Das ist die Polarität, wie wir sie in allen Lebensbereichen finden.

Einer Neupartnerin, die mir kürzlich anvertraute, dass es für sie noch eine sehr große Rolle spielt, ob jemand JA sagt oder nicht, habe ich sinngemäß folgendes gesagt:

Wenn dir das zusetzt, musst du genau da an dir arbeiten! Es muss dir egal werden. Nach dem, Motto: Der Nächste bitte! Je höher unsere Schlagzahl ist, umso weniger weh tut ein einzelnes NEIN. Und irgendwann erinnerst du dich gar nicht mehr daran, dass jemand NEIN gesagt hat (und es wird dir definitiv passieren, dass dieser Jemand irgendwann später auf dich zukommt und das NEIN zu einem JA macht). WENN du selbst dann noch da bist!!

Wichtig ist, dass du dich emotional unabhängig davon machst, ob jemand JA oder NEIN zu deinem Angebot sagt! Sobald du das geschafft hast - und ich gebe zu, dass ist nicht ganz einfach, vor allem zu Beginn - ändert sich dein Mindset. Und damit ändert sich dann alles. Denn das spüren die Menschen und sie wollen von sich aus in dein Team, weil sie instinktiv spüren, dass du dich „rarmachst" und eher sie was von dir wollen als du von ihnen. So wie Druck immer Gegendruck erzeugt, erzeugt Zurückhaltung Neugier und den Wunsch, mehr davon zu wollen. Mach ein Spiel daraus! Genieß es, die anderen neugierig zu machen, sie dazu zu bringen, dass sie von sich aus mehr von dir erfahren wollen!

Glauben, schon alles zu wissen:

Jeder beginnt im Networkmarketing als Lehrling. Egal, was er oder sie vorher gemacht hat und wie erfolgreich er oder sie dort war. Gerade Menschen, die schon erfolgreich im Berufsleben waren, fällt es oft besonders schwer, bei null zu beginnen, als Anfänger und sich von anderen auch noch etwas sagen zu lassen. Und so ist es keine Seltenheit, dass diese erfolgreichen Menschen oft von anderen überholt werden, die vorher einen ganz durchschnittlichen Job hatten. Die ihnen aber etwas ganz Entscheidendes voraus haben: Sie sind lernfähig, lassen sich coachen, haben kein Ego-Problem damit, sich von jemandem anderen sagen und zeigen zu lassen, wie es funktioniert. Im Networkmarketing beginnen wir alle als Anfänger. Aber bei weitem nicht alle werden zu Profis, obwohl alle natürlich ganz nach oben wollen. Weil sie diese elementaren Dinge leider nicht befolgen.

Sich nicht auf eine Sache konzentrieren:

Alle wirklichen Networkmarketing-Profis sind sich einig: Nur durch Konzentration auf EINE Sache, auf ein Network-Unternehmen, kann man ganz nach oben kommen. Ich erlebe ständig, dass Menschen diese Weisheit nicht beherzigen. Sei es aus mangelndem Vertrauen zu ihrem Partnerunternehmen, durch Gier, aus Opportunismus, aus Angst, etwas Anderes, Besseres, zu verpassen, sich breiter aufstellen zu wollen, die Kirschen in des Nachbars Garten für süßer zu halten …

Doch aus meiner Erfahrung braucht es ein 100%iges Kommittent, absolutes Vertrauen ins Unternehmen und den absoluten, langfristigen Fokus auf sein Ziel und seine Vision.

Andere für deine Ergebnisse verantwortlich machen:

Im Networkmarketing hast du keinen Chef und keine Angestellten. Niemand anderer ist für deinen Erfolg und auch Misserfolg verantwortlich als ganz allein du selbst! Aber natürlich ist es angenehmer, andere dafür verantwortlich zu machen, wenn sich die erwünschten Resultate nicht so einstellen wollen. Wer gibt schon gerne zu, dass er einfach nicht die richtigen Dinge getan hat? Dass er zu faul war? Zu bequem? Zu träge? Zu inkonsequent? Zu wenig lernfähig? Zu negativ? Zu wenig selbstreflektiert? Nichts ist leichter und bequemer, als die Schuld bei anderen zu suchen: Die Upline unterstützt einen nicht genug. Das Team tut zu wenig. Man bekommt zu wenig Vorgaben oder Unterstützung vom Unternehmen. Man bekommt zu viele Vorgaben und Regeln vom Unternehmen. Die Produkte sind zu teuer. Die Verpackungen waren früher besser. Es gibt zu wenig Produktaktionen.

Der Vergütungsplan ist nicht attraktiv genug. Man kann sich zu wenig persönlich entfalten. Man bekommt zu wenig Anerkennung. Es gibt zu wenig Fortbildung. Es gibt zu viele Fortbildungen. Die Liste ist noch beliebig erweiterbar.

Fakt ist aber: Nur du ganz allein bist für deinen Erfolg verantwortlich. Wenn du ein klares Ziel und Motiv hast, bereit bist zu lernen und die richtigen Dinge zu tun, kann dich nichts und niemand von deinem Weg und Erfolg abhalten. Es gibt immer wieder Partner, die jammern und sich beklagen, wieso dies und das nicht funktioniert. Die ihren Mentor, ihre Upline wechseln, das Unternehmen wechseln oder sonstiges. Mach dir eines bewusst: Die Upline, das Unternehmen, die Produkte, der Vergütungsplan funktionieren. Alle erfolgreichen Partner sind der lebende Beweis dafür. Die einzige Variable zwischen Erfolg und Nichterfolg bist du selber. Und sonst niemand. Die erfolgreichsten Führungskräfte in meinem Unternehmen sind nicht selten solche, die keine aktive Upline, keinen Mentor hatten, der sie unter seine Fittiche genommen hat. Sie haben es geschafft, weil sie es wollten, weil sie es möglich gemacht haben, sich das nötige Wissen eigenständig angeeignet haben. Natürlich ist es wunderbar, wenn man einen guten Mentor hat. Aber wenn man es wirklich-wirklich will, schafft man es immer und überall! Finde Wege, keine Ausreden!

Sich auf Negatives fokussieren:

Die Energie folgt IMMER der Aufmerksamkeit. Nicht das Problem ist das Problem, sondern die Art, wie wir mit dem Problem umgehen. Jeder von uns hat Negatives wie Positives im Leben, in seinem beruflichen und privaten Umfeld - überall. Du allein entscheidest aber, worauf du dich konzentrierst. Und das verstärkt sich dann! Du kannst das auch bei deinem Team beobachten und du wirst genau merken, wer sich aufs Negative fokussiert, und wer aufs Positive. Man merkt es an den Zahlen, an der Energie im ganzen Team, am Erfolg nicht nur desjenigen Partners, sondern auch des gesamten Teams - es ist wirklich faszinierend! Jemand, der so richtig negativ ist, schafft es meist auf

Dauer nicht, ein stabiles Team aufzubauen, da die Menschen negativen Leuten eben nicht nachhaltig folgen und jeder das anzieht, was er selbst ausstrahlt. Ich habe eine Partnerin, die ein sehr lieber Mensch ist, aber leider ihr ganzes Leben wahnsinnig negativ war und dadurch leider auch permanent Negatives angezogen hat. Ich habe mir sehr gewünscht, dass sie in meinem Business erfolgreich wird. Doch auch ich war nach Telefonaten mit ihr regelmäßig total ausgelaugt und fast deprimiert. Sie hatte einige richtig tolle, aktive Partner mit großem Talent und Motiv ins Team geholt. Diese Partner konnten das aber ebenso schlecht ertragen und haben irgendwann aufgehört, gewartet, bis sie wegen Inaktivität aus dem System hinausfallen. Eine davon ist dann bei jemand anderem Partner geworden. Das hat mir wirklich weh getan, es war mir aber auch klar, dass es so kommen musste. Deshalb kann ich es gar nicht oft genug sagen: It´s all about mindset!

Nicht der Freude folgen:

Wenn du selbst nicht begeistert bist - wie sollst du dann andere begeistern? Wie soll eine Kerze, die selbst nicht brennt, eine andere anzünden können? Gar nicht - so einfach ist das. Das gilt sowohl für dein Partnerunternehmen, seine Produkte, dein Team sowie für das Businessmodell selbst. Wenn du nicht ehrlich begeistert bist, spüren das die anderen sofort. Ich hatte im Laufe meiner bisherigen Karriere immer wieder Menschen, die aus den falschen Motiven Partner in meinem Team werden wollten. Weil sie meinen Erfolg gesehen haben. Weil sie mitnaschen wollten. Weil sie eine Abkürzung zum Erfolg erwartet haben. Weil sie in der Zeitung gelesen haben, welch exorbitantes Wachstum mein Partnerunternehmen Jahr für Jahr hinlegt. Weil Networkmarketing das Geschäft der Zukunft ist. Aber sie haben nie die Philosophie des Unternehmens kennen und lieben gelernt, Sie haben das wahre Geschenk von Networkmarketing gar nicht erkannt. Überflüssig zu sagen, dass sie alle ausnahmslos wieder aus dem System ausgeschieden sind. Geld folgt immer der Freude. Freude ist das Geheimnis. Punkt.

Auf dem hohen Ross sitzen:

Damit meine ich: Sich für zu gut zu halten, um gewisse Menschen anzusprechen. Standesdünkel zu haben. Sich zu gut für „so etwas" sein. Zu glauben „so etwas" nicht nötig zu haben. Mir fällt in dem Zusammenhang immer wieder auf, dass erschreckend viele Menschen andere, die einen bestimmten Beruf ausüben, überhaupt nicht als Personen wahrnehmen. Beispielsweise die Zimmermädchen im Hotel. Die Kellnerinnen im Restaurant. Die Damen und Herren an Supermarkt-kassen, an Post-Schaltern, von der Parkraumwache über Briefzusteller, Verkäufer, Monteure, Essenszusteller, Toilettendamen, Müllmänner, Straßenarbeiter, ... Ich habe schon oft bemerkt, dass die meisten Menschen gewisse Personen in Dienstleistungsberufen überhaupt nicht als Menschen wahrnehmen, nur als dienstbare Geister, ihnen nicht einmal ins Gesicht sehen. Probier' mal aus, wie erfreut wirklich JEDER reagiert, wenn man ihn bei seinem Namen nennt. Vielen in den genannten Berufen ist das noch nie passiert, das erkennt man schon an ihrer überraschten und erfreuten Reaktion darauf, wenn sie das Wort hören, das für jeden das schönste auf der Welt ist: den eigenen Namen.

Diese Überheblichkeit finde ich menschlich sehr traurig und für unser Business überdies absolut kontraproduktiv.

Eines der aller-aller-wichtigsten Attribute eines erfolgreichen Networkers ist:

Sei ein Menschenfreund!

Du weißt nie, wer dein nächster Shooting Star wird. Möglicherweise wäre es jemand geworden, den du aus Überheblichkeit gar nicht wahrgenommen oder angesprochen, geschweige denn, dich für ihn interessiert hast?

Sei interessiert, völlig vorbehaltlos, offen, freundlich, nahbar, unkompliziert, zeig dich auf Augenhöhe mit anderen, egal wer oder was sie sind oder haben, wie sie aussehen, was sie für Kleidung tragen oder für Autos fahren. Halte dich nicht für etwas Besseres, traue jedem zu, über ein unerkanntes Potenzial zu verfügen. Löse dich von Glaubenssätzen, Vorurteilen, Berührungsängsten, Begrenzungen. Das macht dich nicht nur sympathischer und erfolgreicher, sondern dein Leben auch ungleich bunter und spannender. Ich garantiere dir, dass sich dadurch ganz viel für dich ändern wird!

Ich hatte in dem Zusammenhang ein besonders schönes Erlebnis, das ich gerne mit dir teilen möchte: Berufsbedingt neugierig, ist mir am Schalter am Postamt aufgefallen, dass die Dame hinter dem Tresen ein Schild mit einem Namen trug, der für mich polnisch aussah. Also fragte ich, ob das zufällig ein polnischer Name sei. Ein Leuchten ging über ihr Gesicht und sie sagte, ja, sie komme aus Polen. Ich war zu diesem Zeitpunkt gerade dabei, mein Team in Polen aufzubauen und sprudelte gleich los, dass ich gerade einige Male in Polen gewesen sei, wie sehr ich die Menschen dort mochte, was für eine tolle Stadt Warschau sei und wie wunderschön Danzig und die Ostseeküste. Sie freute sich, fragte mich, was mich denn nach Polen geführt hätte, und ich erwiderte, dass ich dort gerade mein Geschäft aufbaue. Darauf sagte sie einen Satz, der das Herz eines jeden Networks springen lässt:

„Suchen Sie dort vielleicht zufällig noch Mitarbeiter?"

Ich: *„Na ja … Vielleicht lässt sich da sogar was machen."*

Ich ließ mir ihre Telefonnummer geben und eine Woche später saßen wir beim Businessgespräch im benachbarten Café. Und dort passierte etwas, das mich ein für alle Mal ganz klar erkennen ließ, wieso ich mache, was ich mache. Diese Frau, Patricia, gestand, dass ich in den drei Monaten, die sie nun dort am Schalter stand, die erste gewesen war, die sie beim Namen genannt hatte. Sie erzählte mir, dass sie Jura und Deutsch studiert und in Warschau einen gut dotieren und angesehen Job in einem Ministerium gehabt hatte. Ihrem Mann zuliebe war sie ihm nach Österreich gefolgt und sie hasste ihr Leben hier. Ihre Ehe hatte sich zu einem Alptraum entwickelt, sie hasste das kleine Dorf, in dem sie nun lebte, sehnte sich nach der Großstadt und ihrem alten Leben, sah jedoch für sich aber keinen Weg mehr aus dem Elend, das nun ihr Leben war. Niemals hätte sie gedacht, dass sie sich jemals an einem solchen Tiefpunkt ihres Lebens befinden könne. Sie gestand mir, dass sie fast jeden Abend im Bett an Selbstmord dachte … Kannst du nachvollziehen, was es für ein Gefühl in mir verursachte, als sie mein Angebot als Hoffnung für sich erkannte und meine Partnerin wurde?

Dieses „sich zu gut sein" ist ein absoluter Killer für ein erfolgreiches und sorgenfreies Leben als Networker. Ich möchte dir das an einem Beispiel aus meiner Anfangszeit aufzeigen:

Eine Bekannte aus Studienzeiten, Ärztin mit einem Teilzeit-Klinikjob und alleinerziehende Mutter von drei Kindern lebte mit diesen in einer dunklen und muffigen Souterrain-Wohnung. Aber in bester Lage – fürs Image! Ihre Arbeitszeit aufzustocken, ging wegen der Kinder nicht, mehr als diese Wohnung war finanziell unmöglich und das Geld fehlte auch sonst an allen Ecken und Enden. Ich war so voller Enthusiasmus in mein neues Business gestartet und konnte es gar nicht erwarten, ihr zu erzählen, dass ich die perfekte Lösung für ihre Situation hatte. Und was war die Reaktion, die ich von ihr bekam und die mich völlig perplex zurückließ?

„Ich bin ÄRZTIN– ich mache ganz sicher nicht SO ETWAS!!!"

Überflüssig zu sagen, dass sie jetzt, sechs Jahre später, immer noch unverändert mit ihren Kindern und dem Teilzeitjob in der Souterrainwohnung festsitzt. Während sich mein Leben so radikal, so wunderbar gewandelt hat, dass mir selbst immer noch manchmal richtig schwindelig wird.

Star-Allüren bekommen:

Dazu zählt, sein Team nicht wertzuschätzen. Sich als Superstar zu fühlen. Sich mit dem sich einstellenden Erfolg auf einmal zu gut für bestimmte Tätigkeiten zu sein. Ohne dein Team bist du im Networkmarketing aber nichts und niemand! Denk immer daran! Du bist nicht alleine dorthin gekommen, wo du bist. Und alleine bleibst du auch nicht oben! Manche vergessen das leider, wenn sie einmal eine höhere

Karrierestufe erreicht haben. Sie sonnen sich im Rampenlicht, in der Bewunderung, der Anerkennung und der Aufmerksamkeit. Meinen, der Superstar zu sein, der all das alleine durch seine Genialität, seine Persönlichkeit und Besonderheit zustande gebracht hat. Sie werden selbstgefällig, eitel und abgehoben. Und vergessen dabei jene, die sie dorthin gebracht haben: Das aktive Team unter sich.

Sich mit anderen vergleichen:

98 % der Menschen, die dich kritisieren, wissen gar nichts über dich. Weder, wer du bist, noch, was gerade in deinem Leben passiert. Lass dich nicht runterziehen!

Vergleich macht unzufrieden, bewirkt, dass du deinen Fokus auf das richtest, was du NICHT hast bzw. bist. Energie folgt aber immer der Aufmerksamkeit, du verstärkst also das, was du nicht in deinem Leben haben willst. Niemand ist in deinen Schuhen gegangen, niemand hat dein Leben gelebt, also ist ein Vergleich mit anderen absolut sinnlos. Was weißt du von dessen Leben, seinen Sorgen, Ängsten, Nöten? Eines bewahrheitet sich immer wieder: Die Dinge sind meist nicht so, wie sie von außen scheinen! Lass dich nicht blenden. Alles im Leben hat seinen Preis. Für uns selbst wie auch für jeden anderen.

Auf Neinsager hören und sich von anderen verunsichern lassen:

„Ignore the Naysayers", das wusste schon Arnold Schwarzenegger in seinen „5 Rules to Success". Wer dieses Sieben-Minuten-Video nicht kennt - unbedingt anschauen! Verursacht mir immer noch Gänsehaut.

Neinsagern wirst du immer begegnen - vor allem, wenn du etwas tust, das außerhalb der Norm liegt, anders ist, erfolgversprechend, extravagant, mutig oder verrückt. Sieh es als Bestätigung für deinen Weg, der dich von der grauen Masse abhebt. Die meisten Menschen sind Mitläufer, wie wir schon gehört haben, oder meist überhaupt nur Zuschauer. Wenn nun jemand es wagt, ein Macher zu sein, mit Zielen, Visionen, Begeisterung, dann wird vielen bewusst, wie langweilig, angstgetrieben und vorhersehbar ihr eigenes Leben ist. Und natürlich ist es angenehmer und einfacher, lieber mal den anderen schlecht zu machen, alle möglichen Horrorszenarien an die Wand zu malen, als sich einmal selbst zu hinterfragen und reflektieren. Mir hat in diesem Zusammenhang eine Erkenntnis immens geholfen: Mich zu fragen, wer denn das eigentlich ist, der da meine Visionen schlecht redet. Wo dieser Mensch selbst im Leben steht. Und ich habe Gottseidank stets den Grundsatz beachtet:

Höre nie auf den Ratschlag eines Menschen,
der nicht dort ist, wo du hin willst.

Wenn du das durchziehst, ist alles gut und du bist durch die Neinsager nicht zu irritieren.

Wenn du selbst wirklich-wirklich überzeugt bist, kann dich kein Mensch der Welt von deinem Weg abbringen. Deshalb ist es so wichtig, eine klare Entscheidung zu treffen: für dein Unternehmen, für das Businessmodell, für deinen Weg. Dies passiert in deinem Inneren und wenn du da ganz klar und entschieden bist, ist dir auch VÖLLIG egal, was andere über dich denken oder hinter deinem Rücken sagen.

Persönliche Differenzen das Business beeinflussen lassen:

Das ist ein erstaunlich häufiger Grund, wieso die Duplikation plötzlich nicht mehr funktioniert und in der Folge sogar ganze Teams oder Beine wegbrechen. Weil sich die Damen und Herren wegen irgendeiner privaten Sache oder einer objektiv lächerlichen Kleinigkeit, persönlichen Befindlichkeiten und Dramen oder verletzten Egos in die Haare bekommen und dann nicht mehr in der Lage sind, professionell miteinander zu verkehren. Das ganze Team spürt es, leidet darunter, gemeinsame Aktivitäten bleiben auf der Strecke und im Endeffekt geht alles den Bach runter - wegen eines unwichtigen Vorfalles oder einer Sache, die mit dem Geschäft überhaupt nichts zu tun hat. Egal, ob sich zwei Teampartnerinnen in denselben Mann verlieben, sich ehemals beste Freundinnen auseinander entwickeln, Frauen eifersüchtig auf andere sind, weil diese schöner, erfolgreicher oder privat glücklicher sind – all das und noch viel mehr habe ich in meinem Team schon erlebt und es hat sich immer negativ auf die gesamte Downline ausgewirkt!

Tipp: Lass Privates außen vor, steh da drüber, sei professionell. Auch wenn das nicht immer leicht ist, das habe auch ich schon oft am eigenen Leib erfahren. Behalte immer dein Ziel vor Augen. Denn darum geht es in unserem Geschäft! In einem „normalen" Job kann man sich die Menschen, mit denen man den Großteil seines Tages verbringen muss, überhaupt nicht aussuchen. Wir sind da wesentlich freier und echt privilegiert! Dennoch muss nicht jeder, der in dein Team kommt, dein bester Freund sein oder werden. Professionalität, Wertschätzung, Fairness und nötigenfalls auch eine gewisse persönliche Distanz und Objektivität sollte man unbedingt immer praktizieren

Mehr scheinen wollen als man ist:

Das ist leider eine verbreitete Vorgehensweise, die zur Folge hat, dass unser wunderbares Business von außen teilweise als unseriös wahrgenommen wird. Das fängt an bei Unwahrheiten, was die Einkommenshöhe, die Karrierestufe, die Teamgröße betrifft, aber auch Dinge wie den tatsächlichen Arbeitsaufwand, die Zeitspanne des Aufbauens, Schwierigkeiten, Herausforderungen, Stolpersteine, Rückschläge, Zurückweisung, Verachtung, ... Ich kann dir da nur raten, immer authentisch und ehrlich zu bleiben! Lügen haben kurze Beine. Auch und gerade in unserem Geschäft kommt der Erfolg niemals von alleine. Es steckt immer Arbeit dahinter, wenn auch keine harte oder unangenehme. Aber definitiv konsequente und professionelle! Und es ist absolut unseriös und nicht langfristig erfolgversprechend, Leute mit falschen Versprechungen zu einer Entscheidung für unser Business bringen zu wollen. Das geht garantiert immer nach hinten los. Da wären wir auch wieder bei dem zentralen Grundsatz im Networkmarketing:

Tue immer das Richtige!

Ich glaube fest daran, dass wir alle ganz genau spüren, was richtig und was falsch ist. Und wenn wir dann einfach nur tun, was sich richtig anfühlt, können wir nur gewinnen.

Nicht verstehen, dass das Team immer nur tut, was man selbst tut und nicht tut, was man selbst nicht tut:

Das habe ich oben schon hinlänglich erklärt. Mach dir dies immer bewusst! Wenn ich ein Jammern aus meinem Team höre: „Ja, die Downline tut ja nichts", frage ich immer: „Was tust denn DU selbst? Tust du die Dinge, von denen du dir wünscht, dass dein Team sie tut?" Sei da wirklich ehrlich zu dir selbst! In diesem Zusammenhang möchte ich auch ein ganz wichtiges Thema ansprechen, da sich auch diese Dinge leider ins Team duplizieren: Gegen das eigene Team zu arbeiten. Das machen manchmal Partner, die keine Ahnung vom Networkmarketing haben, aber die gibt es eben auch in unserem Geschäft, und leider nicht so wenige. Das sind Leute, die ihren eigenen Partnern Kunden und Partner neidisch sind. Wo ein Konkurrenzkampf entsteht, wer den Kunden oder Partner bei sich registriert. Dass das völlig dem Gedanken unseres Geschäftsmodells widerspricht, liegt auf der Hand. BITTE tue das niemals! Denn ein solches Mangeldenken kann immer nur noch mehr Mangel hervorrufen. Es ist essentiell wichtig zu erkennen, dass bei uns der eigene Erfolg immer nur eintritt, wenn man andere erfolgreich macht. Also werde ich im Zweifelsfall einen Interessenten, den ich selbst und ein anderer Partner kenne, immer beim anderen einschreiben und nicht direkt bei mir. Es klingt verrückt, aber es passiert tatsächlich, dass Mentoren sich mit ihrer Downline um Kunden und Partner „geiern" und ihnen diese nicht gönnen, sondern direkt unter sich registrieren möchten. Das ist natürlich absolut dumm, kontraproduktiv und zeigt eines ganz deutlich: Dass derjenige das Wesen von Networkmarketing nicht im geringsten verstanden und verinnerlicht hat. Dabei ist es doch so, dass nichts einen Partner so sehr motiviert wie ein aktiver, hungriger Partner unter sich. Ich habe oft erlebt, dass ein vorher nicht so sonderlich aktiver Partner sich durch eine Rakete unter sich hat mitreißen lassen und auf einmal auch Gas gegeben hat. Und das bedeutet für dich als Upline, dass du somit nicht nur einen, sondern sogar zwei hochmotivierte Partner hast! Was kann man sich Besseres wünschen? Der Vergütungsplan meines Partnerunternehmens trägt dieser Tatsache insofern Rechnung, als dass man für Partner der zweiten Generation einen höheren Prozentsatz bekommt als für die direkten unter sich. Genau aus diesem Grund, um Konkurrenzkampf und Einzelkämpfertum zu verhindern. Denn die Profis wissen natürlich, dass man umso erfolgreicher wird, je mehr man sein Team in die Tiefe aufbaut.

Dies gilt übrigens nicht für Partner aus dem eigenen Team, sondern auch, wenn es um andere geht, also solche, bei denen ich finanziell nicht mit profitiere. Auch hier sind echte Profis großzügig und niemals im Mangel. Denn es ist auch hier wie im privaten Leben: Was zu mir gehört, das kann ich niemals verlieren und was nicht (mehr), das kann ich sowieso nicht (mehr) halten. Wieso also nicht einfach die Dinge zueinander finden lassen, die zueinander gehören? Man kann sich absolut entspannen - die Dinge nehmen immer ihren richtigen Lauf! Und Großzügigkeit fällt sowieso auf lange Sicht immer auf einen selbst zurück.

Warten, dass alles von alleine passiert:

Einen Vorsprung im Leben hat,
wer da anpackt,
wo andere erstmal reden.

Den Hintern nicht hochbekommen. Das ist eine der häufigsten Ursachen, weshalb Menschen scheitern bzw. ihre Träume nicht leben. Auch wenn sie brav ihre Hausaufgaben gemacht haben, was Ziele, Visionen, **Mindset** etc. betrifft. Es gibt eine schöne Formel, die lautet:

Handeln + Denken = Erfolg.

Wenn eines von beiden fehlt, wirst du nicht weit kommen. Über das Denken, also dein Mindset und die Kraft deiner Gedanken haben wir schon gesprochen. Das Handeln wird von manchen Networkern gern übersehen - bei sich selbst, aber auch bei den anderen. Dort sieht man nur den Erfolg, den Ruhm, das erreichte Ziel. Aber nicht den Weg, die Mühen, die nötig waren, um dorthin zu gelangen. Eines kann ich dir garantieren: Ohne die nötige Aktivität ist NIEMAND an die Spitze gekommen! Also krempel die Ärmel hoch, tu einfach, was zu tun ist und warte nicht darauf, dass es von alleine passiert. Denn das wird niemals eintreten! Rede nicht über deine Ziele, sondern präsentiere einfach deine Ergebnisse!

Auf Blender hören

Es gibt wohl kaum eine Branche, die so sehr dazu verleitet, hochzustapeln und groß zu reden, wie Networkmarketing, das muss einem bewusst sein. Und daher gilt hier mehr als überall sonst mein Ratschlag: Schau auf die Ergebnisse, nicht auf die Worte. Es ist verlockend, auf jemanden zu hören, der ein tolles Auftreten hat, gut reden und sich verkaufen kann - jetzt in Zeiten der Social Media ist das einfacher als je zuvor. Ich habe schon oft Eintagsfliegen erlebt, Leute, die ins Unternehmen kommen, oft schon mit einem Team, das sie von einem anderen Unternehmen mitbringen, und so natürlich sehr rasch einen gewissen Erfolg haben. Und die dann genauso schnell wieder weg sind zum nächsten Unternehmen. Nach außen scheint oft vieles glänzender, als es in Wahrheit ist. Und die, die das größte Wort führen, das meiste versprechen, das coolste Auftreten haben, sind oft nicht die, die wirklich die Arbeit machen und den Erfolg langfristig erlangt haben. Sei da wachsam. Informiere dich über Menschen, bei denen du überlegst, als Partner einzusteigen. Jemand, der auf mehreren Hochzeiten tanzt, oft das Unternehmen wechselt, mehr sich selbst feiert als die Arbeit zu machen, wirkt auf den ersten Blick vielleicht schillernder, faszinierender, erfolgreicher. Aber sehr oft sind es die anderen, die ruhig und beständig ihren Job machen, echte Beziehungen aufbauen, auch und gerade Krisenzeiten wie Felsen in der Brandung überstehen und gerade da ihr Team stärken die wahren Führungskräfte und Einkommensqueens und -kings. Lass dich da nicht blenden!

Jeder will sein, aber niemand will werden:

Kaum etwas ist im Networkmarketing zutreffender. Wie oft werde ich beneidet, um meine Provision, meine Karrierestufe, die Wertschätzung, die mir entgegengebracht wird, meine Freiheit, meine Reisen, Autos, den Zeitwohlstand … Aber nur die wenigsten sehen, was es benötigt hat, um dorthin zu kommen. Ich kann dir versichern: es war kein Glück, keine „zufällig richtigen Leute", kein Zufall, kein „die anderen für dich arbeiten lassen", sondern konsequente Arbeit mit all meinem Fokus, Herzblut und aller Leidenschaft, zu der ich fähig bin. Und wie meine liebe Jana immer so schön über mich sagt:

„Du warst und bist noch immer die im Team, die die meisten Aktivitäten plant und durchzieht. Bei unseren gemeinsamen Präsentationen bist du auch heute noch die Erste, die kommt und die letzte, die mit dem Müllsack den Raum verlässt. Wer sagt, dass du nur Glück gehabt hast, hat überhaupt keine Ahnung!"

Der Text von „Erfolg ist kein Glück", der oben zu finden ist, beschreibt meinen ganz persönlichen Weg sehr treffend!

Unverlässlich sein

Alle, die eine hohe Karrierestufe erreicht, haben eins gemeinsam: Sie halten ihr Wort. IMMER. Sie sagen keine Termine kurzfristig ab. Auch, wenn ihre Gäste für die Präsentation alle abgesagt haben. Auch, wenn ihnen was dazwischen gekommen ist. Für einen echten Leader hat das Business Priorität. Er ist verbindlich. Zieht sein Ding durch, ohne Wenn und Aber.

Geschichten, die das Leben schreibt

Andrea, 45, Filmproduzentin, Zielstufe 7, Berlin

Ich lebe mitten im wunderbaren Berlin, aufgewachsen bin ich im schönen Hamburg. Vor meiner Networkmarketing-Karriere war ich 25 Jahre lang angestellt. Zuerst 14 Jahre lang beim Film als Produzentin für Serien und Fernsehfilme, danach in der Immobilienbranche im Marketing. Networkmarketing ist genau zur richtigen Zeit in mein Leben gekommen, mitten in meiner größten Lebenskrise. In jeder Krise steckt ja auch eine Chance, wie es so schön heißt. Ich habe mich am 1. Januar 2018 sehr symbolträchtig von meinem Mann getrennt, weil ich nicht noch so ein Jahr erleben wollte wie das vorangegangene. Ich wollte wieder glücklich und zuversichtlich in die Zukunft schauen. Meine Kinder waren damals sehr jung, knapp ein Jahr und vier Jahre alt und es war sicherlich nicht meine Traumsituation, als alleinerziehende Mutter mit zwei kleinen Kindern dazustehen. Zeitgleich hatte ich leider einen Chef, der der Meinung war, dass eine alleinerziehende Mutter das absolut Letzte ist, das man in seinem Unternehmen haben möchte: So nach dem Motto, die ist niemals da, immer zuhause bei den kranken Kindern, die ist einfach nicht leistungsfähig. Er hat mir schon während der Elternzeit meine Kündigung in Aussicht gestellt und gerade als meine Elternzeit zu Ende ging, kam meine liebe Freundin Pia und sagte: Stell dir mal vor - hab ich dir eigentlich schon mal von meiner Freundin Sonja aus Graz erzählt? Ich sagte, nein, hast du nicht, wer soll das denn sein? Sie meinte, du, die ist grad in Berlin und die macht was ganz Tolles beruflich, mit einem nachhaltigen Familienunternehmen aus Österreich, das ist eine super Businesschance und da musste ich sofort an dich denken! Ich fand das wunderbar und sehr nett von ihr, sagte aber, was soll das denn bitte sein? Pia erwiderte: Komm, da ist nächste Woche so eine Businesspräsentation hier in Berlin, hat Sonja gesagt. Lass uns da einfach mal hingehen! Ich sagte, ok, das schauen wir uns auf jeden Fall mal an, denn ein Plan B kann in meiner Situation definitiv nicht schaden! Ich dachte, was habe ich schon zu verlieren? Wir gingen also hin, hörten uns die Firmenpräsentation des Unternehmens an und da war es um mich geschehen. Frisch getrennt habe ich mich verliebt, aber in keinen feschen Typen, sondern in die Firmenphilosophie und die Businesschance des Unternehmens! Ich bin, einem Bauchgefühl folgend, spontan sofort dort Partnerin geworden. Vier Wochen später ging ich zum ersten Mal nach meiner Elternzeit wieder in mein altes Büro in dem festen Glauben, dort die Kündigung auf meinem Schreibtisch zu finden. Die lag überraschenderweise aber doch nicht dort. Also ging ich erst mal zurück ins Hamsterrad, das war natürlich das Bequemste in dem Moment. In Strukturen zurückzukehren, die man schon kennt, neben zwei kleinen Kindern und frisch getrennt. Parallel dazu habe ich mich aber mit meinem neuen Business beschäftigt. Ich hatte keine Ahnung davon, aber ich habe auf jeden Fall eines gemacht, nämlich die Produkte mal nach und nach alle ausprobiert. Das fand ich sehr wichtig, denn ich erkannte, wenn ich die Produkte nicht kenne und nicht dahinter stehe, kann ich sie nicht seriös weiterempfehlen. Parallel dazu habe ich aber auch schon anderen, vor allem Müttern in dem Fall, von diesem Business erzählt, zumindest das, was ich bis dahin davon verstanden hatte. So habe ich auch recht schnell quasi im Vorbeigehen meine erste Partnerin gewonnen, im Kindergarten meiner Tochter. Ich dachte, wie genial ist das denn, das ist ja wirklich total einfach. Man muss ja nur begeistert sein und den Mund aufmachen, und das liegt mir ja. Das mache ich jetzt! Zugleich wuchs mein Frust in meinem Hauptjob total. Mein Chef hatte mich zwar nicht gekündigt, aber er sprach einfach nicht mehr mit mir, das war echt totales Mobbing. Ich war so richtig frustriert, hatte keine Zeit und Nerven mehr für mich und meine Kinder und wollte nicht, dass meine Kinder lernen, dass Arbeit schlechte Laune macht. Und genau da gab es eine wunderbare Großveranstaltung des Unternehmens in Salzburg, zu der ich geflogen bin. Das war die Convention im September 2018 und da war es ein zweites Mal um mich geschehen. Es war ein unglaubliches Wochenende voller Motivation, Information, tollen, motivierten, herzlichen Leuten, die gefeiert wurden und sich feiern ließen. Ich hab da für mich eine ganz klare Entscheidung getroffen. Dass ich hier erfolgreich werden möchte. Auch so glücklich und frrei, fröhlich und stolz wie die anderen hier. Aber die Frage war: Was passiert jetzt? Es war zwar die Entscheidung getroffen, aber damit allein ist es ja nicht getan, da passiert ja noch nicht automatisch was von alleine. Also habe ich meine Mentorin, die wunderbare Sonja, angerufen und gefragt: Und nun? Und das ist ja das, was jeder Mentor sich wünscht, dass jemand von sich aus aktiv wird und arbeiten möchte! Und sie hat mir gesagt: Super! Dann musst du Business-Gespräche führen, Präsentationen machen, Veranstaltungen besuchen, Bücher lesen, du musst hier, du musst da … Und ich dachte: Halt – Stopp! Du kennst doch meine Situation – alleinerziehend, 30-Stunden-Job, noch ein anderer Minijob nebenbei – wie soll ich denn das bitte alles schaffen? Und da kam dein berühmter Satz, Sonja: Erfolg ist eine Entscheidung. Und wenn man etwas wirklich will, dann schafft man es auch! Ich dachte mir nur: – und auch dieser Satz ist bei uns im Team mittlerweile berühmt – Du dumme Kuh!

Wie soll das denn bitte alles gehen? Wir legten auf und ich hatte eine recht schlaflose Nacht. Mir ging unsere Unterhaltung nicht aus dem Kopf und ich konnte nicht verstehen, dass du nicht verstehen konntest, dass ich ja keine Zeit hatte. Erfolg ist eine Entscheidung … Immer wieder ging mir das durch den Kopf und als der Morgen dämmerte, war mir klar: Verdammt, sie hat ja recht! Ok, dann werde ich einfach ein bisschen weniger schlafen! Ich bin täglich eine Stunde früher aufgestanden, um halb fünf statt halb sechs und habe da all die Dinge getan, die ich dann untertags nicht mehr zu tun brauchte: Hausarbeit, Dinge für die Kinder, an meiner Kontaktliste gearbeitet oder die empfohlenen Bücher gelesen. Es war hart, aber es zeigten sich ziemlich rasch Ergebnisse. Ich habe es innerhalb von einem Jahr geschafft, auf der Bühne der Großveranstaltung für die Karrierestufe sieben geehrt zu werden, von der ich ein Jahr zuvor nur träumen konnte. Und ich habe es geschafft, dass ich meinem Chef gekündigt habe, nicht umgekehrt. Ich habe meinen ungeliebten 30-Stunden-Job an den Nagel gehängt und tatsächlich begonnen „so free" zu leben. Natürlich habe ich es nur mal angefangen und natürlich ist da noch ganz viel Luft nach oben, aber zumindest, was meine Einteilung betrifft und die Zeit für meine Kinder – da bin ich so free! Einkommensmäßig darf und wird es natürlich noch viel mehr werden. Die größten Herausforderungen sind für mich nach wie vor, mich nach 25 Jahren Angestelltenleben selbst zu strukturieren. Dass niemand da ist, der dir sagt, wann du was und wie tun sollst. Das muss alles aus dir selber raus kommen und das ist nicht immer ganz einfach. Sich selbst zu überprüfen. Zu planen. Die nächsten fünf Jahre, das nächste Jahr, den nächsten Monat. Aber am allerwichtigsten finde ich unseren Wochenplan. Dass man sich nicht verzettelt, einem die Zeit nicht durch die Finger rinnt. Es ist auch eine große Herausforderung, ein Teamleader zu sein, obwohl ich das natürlich wahnsinnig gerne mache und bin, aber es ist so schwer, zu akzeptieren, dass nicht alle so sind wie man selbst. Dass andere eben nicht 100 % Vollgas geben wollen, dass sie nicht mit derselben Energie unterwegs sind wie ich. Dass manche nicht die höchste Karrierestufe erreichen wollen, das fällt mir oft schwer, zu verstehen, zu akzeptieren und die entsprechende Geduld an den Tag zu legen. Es ist nicht leicht für mich, das zu akzeptieren, aber das möchte gar nicht jeder erreichen. Viele lieben ja auch ihren Hauptjob und möchten diesen gar nicht aufgeben. Und das ist ja auch die Freiheit, die jeder von uns hat. Die Kunst ist es, immer wieder zu hinterfragen, mit wem arbeite ich denn überhaupt zusammen, was sind die Bedürfnisse des anderen? Es geht nicht um meine Bedürfnisse, sondern um die des Teampartners. Es geht nicht darum, dass ich ein möglichst großes Team mit möglichst vielen erfolgreichen Partnern haben möchte, sondern: Was ist das Bedürfnis meines Gegenübers und wie kann ich meinem Teampartner helfen, sein Ziel zu erreichen?

Ich bin jetzt seit über drei Jahren Partnerin, habe nach eben einem Jahr die Karrierestufe sieben mit 6.000,-- Euro Monatsprovision und knapp 300 Partnern erreicht. Ich werde definitiv die höchste Karrierestufe erreichen. Ich will ganz nach oben kommen! Ich liebe es, im Team zu arbeiten, wann, wo und mit wem ich will. Und vor allem liebe ich es, diese Chance anderen Menschen zu geben und mit ihnen zusammen zu wachsen. Es ist so schön zu sehen, wie die Saat aufgeht, wie eine Pflanze daraus wird und manchmal sogar ein richtig großer Baum. Aber zu 99 % und permanent mit Menschen zu arbeiten, die weit weniger motiviert und fokussiert sind als man selbst, das ist schon echt ein harter Brocken. Ich denke, dass es wahrscheinlich sogar die allergrößte Herausforderung überhaupt ist im Networkmarketing, mit der die meisten überhaupt nicht klarkommen. Mein großes Ziel ist Freiheit. Ich möchte jeden Tag selbst entscheiden, was ich tue, Zeit für meine Kinder haben, wenn sie mich brauchen. Ich möchte mit ihnen die Welt bereisen und ich möchte ihnen tatsächlich vorleben, dass arbeiten schön sein kann, dass es einen stolz und glücklich machen kann. Ich möchte mit meinen Kindern ein sorgenfreies Leben führen, natürlich auch finanziell, das ist ja die Basis dafür. Mein Traum ist ein Haus am Meer in Portugal. Früher wollte ich von so was gar nicht träumen. Ich dachte, in ein paar Jahren habe ich, wenn ich Glück habe, 200,-- Euro mehr im Monat, was soll ich da von einem Haus in Portugal, einem Auto, einem Schiff oder so träumen? Das ist einfach unrealistisch. Heute denke ich, dass es gar nicht mehr so unrealistisch ist.

Was ich anderen mitgeben möchte?

Einfach mal machen – könnte ja gut werden! Dieser Spruch ist so wahr! Wieso überlegen wir immer so lange? Was soll denn schon groß passieren? Man kann ja nur gewinnen hier, wieso also immer so lange nachdenken? Einfacher geht es ja gar nicht, man muss nur begeistert sein und davon erzählen. Man muss nicht immer alles zerdenken. Ich glaube, die Leichtigkeit, die ich von Anfang an hatte, war verantwortlich für meinen schnellen Erfolg. Wenn man länger dabei ist, neigt man vielleicht dazu, alles zu perfekt, zu kompliziert zu machen. Wie ich mir meine Leichtigkeit bewahre? Ich bin keiner, der sich in seinem Schmerz suhlt. Ich lasse Schmerz schon zu, aber ich kann das dann recht schnell überwinden. Ich arbeite viel mit meinem Visionboard, das hier direkt neben meinem Schreibtisch hängt, wo ich es wirklich immer sehe. Und mit positivem Mindset! Ich arbeite auch viel mit meinem Erfolgsbuch, wo ich alles rein klebe, was ich schon erreicht habe, vor allem auch die kleinen Dinge, denn die vergisst man ja sonst schnell. Wenn ich dann, wenn es mir grad nicht gut geht, in diesem Buch blättere und sehe, was ich schon alles erreicht habe, geht es mir gleich besser. Ich höre mir auch mein gesprochenes Mindset wirklich jeden Tag an. Auf dem Fahrrad, nachdem ich die Kinder zur Schule gebrachte habe, beispielsweise. Zeit hat man immer dafür, jeder von uns. Wenn ich mir das anhöre, die beste Version von mir selbst, wie genial mein Leben in der Zukunft sein wird, da kann ich ja nur grinsen. Und diese Leichtigkeit, diese positive Einstellung, die spüren die anderen ganz instinktiv. Und das macht dich anziehend und zum Menschenmagneten.

Noch ein Tipp: Lernt, euch über ein Nein zu freuen! Es ist ja immer ein Pauschalangebot: Du kriegst ein Ja nie ohne das Nein. Und der Erfolg geht immer Hand in Hand mit der Niederlage, diese Dinge gehören einfach zusammen, das ist der normale Weg und das geht allen anderen ganz genauso. Jeder Top-Leader bei uns hat so viel mehr Niederlagen erlebt, so viel mehr Neins kassiert als alle anderen. Aber das sehen die Menschen meist nicht. Jeder will sein, aber keiner will werden. Deshalb schaffen es nicht alle ganz nach oben.

Leopoldine, 68 und Karl, 70, seit 46 Jahren verheiratet, pensionierte Lehrer, Zielstufe 5, Graz

Leopoldine: Wir sind seit gefühlten 100 Jahren verheiratet (lacht) - nein, seit 46 Jahren, wir kennen uns seit 52 Jahren, haben uns im Gymnasium kennengelernt.

Wir sind beide pensionierte Lehrer, ich schon seit 2003, da ich Brustkrebs bekommen habe und deshalb leider in Frühpension gehen musste. Ich war Lehrerin aus Leidenschaft, ich liebe Kinder und ich habe auch meine Fächer, Mathematik, Informatik und Kunst geliebt. Ich liebe es außerdem, Menschen zu begleiten und wollte immer etwas bewirken, habe mich immer voll eingesetzt und engagiert.

Karli: Wir hatten schon vor unserer Lehrer-Karriere eine gemeinsame Geschichte. Wir waren Turniertänzer, haben 10 Jahre lang professionell getanzt und auch andere unterrichtet. In der Schule habe ich Englisch, Sport und Bildnerische Erziehung unterrichtet. Ich habe es ebenfalls aus Leidenschaft getan, auch wenn mich das Schulsystem immer fürchterlich genervt hat. Wir waren ja beide auch Skilehrer, haben diverse Ausbildungen absolviert und ich habe auch immer nebenher etwas gemacht. Ich war in der Versicherungsbranche, auch im Networkmarketing, und wir haben auch andere Networks kennengelernt.

Was unser Motiv war?

Wir haben drei Kinder, die kosten viel Geld. Wir haben ein schönes Haus gebaut und obwohl wir als Lehrer nicht schlecht verdient haben, wollten wir uns was Zusätzliches aufbauen, um uns gewisse Dinge als Familie leisten zu können. Aber unsere damaligen Network-Erfahrungen waren nicht so positiv. Es war mühsam und zeitaufwendig, man musste die Dinge vorfinanzieren und auf Lager halten, wir mussten die Produkte ausliefern und kassieren. Es war alles recht aufwendig. In der Versicherungsbrache habe ich außerdem gelernt, die Ellbogen ausfahren zu müssen und das war auch keine sehr angenehme Erfahrung. Ich habe dann für eine französische Firma mitgeholfen, den deutschsprachigen Raum aufzubauen, es ging da um was ganz anderes, um Tierzucht, und das war auch toll. Ich war dort fünf Jahre dabei und sehr erfolgreich. Als die Firma neue Eigentümer bekommen hat, wurden die ausländischen Partner alle gekündigt. Ich hatte mich für diese Tätigkeit von der Schule karenzieren lassen und bin danach wieder bis zur Pensionierung in die Schule zurückgekehrt. Als wir dann beide in Pension waren, haben wir uns angesehen und uns gefragt, was wir nun mit unserer Zeit anfangen sollen. Nur die Enkelkinder betreuen und im Garten zu arbeiten war uns irgendwie zu wenig …

Leopoldine: Karli hat dann in der Zeitung geschaut, was sich da so anbietet und ich habe anfangs Nachhilfestunden gegeben. Aber das war nicht sehr befriedigend, dieses Last-Minute-Trouble-Shooting vor der nächsten Schularbeit, das hat mich nicht wirklich erfüllt. Und ich habe mir gedacht, es wird schon irgendetwas kommen.

Und so war es dann auch! Ich war auf einem Pop-Up-Markt der Grazer Wunderweiber – also bist eigentlich eh du schuld, Sonja! (lacht) – und eine Freundin hat mich dazu eingeladen, weil sie dort ihre Bilder ausgestellt hat. Ich habe sie dann gefragt, ob sie zufällig jemanden kennt, der mir meine Fingernägel machen kann und sie hat mich an Alexandra verwiesen. Diese war dort mit einem Stand vertreten, mir ist das Roll up aufgefallen und ich habe sie gefragt, was das denn für eine Firma sei. Was mich hellhörig gemacht hat war, als sie gesagt hat, dass die Produkte ohne Konservierungsstoffe sind. Das hat mich fasziniert, so etwas kannte ich nicht. In meiner Zeit als Turniertänzerin war ich immer stark geschminkt und deshalb war mir eine gute Pflege immer schon wichtig. Ich bin also einmal Kundin bei Alexandra geworden, habe übers Internet bestellt und mir war irgendwie bewusst, dass es sich dabei um Networkmarketing handeln muss. Ich habe mir ein kleines Sample Set bestellt, für das man als Partner damals ja nicht einmal eine Provision bekommen hat (lacht), aber das war mein absolutes Highlight. Ich bin mit diesem Sample Set eine ganze Woche lang ausgekommen, und das hat mich fasziniert, denn normalerweise sind diese Proben lächerlich und bereits nach einem Mal leer bzw. ausgetrocknet. Ich war auch zur Maniküre und Pediküre bei Alexandra, habe immer wieder Produkte bestellt und Alexandra hat mich immer wieder dezent aufs Business angesprochen. Unser Badezimmer war bald total umgestellt und auch Karli hat die Produkte geliebt und war ganz begeistert. Wir wurden Produktjunkies.

Karli: Ja, dabei war ich nie ein „Schmierer", habe nicht einmal Sonnenschutz verwendet – deshalb habe ich jetzt solche Pigmentflecken im Gesicht (lacht).

Leopoldine: Ich war also ein Jahr lang mal Kundin, wollte aber mit Networkmarketing aufgrund unserer bisherigen Erfahrungen nichts zu tun haben. Aber ich habe mich in Alexandra verliebt, sie ist so ein toller Mensch, also bin ich irgendwann einmal auf eine Geschäftspräsentation mitgegangen. Und da habe ich mich endgültig in die Unternehmensphilosophie verliebt. Ich habe den Partnerantrag ausgefüllt, habe aber gesagt, dass ich das erst meinem Mann zeigen möchte. Du kannst dir vorstellen, was Alexandra da gedacht hat (lacht) - Das wird sicher nichts. Aber sie hat sich geirrt. Zuhause habe ich zu Karli gesagt, schau dir das ruhig an, ich unterschreibe das jetzt aber auf jeden Fall. Es war ja kein Risiko.

Karli: Ich habe gesagt, ok, mach das, aber lass mich erst den Vergütungsplan ansehen. Damit hatte ich ja Erfahrung. Ich habe ihn dann studiert und zwei Punkte haben mich sofort total fasziniert: Erstens, dass man keine Partner verliert, wenn diese einen überholen. Denn das ist bei vielen Firmen der Fall und das ist der Grund, wieso dort dann mit Ellenbogen und unethisch gearbeitet wird, weil man dann ja natürlich nicht möchte, dass die eigenen Leute groß werden. Dass man 39 % vom Kundenumsatz bekommt und auf neun Ebenen ausbezahlt bekommt, das ist echt einzigartig und das habe ich in dieser Form noch nie gesehen. Auch, dass man für EUR 29,- sofort als Partner freigeschaltet wird und nur selbst ein paar Produkte braucht, um sie authentisch empfehlen zu können, das ist total genial. Man bekommt de facto mehr zurück, als das man zahlt. Wir waren ja nicht mehr so jung, als wir gestartet sind, ich war 66 und Poldi war 65. Ich habe bei unserer ersten Präsentation „Mit 66 Jahren..." von Udo Jürgens angestimmt ... (lacht). Was unser Motiv war? Wir wollten mit Menschen arbeiten, diese coachen in der Pension, ohne irgendein Risiko, und etwas mehr Geld zu haben, dagegen hatten wir natürlich auch nichts. Aber ein ganz wichtiges Motiv war, dass wir aktiv etwas für unseren Planeten und die Umwelt tun wollten, Wir wussten, unsere Enkelkinder werden uns irgendwann fragen, was wir eigentlich für den Umweltschutz getan haben.

Leopoldine: Wir sind ja die Nachkriegsgeneration, da waren diese Themen überhaupt noch nicht präsent, auch, was in Kosmetik enthalten ist. Wenn ich allein an den Deo-Kristallstein denke, den ich jahrelang verwendet habe, oder was im Sonnenschutz, den wir unser Leben lang verwendet haben, alles an Gift und Mikroplastik drin ist. Heute weiß ich diese Dinge Gottseidank schon! Durch meine Krebserkrankung waren natürlich auch die Themen Gesundheit, Bio und unbedenkliche Inhaltsstoffe sehr wichtig für mich.

Karli ist dann zwei Wochen nach mir ebenfalls Partner bei mir geworden und ein Jahr lang haben wir mit getrennten Accounts gearbeitet. Aber irgendwann haben wir erkannt, dass es vernünftiger ist, unsere Kräfte zu bündeln und wir haben unsere Accounts zusammengelegt. Danach ging es dann relativ rasch, dass wir die Stufe 5 erreicht, also den halben Karriereplan hinter uns gebracht haben. Anfangs wollten wir nur ein paar Hundert Euro dazu verdienen, aber instinktiv haben wir erkannt, dass wir eigentlich mehr wollen und das auch wirklich realistisch ist.

Jetzt haben wir knapp 50 Teampartner, wir sind also relativ klein, aber das Team ist sehr produktiv. Unsere höchste Monatsprovision war bisher EUR 2.600,-, und das finden wir für so ein kleines Team echt super. Das haben viele im Hauptjob nicht!

Jetzt wollen wir uns ganz breit aufstellen, keine Zeit mehr verlieren. Wir legen den vollen Fokus auf Partnergewinnung und wollen bis Ende des Jahres die nächste Karrierestufe erreichen. Wir haben aber auch einen tollen und treuen Kundenstamm, was uns viel Spaß macht und den wir auch sehr gerne betreuen. Was unsere Herausforderungen sind?

Also, in unserer Altersgruppe ist es nicht ganz einfach, Partner zu gewinnen. Viele sind froh, nach 40 Jahren Arbeit ihre Pension genießen zu können. Das ist ja auch in Ordnung. Wir kennen auch einige junge Menschen und kontaktieren auch Leute, die wir schon länger nicht gesehen haben. Kontakte aufzuwärmen macht viel Spaß. Außerdem lieben wir Kontakte mit Menschen.

Und wir haben einen großen Pool an ehemaligen Schülern. Da scheint jetzt grad einiges aufzugehen, wir haben laufend Gespräche und neue Partner.

Eine Herausforderung ist auch die Arbeit als Paar. Wir schwingen zwar gleich, wir ticken gleich - ja, wir haben beide einen Tick (beide lachen). Eine Schülerin, die wir jetzt wiedergetroffen haben, hat uns angesehen und uns gefragt, was wir machen, dass wir so jung aussehen (beide lachen).

Unsere Antwort: Unser Partnerunternehmen. Es ist schön, dass die Menschen Vertrauen zu uns haben. Das macht sehr viel Spaß. Wir sind beide starke Persönlichkeiten und wenn wir gemeinsam mit Leuten sprechen, da mussten wir erst lernen, dass wir uns nicht ständig ins Wort fallen. Aber das ist eh bei vielen alten Ehepaaren so (lachen).

Unser Team ist sehr bunt und natürlich ist es eine Herausforderung, die verschiedenen Bedürfnisse, Arbeitstempi etc. entsprechend anzunehmen. Der eine braucht mehr Zuspruch, mehr klare Worte, mehr Führung, der andere fühlt sich dann unter Druck gesetzt. Aber ich denke, als Lehrer haben wir da schon einiges gelernt. Wir haben auch keine Angst davor, auf der Bühne vor Menschen zu sprechen und freuen uns schon, wenn das wieder möglich ist und wir ein Beitrag für alle sein dürfen.

Unser großer Traum ist es, gemeinsam auf der großen Bühne zu stehen, unsere Geschichte zu erzählen und die Leute damit zu inspirieren und berühren.

Wir wollen auf jeden Fall die höchste Karrierestufe erreichen, das ist klar. Wir sind jetzt knapp 70, haben also keine Zeit zu verlieren, wollen das natürlich möglichst schnell, machen uns aber dennoch keinen Druck. Was dann daraus entsteht, das wissen wir noch nicht. Vielleicht leben wir einmal in New York oder kaufen oder mieten uns ein Haus am Meer.

Karli: Ich träume von Hawaii. Unser Unternehmen expandiert ja bald in die USA und da ist ja wirklich alles noch möglich!! Auf jeden Fall wollen wir aber statt unserer derzeitigen kleinen Wohnung eine größere, mit viel Sonne und Platz für die drei Enkelkinder. Wir sind jetzt seit drei Jahren im Geschäft und wenn wir Beginnern Tipps geben dürfen, dann auf jeden Fall den:

Vergeudet keine Zeit, steigt ein und startet voll durch. Bringt von Anfang an so viele Leute ins Team wie möglich, stellt euch so breit wie möglich auf, dadurch kommt ihr schnell in den Erfolg.. Und habt keine Angst! Angst, etwas falsch zu machen, Angst vor dem Nein, ... Wir haben anfangs 32 Neins bekommen- danach hab ich aufgehört zu zählen. Und, wenn man startet - niemals aufgeben! Man kann eigentlich gar nichts falsch machen. Egal, auch wenn man zu viel redet oder was auch immer - wenn man ehrlich begeistert ist, zieht man die Menschen automatisch an.

Und gebt nicht auf, auch wenn ihr Ziele einmal nicht erreicht! Wir haben auch schon einige Ziele nicht erreicht, aber das hat uns nur noch mehr motiviert!

Hört auf euer Bauchgefühl! Man lernt in dem Business so viel und besonders in unserem Unternehmen - was man da geboten bekommt, an Fortbildung, Persönlichkeitsentwicklung, an großartigen Speakern - und das alles kostenlos! Wir haben den Vergleich - in vielen anderen Unternehmen muss man dafür viel Geld bezahlen. Hier braucht man nur zuzugreifen und kann sich so unglaublich entwickeln.

Einem jungen Neueinsteiger würde ich klipp und klar sagen: Steig ein und zieh es durch! So eine Chance kommt so schnell nicht wieder!

Wir möchten dir und unserer lieben Mentorin Alexandra danke sagen, dass wir durch dich diese Möglichkeit bekommen haben. Wir haben so eine einzigartige und tolle Mentorin, die zur Freundin geworden ist. Aber auch die vielen anderen Menschen im Team und auch in anderen Teams. Was wir an Wertschätzung bekommen, wenn wir z. B. einen Teamcall machen - das berührt schon sehr. Man teilt schon gewisse Werte, wenn man für so ein ethisches und nachhaltiges Unternehmen arbeitet, das verbindet schon sehr. Die liebevolle, positive Stimmung, der Energielevel, die wir haben, für die wir sehr dankbar sind. Wir sind so bereichert und erfüllt und man merkt erst, wie genial das Leben sein kann. Und dafür bekommen wir auch noch Geld. Dass wir so etwas gemeinsam in unserer Pension erleben dürfen, macht uns sehr dankbar und glücklich.

Elisabeth, 39 Jahre, Kellnerin, Zielstufe 5, Graz

Ich bin 39 Jahre alt, verheiratet und habe einen vierjährigen Sohn. Ich habe über 20 Jahre in der Gastronomie gearbeitet, als Kellnerin und später als Schichtführerin bei einer Fast-Food-Kette. Dort habe ich € 1.350,- netto verdient, bei einer 45-Stunden-Woche. Ohne Trinkgeld, denn dort gibt es das nicht. Mit einem kleinen Kind war das nicht mehr wirklich machbar für mich, auch die Zeiten waren mit einer Familie kaum vereinbar. Mein Start im Networkmarketing war eine sogenannte „schwierige Geburt", meine Geschichte ist eine ganz besondere.

Ich war sehr unglücklich mit meiner Job-Situation, habe keine Perspektive für mich gesehen und in meiner Verzweiflung in die Wunderweiber-Gruppe auf Facebook gepostet, dass ich als Mama eines kleinen Buben auf der Suche nach einer Arbeit bin, die ich halbwegs mit meiner Familie vereinbaren kann. Ich wollte nicht mehr in die Gastronomie zurück. Daraufhin hat mich Sylvia, meine heutige Mentorin kontaktiert und gefragt, ob ich auch für eine freiberufliche Tätigkeit grundsätzlich offen bin. Sie hat den Namen des Partnerunternehmens nicht erwähnt und auch sonst hatte ich noch keine wirkliche Ahnung, worum es geht. Dennoch dachte ich, es könnte interessant sein und habe sie angerufen. Das Gespräch war sehr nett, sie gab mir dann auch nähere Infos zum Geschäftsmodell und auch zum Unternehmen. Mir sagte das nichts und ich habe meinen Papa gebeten, doch mal im Internet zu recherchieren, was das für eine Firma ist. Ich fand die Idee schon sehr interessant, wollte mehr darüber erfahren. Aber ich vertraue immer meinem Papa und so wollte ich, dass er es sich einmal genauer anschaut. Ich glaube, er hat ca. drei Monate gebraucht, bis er das getan hat und Sylvia hat mich schon gefragt, ob es überhaupt noch Sinn macht, dass wir uns über das Business unterhalten. Ich hatte schon noch Interesse, aber es ist gerade ganz viel passiert zu der Zeit, so dass ich für ein neues Business nicht so den Kopf frei hatte. Es waren gerade andere Dinge wichtiger. Mein Sohn wurde operiert und es kamen einige Dinge zusammen. Und dann kam der Tag der Tage, der 9. September 2018.

Du, die Gründerin der Wunderweiber verschenkte dort in der Gruppe einige Paar Kinder- Lederhausschuhe, und ich meldete mich, dass ich diese gerne haben würde. Es ging mir weniger um die Hausschuhe, ich war einfach neugierig, was das für eine Frau ist, die so eine coole Gruppe gegründet hat. Also fuhr ich hin, sie wohnte ganz in meiner Nähe, holte die Hausschuhe ab und wir kamen ins Gespräch. Wir haben eineinhalb Stunden am Parkplatz miteinander gesprochen und ich sage es immer wieder: Dieses Treffen hat mein Leben verändert! Ich war total fertig mit der Welt, ich fand sie eine echt tolle Frau. Ich muss zugeben, den Business-Folder, den sie mir gab, habe ich in irgendeine Ecke geschmissen und wochenlang nicht angeschaut. Aber ich war total geflasht von ihrer absoluten und ansteckenden Begeisterung, mit der sie über ihr Business sprach. Die Nachhaltigkeit, die Umweltgedanken des Unternehmens, die Chance für Mamas – diese Dinge haben mich total angesprochen und berührt. Ich war so aufgeregt, ich habe noch am selben Tag Sylvia angerufen und ihr gesagt habe, dass wir uns unbedingt so schnell wie möglich treffen müssen. Ich wurde dann sofort Partnerin. Mein Papa hat übrigens irgendwann später dann einmal gesagt, das ist eine super Firma und eine tolle Chance, mach das unbedingt (lacht).

Mein Motiv war anfangs, dass ich nicht mehr in die Gastronomie zurück wollte. Ich wollte Zeit für meinen Sohn, aber trotzdem genug Geld zum Leben haben. Ich habe davon geträumt, über Geld einfach nicht mehr nachdenken zu müssen, einfach immer genug davon zu haben. Motive können sich aber verändern und meines hat sich im Laufe der Zeit, in der ich gesehen habe, was in diesem Business wirklich alles möglich ist, natürlich vergrößert und verändert. Jetzt stehen ein Haus mit Garten und Swimmingpool statt unserer Wohnung auf meinem Vision Board, ein neues Auto, finanzielle und persönliche Freiheit. Ich möchte schöne Reisen machen und meinem Sohn den Besuch einer tollen Privatschule ermöglichen. Ich bin jetzt seit gut zwei Jahren Partnerin, habe schon die Hälfte des Karriereplans hinter mich gebracht und verdiene derzeit etwa € 1.500,- im Monat, also mehr als früher in meinem 45-Stunden-Job. Ich persönlich glaube, dass die ersten Karrierestufen auch die schwierigsten sind. Wenn man sich einmal eine Basis aufgebaut hat, geht es dann viel leichter, das sehe ich bei meiner Upline. Am Anfang ist mir alles sehr leicht gefallen, die Partner sind mir nur so zugeflogen. Es kamen dann aber Durststrecken, wo ich nicht weiterkam, wo alles mühsam war. Gottseidank gibt es in unserem Team tolle Coachings, für die ich mich immer beworben habe und wo ich seit meinen Anfängen immer dabei war. Anfangs checkt man gar nicht, wie viel man da lernt. Man muss da einfach öfter dabei sein, zuerst, um selber zu lernen und dann, damit das Team ebenfalls lernt und das Wissen dann auch wieder weitergeben kann. Ich habe die Chance absolut erkannt und es darf definitiv noch weitergehen! Ich werde ganz klar die höchste Karrierestufe erreichen und eine Monatsprovision von € 15.000,- und mehr haben, um wirklich absolut frei zu sein. Ich träume davon, öfter nach Amerika zu reisen, wo ich noch nie gewesen bin. Ich habe eine Freundin, die nach Florida ausgewandert ist und die ich gerne besuchen möchte. Wenn unser Unternehmen über den großen Teich expandiert, werde ich diese Freundin in mein Team holen, in Amerika mit ihr dort das Business aufbauen und künftig meine Arbeit mit dem Team in den USA mit schönen privaten Urlauben verbinden. Ich kann allen, die im Networkmarketing gestartet sind oder darüber nachdenken, nur empfehlen, auf sich selbst zu vertrauen. Sieh dich als Marke, verkörpere das, was du bist und bleib immer authentisch. Man kann sich über längere Zeit nicht verstellen. Man kann in unserem Business nur zwei Fehler machen: Und zwar, einerseits, gar nicht erst damit anzufangen und zweitens, zu früh aufzuhören. Ich denke mir immer, wenn ich aufhören würde, was hätte ich dann für eine Perspektive? Was ist meine Alternative? Es würde mit allem bergab gehen, das schöne Leben, das ich gerade dabei bin, für eine Familie aufzubauen, wäre vorbei und meine Träume würden niemals wahr werden. Marco könnte sicher in keinen Halbtages-Kindergarten gehen so wie jetzt, wenn ich nicht mein flexibles Business von zuhause hätte!

Ich liebe diese Arbeit so sehr und das Schönste ist es, dass ich selbst Mentorin für andere Menschen geworden bin. Man entwickelt sich in dem Business so unglaublich weiter. Ich habe einen wahnsinnigen

Sprung hingelegt – ich weiß gar nicht mehr, wie ich vorher eigentlich war. Ich merke es auch in meinem privaten Leben, wenn ich telefoniere oder sonst mit Menschen zu tun habe. Man geht einfach anders mit Menschen um, entwickelt seine Persönlichkeit so unglaublich weiter, wie man es sich vorher gar nicht vorstellen kann. Und man gewinnt neue Freunde. Sylvia und auch Sonja waren ja Fremde für mich, ich habe sie erst durch das Business näher kennen gelernt und wir sind zu echten Freundinnen geworden. Die beiden haben mein Leben total auf den Kopf gestellt! Also, es ist echt toll! Das Mentoring ist eine einzigartige Sache. Es ist alles da, was man braucht. Man muss das Rad nicht neu erfinden. Ich vergleiche das gerne mit einer Systemgastronomie, wie es bei McDonalds ist. Es gibt gewisse Vorgaben. In der Systemgastronomie muss man sich daran halten, im Networkmarketing kann man aber selbst entscheiden, ob man auf seinen Mentor und ein bewährtes System vertraut oder nicht. Ich kann es nur empfehlen, auf die Menschen zu hören, die den Weg schon erfolgreich gegangen sind. Denn das ist definitiv der leichtere Weg in den Erfolg, als wenn man meint, alles besser und anders machen zu müssen. Ich hatte nie ein Problem damit, das zu tun, was mir meine Mentorin empfohlen und vorgemacht hat. Müssen tut man im Networkmarketing gar nichts. Aber es gibt Erfolgskonzepte, und wenn man diese befolgt, kann man seine Zeit wirklich in seinen Geschäftsaufbau investieren. Es lohnt sich total!

Sylvia, 52, ehemalige Bankerin, Coach und Kinesiologin, Zielstufe 6, Graz

Ich bin mit meinen Eltern und meinen zwei Brüdern im Haus meiner Oma in der Weststeiermark aufgewachsen. Wir hatten viel Freiheit, waren viel in der Natur und im Wald unterwegs und das hat mich sehr geprägt. Meine Mutter wusste oft den ganzen Tag nicht, wo wir sind. Wir sind sehr bescheiden aufgewachsen, haben zum Beispiel immer beim Kaufmann anschreiben lassen. Mein Vater war die ganze Woche beruflich unterwegs und hat meine Mutter mit uns ganz ohne Geld zurückgelassen. Wir haben sehr viel Liebe bekommen, und meine

Mutter hat uns nie spüren lassen, dass das Geld so knapp war, sie hat das immer von uns fern gehalten. Ich war ein sehr glückliches und ausgeglichenes Kind. Das ist mir erst in den höheren Schulen so richtig bewusst geworden. Mein Herzenswunsch war, reiten lernen zu dürfen. Ein eigenes Pferd war ein unerreichbarer Wunschtraum. Meiner Tochter konnte ich diesen Wunsch dann erfüllen und bin da dann sozusagen mit ihr mitgewachsen. Ich habe als Kind immer groß geträumt, habe es geliebt, in der Wiese zu liegen und aus den Wolken zu lesen und meinen Phantasien nachzugehen. Als Volksschulkind habe ich einen Film mit Peter Alexander und Katharina Valente gesehen, der hieß „Liebe, Tanz und tausend Schlager" und da ging es darum, dass ein junges Mädchen einen älteren Mann verehrt und in der Folge dann geheiratet hat. Und da wusste ich: Das will ich später auch einmal. Ich wollte einen älteren Mann, mit Benehmen und einem guten Auftreten, der ein richtiger Sir ist, von dem ich lernen kann, der mich prägt. Der mich als Frau so akzeptiert wie ich bin und auf Händen trägt. Und so ist es viele, viele Jahre später auch gekommen. Mein Mann ist über 20 Jahre älter als ich. Heute weiß ich, was die Kraft der Gedanken bewirkt. Ich habe auch immer das Mercedes Cabrio eines Mannes im Ort bewundert und dachte mir, genau so ein Auto will ich auch einmal, aber nicht in rot, sondern in schwarz. Und heute fahre ich ein schwarzes Mercedes Cabrio. Das ist beides kein Zufall.

Ich war immer ein Freigeist, bin wie ein Schmetterling durchs Leben geflattert, habe unter anderem als Reiseleiterin gearbeitet, wollte nicht studieren und so habe ich eine Büroausbildung gemacht. Ich bekam im Rahmen dieser Ausbildung einen Aushilfsjob in einer Steuerberatungskanzlei, als Urlaubsvertretung. Und der Chef dieser Kanzlei war mein späterer Ehemann. Ich habe dann aber in der Bank Karriere gemacht und dort meine Talente entdeckt, zum Beispiel, dass ich gut mit Menschen kann. Ich bin bald in eine Führungsposition aufgestiegen, mein Chef hatte mein Potenzial lange vor mir selbst erkannt. Zu spüren, dass jemand anderer total an dich glaubt, war eine großartige Erfahrung. Ich bin dann schwanger geworden, habe die Zeit mit meiner Tochter sehr genossen und wollte dann nicht mehr in den alten Job zurück. Ich habe daher begonnen, zwei Tage in der Woche in der Kanzlei meines Mannes zu arbeiten, das war für die Familie super. Als meine Tochter 13 Jahre alt war, hab ich gespürt - das kann noch nicht alles gewesen sein. Also habe ich mir aktiv etwas gesucht, und zwar das, was mir vorher am meisten Spaß gemacht hatte, nämlich Coaching. Ich habe eine Ausbildung zum Coach und zur Kinesiologin gemacht, um mich damit dann selbständig zu machen. Und am Tag, nachdem ich mich für diese Ausbildung angemeldet habe, war ich zu einer Präsentation meines heutigen Networkmarketing-Unternehmens eingeladen. Ich war damals auf der Suche nach einem schadstofffreien Deo für meine Tochter und habe deine Einladung zu dieser Präsentation gerne angenommen, Sonja! Ich war total begeistert von der Philosophie des Unternehmens und auch von dir, wie du mit einigen Teampartnern diese Präsentation gemacht hast. Ich habe erkannt, dass man als Partner die Produkte günstiger einkaufen kann und habe mich deshalb als Partnerin registriert. Ich hatte kein finanzielles Motiv, es geht meiner Familie sehr gut und ich habe überhaupt nicht an Teamaufbau oder ein Zusatzeinkommen gedacht. Aber Motive dürfen sich ja verändern. Ich war so begeistert von der Philosophie, den Produkten und dem Businessmodell und habe gleich im ersten Monat zwei Partner gewonnen. Ohne zu wissen, was ich mit denen machen soll. Ein bisschen Neugierde war aber schon da. Vor allem, als du erwähnt hast, dass man diesen Vermögenswert einmal auf seine Kinder übertragen kann. Wir führen ein sehr privilegiertes Leben, aber das hat eigentlich alles mein Mann, der auch aus einfachen Verhältnissen kommt, aufgebaut. Ich fand es total reizvoll, dass auch ich etwas aus eigener Kraft für unsere Tochter aufbauen könnte, was nur von mir allein kommt. Ich war also sehr begeistert und motiviert, die Menschen haben meine Begeisterung gespürt, sind mir gefolgt und so habe ich mich für eine Fünf-Sterne-Luxus-Incentive-Reise des Unternehmens nach Bali qualifiziert. Mein Mann hat vorher immer gesagt, wieso machst du das, du musst ja nicht zusätzlich arbeiten und ich erwiderte: Ich weiß, dass ich nicht MUSS. Aber ich WILL es! Und als ich dann diese Reise nach Bali gewonnen habe, wollte er wissen, was genau ich da eigentlich mache und hat auch erkannt: Das ist wirklich etwas Großes und Zukunftsträchtiges, was ich da mache!

Er hat mich von diesem Zeitpunkt total auf meinem Weg unterstützt. Also bin ich mit 80 Menschen nach Bali geflogen, von denen ich niemanden kannte außer dich. Ich habe so etwas noch nie erlebt, es war von Anfang an total magisch. Es war wie in einer Traumschiff-Serie – Wahnsinn! Es ist nicht zu beschreiben, was uns da alles geboten wurde, Luxus und Exotik pur! Und ich habe so inspirierende Menschen getroffen, einige der Top-Leader aus dem Unternehmen, Menschen, die total auf meiner Wellenlänge sind, mit denen sich eine totale Verbundenheit entwickelt hat … Es war eine so einzigartige Stimmung und Energie, ich bin total beflügelt zurückgekehrt, mit 80 neuen Freunden, Weggefährten und Seelenverwandten! Ich war extrem inspiriert, das war quasi der letzte Step, der mich erkennen ließ, welches Geschenk ich in den Händen halte und was im Networkmarketing alles möglich ist. Und auch mein Mann, der ja aus einem „old school Beruf" kommt, die ja meistens für „solche Dinge" nicht viel übrig haben, war total offen. Vor allem, weil er bemerkt hat, was mein Business mit mir macht. Diese Persönlichkeitsentwicklung, die ich durchlebt habe, dieses permanente Verlassen der Komfortzone, das dich wachsen lässt, diese Sprünge ins kalte Wasser. Du wirst ein Leitstern, wenn du ernsthaft ein Team aufbaust und führst. Du wirst ein Chancengeber für andere und kannst anderen wirklich helfen, ihr Leben zu verbessern. Mir selbst geht es ja schon sehr gut, aber so ein gutes Leben auch anderen ermöglichen zu können, das treibt mich an! So wie jetzt, wo wir gerade Ungarn aufbauen, und wo ich Partner habe, die diese Chance für sich erkannt haben und denen ich dabei helfe, diesen Weg zu gehen. Und diese Menschen verlassen sich auf mich, was ein wunderbares Gefühl ist und womit eine Verantwortung einhergeht, die ich niemals missbrauchen würde. Und wenn man eine Mentorin hat wie dich, die so viel Wissen und Tausend Schubladen hat, die sie öffnen kann und die immer da ist, wenn man sie braucht, fragt man sich natürlich, ob man jemals selbst so professionell werden kann.

Aber ich möchte nicht verheimlichen, dass ich auch anfängliche Zweifel und gewaltige Stolpersteine hatte. Anfangs bin ich ja gestartet wie eine Rakete, es ist mir sehr leicht gefallen, zwei meiner Freunde zu begeistern. Aber nach ein paar Monaten ist meist der Zeitpunkt, an dem es ein wenig schwierig wird, wo sich Hürden auftun, da hören dann viele auf. Und das ist bei meinen Teampartnern, die so gut gestartet sind, passiert. Und genau das ist der Unterschied! Auch ich hatte Herausforderungen, schlaflose Nächte, Lampenfieber, Sprünge in kalte Wasser ... Aber der eine geht da durch und der andere gibt auf. Das unterscheidet die Erfolgreichen von denen, die nichts erreichen. Klar kamen wieder neue Leute hinzu, aber es hat natürlich gedauert, bin da wieder etwas entstanden ist. Ich habe nach wenigen Monaten die Zielstufe 5, also die Hälfte unseres Karriereplans erreicht, trotz Jobs, Zusatzausbildung, Haus, Mann, Kind, Pferd, ... Ich war dann aber fast zwei Jahre in dieser Zielstufe festbetoniert und das hat mich sehr gewurmt. Ich war mir aber schon dessen bewusst, dass ich den Fokus nicht so auf meinem Network-Business hatte. Da ich mich zugleich selbständig gemacht habe und all die anderen Dinge in meinem Leben sehr viel Energie in Anspruch genommen haben. Im Herbst 2020, also nach zwei Jahren in der gleichen Position habe ich eine Entscheidung getroffen, und zwar, die nächste Stufe bis Dezember zu erreichen. Und das hat alles verändert. Mein Team ist geradezu magisch explodiert, es sind unglaublich aktive Menschen in mein Team gekommen und ich habe in kürzester Zeit einen gewaltigen Sprung gemacht. Das hat mich sehr stolz gemacht und ich weiß, dass meine klare Entscheidung und mein Fokus auf mein Business der Grund für diese Veränderung waren. Und obwohl es mir ja schon sehr gut geht, habe ich immer noch Träume, die ich mir mit meinem Networkmarketing-Business verwirklichen möchte Zum Beispiel ein Haus in der Ramsau in der Obersteiermark, einer für mich magischen Gegend. Und ich möchte die Flexibilität haben, sollte meine Tochter einmal im Ausland studieren, einfach einmal für einen Monat oder länger zu ihr reisen zu können.

Ich stehe jetzt in der Stufe 6, habe eine Monatsprovision von etwa 4.000 Euro, und das nebenberuflich. Ich möchte natürlich einmal in den Olymp, in die höchste Karrierestufe und ich weiß genau, dass die nächste Stufe nicht so lange auf sich warten lassen wird wie die letzte.

Derzeit sind wir ca. 120 Menschen im Team. Seit ich den Fokus auf mein Business gelegt habe, ist das Team total rasant gewachsen, das war echt spannend zu beobachten.

Für mich persönlich möchte ich absolut frei sein. Wenn zum Beispiel das Wetter schön ist, möchte ich unter der Woche spontan einige Tage Skifahren oder reiten gehen oder ans Meer fahren können. Oder mir einfach einmal zwei Wochen nehmen und spontan mit meinem Mann auf die Seychellen fliegen.

Was ist mein Rat für andere? Auf jeden Fall, Misserfolge und Rückschläge anzunehmen, daraus zu lernen und gestärkt daraus hervorzugehen. Es passiert nichts umsonst, man sollte damit nicht hadern sondern es als Lerngeschenk sehen, es ist alles für etwa gut. Wichtig ist, niemals aufzugeben, auch und gerade, wenn es gerade schwierig ist. Nicht zu vergessen, was einen antreibt, wofür man es tut. Es ist wichtig, die Chance zu erkennen und die Verantwortung, die man trägt, wenn man ein Team führt. NWM würde ich absolut jedem empfehlen. Es ist das Geschäft des 21. Jahrhunderts. Ich kannte es ja überhaupt nicht, habe aber immer mehr erkannt, was da alles Geniales dahintersteckt. Vor allem die absolute Selbstbestimmtheit. Wo sonst kann man frei und flexibel arbeiten? Und eine Gehaltserhöhung von 100 % im Jahr bekommen? Man kann den Fokus wirklich auf die schönen Seiten des Lebens legen und jeden Tag als Geschenk sehen. Zeit und Freiheit sind unser größter Luxus. Man kann sich hier eine Zukunft schaffen, die sonst nicht leicht möglich wäre. Wenn man Zeit hat, braucht man aber auch das nötige Geld und hier ist es möglich, beides zur gleichen Zeit zu haben.

Was mir besonders am Herzen liegt: Es ist nie zu spät, etwas Neues zu beginnen. Ich habe mit 48 mit Networkmarketing begonnen und es war eine der besten Entscheidungen meines Lebens!

Jana, 46, Marketing Managerin für Osteuropa, Zielstufe 6, Slowakei

Ich komme aus der Slowakei und bin als Studentin nach Österreich gekommen, um Sprachen zu studieren. Nebenbei habe ich damals in einer Frühstückspension Zimmer geputzt, auf Kinder aufgepasst, Flyer verteilt , Reisen, Vorträge etc. organisiert, einfach alles, was sich so ergeben hat. Ich habe schon immer Menschen vernetzt, meist Ausländer mit Österreichern. Dadurch kannten mich viele Leute und so bin ich über diese Kontakte noch während meines Studiums zu einem tollen Job in einem angesehenen Finanzkonzern gekommen. Nach über 20 Jahren habe ich dort keine Entwicklungsmöglichkeiten mehr gesehen und mich irgendwie gelangweilt. Ich war eigentlich damals nur auf der Suche nach nachhaltigen Produkten für meine Körperpflege. Dass überall nur Natur drin ist, ist sehr wichtig für mich. Anfangs hatte ich überhaupt kein Interesse an einer Zusammenarbeit mit dem Network-Unternehmen. Ich wollte nur die Produkte günstiger bekommen, und nachdem ich erfahren hatte, das dieses Unternehmen genau die Produkte herstellt, die ich haben wollte, habe ich einmal geschaut, wer aus meinem Bekanntenkreise mit diesem Unternehmen arbeitet und bin auf Gabi gestoßen, auch eine Slowakin, die in Graz lebt. Ich bin bei ihr Partnerin geworden, wie gesagt nur für den Eigenbedarf. Aber das ich ein sehr offener und neugieriger Mensch bin, wollte ich auch die Upline kennen lernen und so haben wir uns getroffen, liebe Sonja ...

Und du hast natürlich vor allem über die Business-Chance erzählt. Nach drei Monaten bin ich mit Gabi und einigen anderen auf eine Großveranstaltung mitgefahren und habe dort den Firmengründer auf der Bühne sprechen hören. Er war so ruhig, alles andere als eine „Rampensau", aber jedes seiner Worte hat mich tief berührt. Das zusammen mit den lockeren und gut gelaunten Menschen, die ich dort traf, haben den Ausschlag gegeben, dass ich auch für das Business zu brennen begonnen habe. Es waren dort keine Menschen in Anzügen und Krawatten wie in der Finanzwelt, die ich bisher kannte, sondern eine bunte Mischung der unterschiedlichsten Menschen, die man sich vorstellen kann. Und dann sagte Lydia Werner, eine der Top-Leaderinnen bei einem Vortrag, es sollten einmal alle im Saal aufstehen, die studiert haben. Dann alle, die Köche sind, Manager, Gärtner, Piloten, Hundebesitzer, Opernliebhaber, Großväter, alles quer durch die Bank. Und es war faszinierend - es ist bei jeder einzelnen Kategorie jemand aufgestanden, überall war jemand dabei! Es war ein absoluter Querschnitt durch die Gesellschaft - das war ein totaler Gänsehautmoment für mich und es war um mich geschehen. Ich spürte, ich bin zur richtigen Zeit am richtigen Ort angekommen. Nachdem ich gerne andere Menschen unterstütze und eben gut vernetzt bin, wurde ich kurz darauf eingeladen, das Unternehmen auf einer slowakisch-österreichischen Veranstaltung zu präsentieren und wurde dort dann gefragt, ob es das Unternehmen schon in der Slowakei gibt. Das war damals nicht der Fall, die Slowakei war noch kein Primärmarkt. Ich war begeistert von der Idee, was Neues zu machen und den Menschen in der Slowakei ein so tolles, innovatives Unternehmen zu präsentieren. Ich habe ja einen Österreicher geheiratet, liebe alles, was aus diesem Land kommt und wollte gerne etwas davon in meine alte Heimat zurückbringen. Ich habe nicht groß nachgedacht, sondern einfach allen begeistert davon erzählt und ihnen empfohlen, Partner zu werden, da es meiner Meinung nach nichts Besseres gibt. Die Slowakei und Tschechien waren von Anfang an groß auf meinem Visionboard, ich wollte das Unternehmen dort bekannt machen. Ich habe anfangs vor allem Menschen aus der Slowakei und Tschechien ins Team geholt, die ebenfalls in Österreich oder Deutschland leben, das war einfach. Wir sind ja alle gut untereinander vernetzt. Wir waren dann schon einen ganz nette Truppe und sind alle paar Wochen nach Bratislava oder Prag gefahren, haben dort Präsentationen gemacht, Messen besucht, Leute kontaktiert. Das war neben meiner Familie, meinem Haus, Garten und Hauptjob sehr anstrengend, es gab immer wieder Enttäuschungen, Absagen und Rückschläge und ich bin mehr als einmal total entmutigt und fast heulend nach Hause gefahren. Aber ich habe mir die Krone jedes Mal wieder gerichtet, bin wieder aufgestanden, habe nach vorne geschaut und schon die nächsten Pläne geschmiedet und Termine vereinbart. Nach ca. zwei Jahren habe ich die Zielstufe 5 erreicht, was bei uns ein totaler Meilenstein ist. Meine Provision waren damals etwa € 1.500,–. Das ist nicht die Welt, aber es hat mir gezeigt, dass es funktioniert und sukzessive wächst, wenn man konsequent dranbleibt. Eine Studienkollegin ist irgendwann zu mir gestoßen, obwohl sie anfangs sehr ablehnend gegenüber dem Business war. Sie ist nur Partnerin geworden, weil sie mir helfen wollte. Sie wusste, die Incentive-Reise auf die Malediven zu gewinnen, wo ich noch nie gewesen war, war mein absoluter Traum - was ich dann auch tatsächlich geschafft habe. Es war eine unvergessliche Zeit! Durch diese Studienkollegin ist mein mittlerweile zweitstärkstes Team entstanden. Sie kommt aus Marienbad und hat in Tschechien ein großes Team aufgebaut. Zur gleichen Zeit wurde ich auf einer Messe in Bratislava von einer wunderbaren Frau, einer Unternehmerin angesprochen, die aktiv auf der Suche nach einem für sie passenden Networkmarketing-Unternehmen war. Sie heißt auch Jana und ist mittlerweile mein stärkstes Team und eine absolute Seelenverwandte und Freundin von mir geworden. Dank ihr ist für unser Partnerunternehmen die Hauptstadt der Slowakei nicht Bratislava sondern der kleine Ort Marianka, woher sie kommt, denn fast in jedem zweiten Haus lebt eine erfolgreiche Partnerin von uns (lacht). Durch die Teams dieser beiden Leaderinnen ist der Umsatz in den beiden Ländern enorm gewachsen. Es kamen auch andere Partner aus anderen Teams dazu, mit denen wir uns vor Ort verbunden haben und gemeinsam Veranstaltungen und Präsentationen gemacht haben. Ohne teamübergreifende Zusammenarbeit geht der Aufbau eines neues Marktes definitiv nicht! Der Umsatz, der dadurch entstanden ist, ist der Geschäftsführung nicht entgangen und sie haben die Slowakei und Tschechien als Primärmärkte eröffnet. Das war echt eine Pionierarbeit von uns, es gab ja damals rein gar nichts in den jeweiligen Sprachen, keine Unterlagen, Events, keine Coachings, Veranstaltungen weder online noch offline. Wir mussten uns alles selbst erarbeiten, was schon sehr mühsam war. Aber was gezählt hat, war unsere Begeisterung! Ich habe mittlerweile ein Team von ca. 500 Partnern in mehreren Ländern, neben den beiden genannten auch in Deutschland, Österreich, Spanien, Schweiz und Ungarn. Meine größte Herausforderung ist, dass ich immer ein Global Player sein wollte, das ist aber nicht so einfach. Mir hat die Aussage einer erfolgreichen Leaderin sehr geholfen, die auf der Bühne sagte: „Think global, but act local".

Das hat mir sehr geholfen, denn ich habe mich dann mehr fokussiert, erkannt, dass ich nicht mit einem Po auf mehreren Hochzeiten gleichzeitig tanzen kann. Ich habe verstanden, dass ich Länder step by step aufbauen muss, bis es vor Ort selbständige und starke Leader gibt. Dann kann man das nächste Land aufbauen, dann hat man den Kopf frei. Was für mich unbezahlbar ist, sind einerseits einmal die Produkte, die absolut einzigartig sind, wie auch die Philosophie des Unternehmens. Das ist aber nur die Sahne auf der gesamten Torte. Am meisten zählt für mich mit Abstand die absolut unbezahlbare Persönlichkeitsentwicklung, die man automatisch durchmachen darf, wenn man sich auf dieses Business voll einlässt. Ich vergleiche das gerne mit einer Bleistiftmine, die ja aus dem gleichen Material ist wie ein Rohdiamant. Aber nur durch Druck entsteht aus dieser Materie der Diamant, und dieser darf auch noch geschliffen werden. Viele Menschen begeben sich im Networkmarketing auf eine Persönlichkeitsentwicklung, aber diese passiert nicht durch Kurse, Coachings oder ähnliches, sondern rein durch das TUN und die Arbeit mit den unterschiedlichen Menschen, durch Rückschläge, Herausforderungen und Probleme, die man durchlebt und überwindet und an denen man dann wächst.

Mein Tipp an euch: Schaut den Erfolgreichen auf die Finger, aber vergleicht euch nicht mit ihnen! Macht eure eigenen Fehler, denn aus denen lernt man besser als von den fremden. Und es sind gerade die schwierigen Zeiten die einen formen und schleifen, nicht die Momente, wenn man dann oben auf der Bühne steht und gefeiert wird. Wenn du ein Hufeisen geschenkt bekommst in Form dieser einzigartigen Chance, nimm es, pass es an dich an und nutze es konsequent. Du kannst hier wahnsinnig viel erreichen, ein unglaubliches Leben führen, aber von alleine passiert nix und man muss schon was dafür tun. Meine persönliche Vision ist es, mein Team in ganz Europa wachsen zu lassen und so den Menschen, vor allem den Frauen vor Ort ebenfalls die

Chance auf ein besseres Leben bieten zu können. Ich möchte gerne mit meinem Haus auf Rädern durch Europa reisen und meine Partner, die mir ans Herz gewachsen sind, auch persönlich treffen und umarmen. Gerade die Frauen sind immer noch finanziell und seelisch viel zu abhängig von Männern und darunter leidet alles, die Liebe, die Familie aber auch ihre Gesundheit. Ich möchte ein Beitrag sein, dass vor allem Frauen ein besseres Leben führen können. Auch wenn es nicht immer einfach ist mit so vielen Frauen zusammen zu arbeiten, das muss ich zugeben (lacht).

Mein Motto ist ganz klar: Tu Gutes, dann kommt Gutes zurück!

Robert, 52, Sales Manager, Zielstufe 8, Wien

Ich habe Wirtschaft studiert, war dann jahrelang in der Werbung, habe aber mit ca. 40 Jahren gemerkt, dass das nicht das Wahre ist und war dann im Xerox Konzern Sales Manager. Es war ein Job, ich verwende das Wort bewusst, denn es hat mir nicht besonders viel Spaß gemacht, aber ich habe gutes Geld verdient, war eben in meinem Hamsterrad und dachte mir, so ist ein Job eben. Ich hatte ja keine großartigen Alternativen. Mit 48 Jahren wurde ich dann wegrationalisiert und habe so mein Leben reflektiert, mich gefragt, was ich bisher eigentlich beruflich erreicht hatte. Ich habe mich dann selbständig gemacht, und das bedeutet, selbst und ständig arbeiten – da ist die deutsche Sprache echt sehr schön. Es bedeutet, keinen Urlaub machen zu können, denn im Urlaub verdient man als Selbständiger nichts. Im Jahr 2018 hat mich Steffi, eine alte Freundin, angerufen, mir von einem coolen steirischen Unternehmen erzählt, mit dem sie jetzt arbeitet und hat mich zu einer Business-Präsentation eingeladen. Ich habe nicht weiter nachgefragt und bin gekommen. Ich kam dann in diese schicke Altbauwohnung in der Wiener Innenstadt und als ich den in zweiten Raum kam, sah ich als erstes die Produkte auf dem Tisch stehen, Cremes und so und dachte mir nur: Oh mein Gott – was mache ich hier? Ich verkaufe sicher keine Cremes an meine Freunde! Ich wollte schnell wieder verschwinden, aber da kam Steffi auf mich zu und drückte mir einen Prosecco in die Hand. Also dachte ich: dann bleibe ich halt da, trinke Prosecco und hör mir das an. Ich habe die Produkte also probiert und muss sagen - ich war begeistert. Und dann noch die Business-Präsentation! Ich habe ganz viele Fragen gestellt und war echt überzeugt und mir wurde bewusst, dass das eigentlich genau das ist, was ich suche. Selbstbestimmt arbeiten, unbegrenztes Einkommen, Mentor und Coach zu sein und das alles völlig ohne Risiko. Also bin ich am nächsten Tag Partner geworden. Ich bin sehr rasch gestartet, gleich ein paar Tage später habe ich eine Präsentation für ca. sieben Freunde gemacht und hab da so viel Stuss geredet! Dennoch sind dort ein Partner und einige Kunden entstanden.

In den knapp drei Jahren, die seither vergangen sind, habe ich die Zielstufe 8 erreicht, mit einem Team von ca. 300 Partnern und einem fünfstelligen Monatseinkommen. Bis Ende dieses Jahres habe ich die höchste Karrierestufe geplant und freue mich schon auf meine Rede auf der großen Bühne! Ich bin wahnsinnig happy über diese Provision, vor allem, weil ich mich ja bei Gott nicht kaputt gearbeitet habe, wie man es sonst überall muss, wenn man ein solches Einkommen haben möchte. Ich genieße es jetzt, einen Beruf zu haben, der zur Berufung geworden ist. Geld war anfangs mein klares Motiv, aber mittlerweile ist es mir viel wichtiger, ein guter Mentor zu sein, Menschen aus ihrer Komfortzone zu bekommen und ihr Potenzial wach zu küssen. Ich habe schon Freunde und Bekannte im Team, der Großteil sind aber Menschen, die ich vorher noch nicht kannte. Es stimmt wirklich, was Profis wie Eric Worre und Randy Gage in ihren Büchern immer sagen: Deine Kontaktliste ist zum Üben, damit du besser wirst. Aber die wirklich guten Leute kommen dann in den Generationen darunter dazu. Ich habe ganz tolle Partner, meine größten Teams sind in Österreich und Deutschland, wir wachsen aber auch in Spanien, Portugal, Belgien, Frankreich, Italien, …

Meine Herausforderungen? Es gab so einige Momente, in denen ich an Aufhören gedacht habe, weil es mich total genervt hat, dass die Leute die Chance nicht erkennen, all diese privaten Dramen und Befindlichkeiten. Anfangs ist die große Euphorie da, dann kommt eine Phase, wo es etwas mühsam wird und da braucht man dann Inspiration von außen. Ich habe gerade da einen für mich prägenden Satz einer erfolgreichen Führungskraft von uns gehört, die auf der Bühne die einfache Frage gestellt hat: Was ist deine Alternative?

Ich kann mir ein Angestelltenleben nicht mehr vorstellen. Ich lebe jetzt frei, kann morgens ausschlafen, dann meditieren, Sport machen und arbeite dann maximal 4 - 5 Stunden am Tag.

Mein Tipp für andere?

Frage dich, wo du hin willst, was dich antreibt und im Gegenzug dazu, was du tun würdest, wenn du das Business nicht hättest. Ich kann nur den einen einfachen Rat geben: Einfach TUN! Was mir stark auffällt: Wenn meine eigene Energie runtergeht, dann wirkt sich das total auf das ganze Team aus, die Energie überträgt sich dann.

Entscheide nie für andere, biete einfach das Business an und gehe dann entspannt an die Sache heran. Ich habe anfangs zu viel Druck aufgebaut und musste erst erkennen, dass man nichts erzwingen kann, dass niemand etwas muss. Man bekommt erst mit der Zeit eine gewisse Leichtigkeit und die überträgt sich ja dann auch wie alles aufs Team!

Es werden uns im Networkmarketing echt geniale Dinge angeboten. Ich war auf einigen Incentive-Reisen des Unternehmens dabei, das ist echt einzigartig! Fünf-Sterne-Luxus in Cancun auf Yucatan beispielsweise, mit privatem Concierge-Service, allem, was das Herz begehrt ... Man hat dort die Möglichkeit, die Erfolgreichsten des Unternehmens ganz privat kennenzulernen, Gespräche mit ihnen zu führen, sich Tipps zu holen, Kontakte zu knüpfen ... Diese Belohnungen sind echt der Wahnsinn.

Wo es sonst hingehen soll?

Ich mache gerade eine NLP Ausbildung und möchte da ganz viel ans Team weitergeben. Außerdem möchte ich reisen, die Welt kennen lernen, sobald es wieder möglich ist, das Team europaweit aufbauen und bald auch in den USA. Und ich möchte persönlich wachsen und mich weiter entwickeln. In einem normalen Job kann man das ja nicht so leicht, das ist man am Abend einfach total erschöpft und hat keine Zeit und Energie mehr für solche Dinge.

Ich mache schon seit einiger Zeit Meditation, dazu hat mich meine Mentorin gebracht und das hat mich definitiv gelassener und ausgeglichener gemacht. Man kann Energie tanken und besinnt sich auf das Wesentliche. Mentoren sagen einem ja viele gute Dinge und wenn man dann merkt, dass das wirklich stimmt, ist das echt genial. Wenn du dich persönlich weiterentwickelst, dann entwickelt sich auch dein Business. Ich bin von PUSH zu PULL übergegangen und das spürt mein Team – es geht jetzt alles viel entspannter und leichter. Ich erzähle jetzt einfach ganz relaxt von meinem Business und ich bekomme die Rückmeldung, dass ich total inspirierend und authentisch wirke und total hinter dem stehe, was ich sage und ausstrahle. Werde ein Menschenmagnet, heißt es ja so schön, und auf dem Weg bin ich gerade.

Meine Tipps:

Höre auf deinen Mentor, mache jeden Tag ein bisschen, also dieses Gesetz der Minimalkonstanz, das gilt einfach. Denn eine Eisenbahn tut sich viel schwerer, aus dem Stand wieder anzufahren, als wenn sie einfach weiterfährt. Wenn du das Business schleifen lässt, brauchst du wesentlich mehr Energie, wenn du dann wieder starten möchtest. Ich mache jetzt auch die „20 in 30 Challenge" mit Eric Worre. Es bringt echt was, wenn man in einem Monat ganz viele Leute ins Team bringt, die pushen sich gegenseitig, das bringt eine ganz eigene Dynamik. Die schule ich dann ein paar Monate ein und dann geht es wieder ans Gewinnen von Neupartnern. Wie gesagt, ich arbeite etwa 4-5 Stunden am Tag, also ein netter Halbtagsjob. Aber das macht mir riesigen Spaß und es fühlt sich nicht wie Arbeit an. Ich bin auch total gelöst vom Ergebnis, ich schaue, dass es ein gutes Gespräch ist, und auch wenn kein Partner daraus entsteht, ist das egal, es war ein gutes Gespräch und der andere behält mich in guter Erinnerung. Das ist sehr wichtig für den Ruf unseres Business!

Wenn ich gefragt werde, wie ich mit Vorbehalten gegen unser

Geschäft gefragt werde, muss ich gestehen, ich hatte anfangs selbst total das Gefühl, dass ich „Plastikschüssel-Partys" machen muss, Schneeballsystem etc., und das wollte ich natürlich überhaupt nicht. Obwohl ich aus dem Sales-Bereich komme, wollte ich meinen Freunden keine Cremes verkaufen. Aber ich habe recht schnell erkannt, dass es um etwas ganz anderes geht. Es ist ein hochprofessionelles Geschäft, das wurde mir bewusst, als du damals das Business erklärt hast, Sonja, von den Chancen, dem Wachstum, dem Passiveinkommen etc. gesprochen hast. Es ist kein Verkaufsjob, sondern der Zugang ist ein ganz anderer und es ist viel mehr als reiner Vertrieb. Ich dachte mir damals, ich probiere es einfach. Ich bin so erzogen worden. Meine Mama hat immer gesagt, ich soll beim Essen etwas probieren, um zu sehen, ob ich es mag oder nicht. Wenn ich es dann nicht mochte, war das ok, aber ich musste es probieren. Das hat mich sehr geprägt, deshalb hab ich mich damals auch entschlossen, das Business mal zu starten.

Wenn du dich für deinen Weg entscheidest, gib dir nicht nur ein paar Monate, sondern bleib länger dran. Auch als Angestellter habe ich z. B. bei Xerox etwa ein Jahr gebraucht, um mich im Konzern zurechtzufinden und mich richtig einzuarbeiten. Gib dir und dem Business die Chance und mach es einfach. Und wenn du es richtig und professionell machst, dann spüren die Leute die Begeisterung und du gehst auch niemandem auf die Nerven. Und lerne, dass ein Nein ok ist. Mittlerweile schätze ich ein klares Nein total, denn das spart mir viel Zeit. Networkmarketing ist die größte Chance unserer Zeit. Aber du musst das Business schon professionell lernen, wenn du richtig gutes Geld verdienen willst. Ich kann jetzt selbstbestimmt arbeiten, habe aber die Sicherheit eines Teams. Auch wenn ich wochenlang auf Urlaub bin, fließt mein Geld dennoch. Mein Einkommen ist jetzt schon sehr cool, aber ich will natürlich auch noch mehr, habe große Einkommensvisionen! Es braucht nur seine Zeit, bis man sich eine Basis aufgebaut hat, das geht nicht von heute auf morgen. Viele geben zu schnell auf. Auch wenn du eine klassische Boutique eröffnest, die läuft auch nicht vom ersten Tag. Ich habe jetzt eine Rekruiterin eingeschrieben, die ist es gewohnt, ein paar Hundert Neins zu bekommen, die ist total entspannt.

Das Nein ist niemals gegen dich, also nimm es nicht persönlich. Früher bin ich aufgestanden, weil ich einen Job hatte, heute steh ich auf, weil ich mich auf den Tag freue, weil es aufregende Dinge zu tun gibt. Mein Tipp an euch: Fragt euch immer: Was ist eure Alternative? Und dann gebt Vollgas - es zahlt sich echt aus!

Christina, 30, Krankenschwester, Zielstufe 7, Burgenland

Ich bin verheiratet, mit dem wohl geduldigsten Mann der Welt, Mama einer kleinen, lebhaften Tochter und ursprünglich diplomierte Gesundheits- und Krankenschwester. Meine Mama war ebenfalls Krankenschwester und ich muss zugeben, dass meine Berufswahl weniger mein persönlicher Wunsch war, sondern mir mehr oder weniger in die Wiege gelegt wurde. Eigentlich wollte ich was mit Kindern machen, aber das wurde mir ausgeredet. Am Land gab es ja für Frauen nicht unbedingt den weitesten Horizont, was die Berufswahl betrifft ...

Ich habe immer schon gewusst: Krankenschwester ist kein Beruf, den ich bis zur Rente ausüben möchte. Ich habe mir oft die Frage gestellt - was gibt es da sonst noch für mich, da draußen ...

Etwas, das meine tiefsten Werte erfüllt, mir so richtig Freude macht, wo ich mit Menschen zusammen arbeiten kann, die ich gerne um mich habe, inspirierenden Menschen, die auch Wert auf Gesundheit, Umweltschutz, Natur und persönliche und finanzielle Freiheit legen. Wo auch tiefsinnige Gespräche über sinnstiftende Projekte möglich sind. Vor allem, wo ich selber entscheiden kann, wo und wann ich arbeite. Das alles und so viel mehr waren Gründe, warum ich mich zu einer Partnerschaft mit meinem Lieblingsunternehmen entschieden habe.

Mit 28 Jahren bin ich Partnerin geworden, an meinem 30. Geburtstag hab ich gleichzeitig mit dem Jubiläum auch meine Pensionierung gefeiert, denn ich bin seither in „Altersteilzeit".

Ich war irgendwie schon immer ein komischer Vogel. Mein Mann und ich haben einen traumhaften Vierkanthof mit Selbstversorger-Garten im Burgenland. Ich hab meine Seife selbst gerührt, weil ich immer sehr bewusst geschaut habe, was wo drin ist, meistens viel zu viel Chemie und zu wenig von Gutem, also am besten selbst machen.

Verstärkt hat sich das Bewusstsein noch einmal mehr nach der Geburt unserer kleinen Tochter.

Als meine Elternzeit 2019 zu Ende war, war für mich war klar: 60-Stunden-Wochen, Wochenenddienste, Nachtdienste ... NEIN, das will ich nicht mehr für mich und uns als Familie! Ich war also echt auf der Suche nach einer Alternative.

Mein Mann kam dann eines Tages von seiner Arbeit nach Hause und hat mir von diesem Unternehmen erzählt. Er war damals bei der Lebenshilfe als Betreuer für Menschen mit besonderen Bedürfnissen tätig und hat mir berichtet, dass einige seiner schwer beeinträchtigten Bewohner bei diesem Unternehmen eine Beschäftigung gefunden haben und dort so fair behandelt und entlohnt werden.

Das hat mich im Herzen berührt und ich wollte mehr darüber wissen, denn so etwas wollte ich auch gerne selber unterstützen. Ich habe also im Internet recherchiert und auf Social Media geschaut, wer aus meinem Umfeld als Partner für dieses Unternehmen tätig ist. Ich fand jemanden, Tatjana, die ich zwar gar nicht persönlich, sondern nur über gemeinsame Bekannte kannte. Ich habe sie aber angeschrieben und gefragt, ob sie mir mehr über das Business erzählen kann. Sie wohnte im Nachbarort, also bin ich mit meinem Mann zu ihr gefahren, habe bei ihr geläutet und wir sind innerhalb von fünf Minuten beide ihre Partner geworden. Es war wirklich genau so (lacht).

Sie sagte zu mir, wenn ich fünf Menschen kenne, dann ist das schon super und ich dachte mir, na, das schaffe ich doch locker!

Ich habe mich von Anfang an voll auf alles eingelassen, bin auf die regionalen Veranstaltungen des Unternehmens gegangen und irgendwann habe ich dann dich kennen gelernt, Sonja!

Ich muss zugeben, dass mein Vertrauen sehr gestärkt wurde, als ich gesehen habe, dass auch du, eine Juristin, die selber dreifache Mama ist, diesen Weg gegangen bist.

Ich habe alles so gemacht, wie es mir gesagt wurde, sowohl von dir als auch auf den Veranstaltungen. Nach dem Spätdienst im Krankenhaus bin ich noch in Graz zu euren Präsentationen gegangen – weißt du noch? Ich habe mir sogar deine Präsentationen mit dem Handy aufgenommen und dann auf der Fahrt nachhause und bei der Arbeit immer wieder angehört. Auch, wenn ich um 4 Uhr aufstehen musste, habe ich unseren Energy Shot genommen und bin mit guter Laune mit meinen Sprachaufnahmen in die Arbeit gefahren, weil ich jetzt ein klares Ziel hatte und mich das total erfüllt hat. Meine erste Partnerin nach meinem Mann war meine Mama, die selber pensionierte Krankenschwester ist. Sie hat ihren Freundinnen und ehemaligen Kolleginnen davon erzählt und so wuchs mein Team und der Kundenstamm. Ich war auf einmal mit meiner Mama zusammen bei den Veranstaltungen, einmal war sogar NENA auf der Bühne, was einfach total cool war.

Wie ich sonst zu Kunden und Partnern gekommen bin? Ich habe natürlich die Produkte selber verwendet, öffentlich und bei der Arbeit. Ich habe sie aus vollem Herzen weiterempfohlen, wobei ich sagen muss, dass ich noch mehr über die Geschäftsmöglichkeit gesprochen habe als über die Produkte. Die Chance auf ein freieres Leben wollte ich so vielen lieben Menschen wie möglich in meinem Umfeld bieten und das wurde auch mit großem Interesse angenommen. Ich habe heute noch immer deutlich mehr Partner als Kunden und es fällt mir viel leichter, Partner zu gewinnen als Kunden, ich muss es gestehen.

Gottseidank habe ich alle Tools aus dem Team aktiv und kontinuierlich genutzt. Meine große Motivation war, jede Incentivereise des Unternehmens zu gewinnen, was ich auch geschafft habe. Diese Reisen waren ein Wahnsinn.

Nach 19 Monaten habe ich die sechste von zehn Karrierestufen erreicht und eine Provision von fast 3.000 Euro bekommen. Das hat mir gezeigt, dass ich auf dem richtigen Weg bin, denn das war deutlich mehr, als ich als Krankenschwester verdient habe.

Dies habe ich mit 250 Teampartnern geschafft. Die meisten meiner aktiven Partner sind Menschen, die ich vorher noch nicht gekannt habe, es sind also wirklich Fremde zu Freunden geworden. Ich habe sie auf die unterschiedlichsten Arten kennengelernt, auf Facebook, über Second-Hand-Plattformen, am Spielplatz, beim Babyyoga, ... Die meisten davon sind zu Herzensmenschen geworden und ich würde das Business im Grunde auch machen, ohne Geld dafür zu bekommen. Meine Partner sind zu echten Wegbegleitern geworden und das fühlt sich wunderbar an. Ich möchte nie mehr anders arbeiten

Die Chance, mit einem WERTEvollen Unternehmen wie meinem jetzigen Partnerunternehmen zusammen zu arbeiten, war und ist ein absolutes Geschenk für mich.

Mehr Zeit und Geld zu haben für all das, was mir im Herzen wichtig ist und dieses Geschenk an andere weiterzugeben, erfüllt mich zutiefst und ich glaube, dass das die Menschen einfach spüren.

Im Jahr 2019 habe ich den Partnerantrag unterschrieben.

Trotz des Gegenwindes, den ich natürlich auch zur Genüge bekommen hab, habe ich Gottseidank an meiner Vision eines besseren Lebens für mich und meine Familie immer festgehalten.

Natürlich hatte auch ich die gleichen Herausforderungen wie die meisten Menschen. Neben Job, Kind, Mann, Haushalt und Baustelle zu einer selbständigen Unternehmerin zu werden und definitiv meine (wenige) Zeit in meinem „Hofoffice" produktiv und bestmöglich einzusetzen, das war nicht immer einfach und lustig. Aber ich hatte immer mein Ziel so glasklar vor Augen, dass alles andere irgendwie nebensächlich war.

Ich durfte auch ganz viel lernen in dieser Zeit und mich selber weiterentwickeln.

Zum Beispiel einfach anzufangen, konsequent dran zu bleiben und stets mein bestes ICH raus zu lassen.

Ich habe erkannt, dass mit Freude, guter Energie und Vertrauen einfach alles viel leichter geht!

Es wurde mir immer bewusster, dass jede einzelne Veranstaltung, egal ob online oder offline, immer eine wahnsinnige Energietankstelle ist und ich unbedingt mit möglichst vielen Teampartnern dabei sein muss.

Ich habe alles über das Business gelernt, den Erfolgreichen auf die Finger geschaut, viel gelesen, an meiner Vision gearbeitet und mein Traumleben immer konkreter werden lassen.

Mein Lieblingszitat ist: „Nur wer sein Ziel kennt, findet seinen Weg!"

Meine größte Motivation für mein kontinuierliches Arbeiten waren mein Vater und meine beste Freundin. Beide waren dem Business gegenüber sehr abgeneigt, obwohl sie keinerlei Erfahrungen damit hatten, und das haben sie mich von Anfang an ganz deutlich spüren lassen.

Für mich war das aber ein richtiger PUSH, ich dachte mir: OK, ich werde es euch zeigen, wie genial das wird. ;) Und das habe ich dann auch getan!

Danke an meinen Mann und meine Mama, das waren ja meine allerersten Partner, die mir in allen Höhen und Tiefen immer MUT zugesprochen haben. Und Sonja - ganz besonders DU, du hast von Anfang an mich geglaubt, durch dich hab ich schließlich an mich und noch fester an die Businesschance geglaubt und dass ich es schaffen kann, wenn ich nur will!

Für mich war vom ersten Tag an klar, wenn ich das starte, dann ganz oder gar nicht.

Wo wollen wir hin? Ganz klar, einen Stern als TEAM der unseren Namen trägt und viele Frauen zum Strahlen bringen, also die höchste Karrierestufe erreichen. Ich habe gerade die 7. Karrierestufe geschafft und möchte die nächsten drei Stufen bis in den Olymp bis Ende 2023 gehen.

Ich denke mir oft: wie schön wäre es, wenn viele Frauen mehr Zeit, Geld und Energie für sich selbst, ihre Kinder und ihre gesamte Familie zur Verfügung hätten und so richtig von innen raus strahlen?

Was werde ich persönlich machen, wenn ich mein Ziel erreicht habe?

Ich werde dann nur noch von zuhause von meinem Vierkanthof aus arbeiten. Dieser wird dann komplett fertig renoviert sein und Kraftplatz und Lebensmittelpunkt sein, für meine Familie aber auch Wohlfühloase für meine Teampartner bei unseren Meetings und Feiern Außerdem werde ich eine Weltreise mit meiner ganzen Familie machen. Mein Mann ist Fotograf, und wir haben jetzt schon einen Blog auf Instagram, in dem wir dann unsere Weltreise dokumentieren möchten. Es heißt „kracherfamilie" - ich freue mich, wenn ihr uns folgt !

Was mich noch sehr glücklich macht, ist unser TEAMwald. Darin pflanze ich für jeden aktiven Partner, der neu in mein Team kommt, einen Baum. Mein Ziel ist es, über 1000 Bäume und Teampartner beim Wachsen zu begleiten.

Wenn ich euch nur einen einzigen Tipp geben könnte, wäre das ganz klar folgender:

Stell dir stets die Frage: Ist dein Leben JETZT so, wie du es dir immer vorgestellt hast? Wenn nicht, dann finde einen Weg, der dich dort hin bringt!

Adrian, 54, Unternehmensberater, Zielstufe 3, Mexico City

Ich bin in Mexico City geboren und habe meine ersten 20 Lebensjahre dort verbracht. Mein Vater ist Österreicher und ich habe an der deutschen Schule mein Abitur gemacht. Danach bin ich nach Deutschland gegangen und habe eine Lehre als Industriekaufmann gemacht. Die wichtigsten Erkenntnisse aus meiner Lehre waren: Erstens, die Mischung von Praxis und Theorie, das hat meine Arbeitsweise bis heute entscheidend geprägt. Und ich habe als 22-Jähriger nach zwei Jahren in einem Konzern für mich eines ganz klar erkannt: Ich möchte NIEMALS in meinem Leben angestellt sein!

Danach bin ich nach Österreich gegangen, wo mein Vater herkommt und habe dort BWL studiert. Die Studienjahre waren mit die schönsten meines Lebens. Ich habe wunderbare Menschen kennengelernt, unter anderem die Frau eines guten Freundes, die mir die Zugänge in die spirituelle Welt und geistige Entwicklung eröffnet hat. Mein erstes diesbezügliches Buch, das mich nachhaltig geprägt hat, war: Die geistigen Gesetze von Kurt Tepperwein. Ich besitze es noch heute. Diese Themen sind bei mir auf sehr fruchtbaren Boden gefallen, ich habe mich voll darauf eingelassen und sie haben mich seither mein ganzes Leben nie mehr verlassen. Ich habe dadurch die Grundlagen gelernt zu verstehen, wie das Leben wirklich funktioniert. Mein Studium hat überdurchschnittlich lange gedauert (lacht), weil ich nebenbei immer gearbeitet und Seminare zur Persönlichkeitsentwicklung besucht habe. Ich habe da schon sehr viel verstanden, auch über mein bisheriges Leben. Und wie wichtig das Mindset und die Kraft der Gedanken sind.

Das sieht man gut allein anhand dieser Geschichte: Als Lehrling hatte ich den brennenden Wunsch, die gleiche Uhr zu haben wie mein damaliger Ausbildner, eine wunderbare Rolex GMT2, mein absoluter Traum. Ich wusste natürlich, dass es als Lehrling quasi unmöglich ist, sich eine solche Uhr zu finanzieren. Dennoch bin ich zum nächsten Juwelier in Frankfurt gegangen und habe mir einen Rolex-Prospekt geben lassen. Zuhause habe ich das Foto meiner Traumuhr ausgeschnitten und immer bei mir getragen. Ich habe es mir vor allem vor dem Einschlafen immer angesehen und mir vorgestellt, wie es wäre, diese zu besitzen, wie sie sich auf meinem Arm anfühlen würde. Schon damals habe ich immer nebenbei irgendwelche Geschäfte gemacht und ich weiß selber nicht genau, wie es passiert ist, aber irgendwann hatte ich tatsächlich das Geld für die Uhr zusammengespart. Ich bin in die Schweiz gefahren, weil dort die Steuern niedriger waren und habe in der Bahnhofstraße in Zürich meine Rolex gekauft. Das war einer der schönsten Momente meines bisherigen Lebens. Gar nicht so sehr wegen der Uhr selber, sondern vielmehr, weil ich etwas, das tatsächlich unmöglich schien, doch geschafft hatte. Das war ein unbeschreibliches Gefühl!

Da ich eben aufgrund meiner Konzernerfahrung wusste, dass ich niemals im Leben angestellt sein werde, habe ich durch diese Überzeugung im Studium Leute kennen gelernt, die Maschinen und Werkzeuge hergestellt und über Messen sehr erfolgreich vertrieben haben. Da ich nach dem Studium wieder nach Mexiko zurückgehen wollte, habe ich sie einfach gefragt, ob sie nicht Interesse hätten, ihr Geschäft auf Mexiko auszuweiten. Das hatten sie tatsächlich und so bin ich zu meiner selbständigen Tätigkeit gekommen, die ich bis heute für verschiedene deutsche und österreichische Firmen erfolgreich und mit Leidenschaft ausübe.

Während des Studiums habe ich meine heutige Exfrau kennen gelernt und bin mit ihr zurück nach Mexiko gegangen. Sie hat mir die zwei wundervollsten Kinder der Welt geschenkt, Ana und Fabian und wir haben 10 Jahre in Cuernavaca gewohnt, der Stadt des ewigen Frühlings, wo auch unser österreichischer Kaiser Maximilian gelebt hat. Es war wunderbar dort. Aus verschiedensten Gründen mussten wir Mexiko dann verlassen und sind nach Österreich gezogen. Kurze Zeit später habe ich mich von meiner Exfrau getrennt. Wir hatten uns leider auseinander gelebt und geistig in völlig unterschiedliche Richtungen entwickelt. Normalerweise hätte ich nach Mexiko zurückgehen sollen, da ich ja dort mein Geschäft und meine Familie hatte. Da es mir aber das Allerwichtigste war, in der Nähe meiner Kinder zu sein, bis sie erwachsen sind, bin ich in Österreich geblieben, obwohl mir meine Eltern dringend abgeraten hatten. Sie sagten: Was willst du als 40-jähriger Geschiedener in Österreich? Ich wusste aber, dass das die einzig richtige Entscheidung war. Mein Geschäft in Mexiko konnte ich auch von hier aus betreiben, wenn es auch schwieriger war und ich oft beruflich nach Mexiko reisen musste.

Mein Geschäft verläuft sehr zyklisch und so wollte ich auch in Österreich nebenbei etwas machen. Ich hatte ja auch Zeit, wenn ich hier war. So habe ich einige Jahre sehr erfolgreich orthopädische Schlafsysteme verkauft. Natürlich wurde ich oft gefragt, wieso ich als Akademiker „so etwas" mache, aber das war mir egal. Ich war in der Nähe meiner Kinder, habe nebenbei gutes Geld in der Königsklasse des Vertriebes verdient und wahnsinnig viel gelernt. Außerdem hat es sehr viel Spaß gemacht und ich habe ganz tolle Menschen kennengelernt. Ich konnte mir meine Zeit frei einteilen, war immer sehr offen und neugierig und bist so irgendwie über einen Freund auf Networkmarketing gekommen, was ich sehr faszinierend fand. Spannenderweise war mein erstes Network eines, das sich auf Seminare für Persönlichkeitsentwicklung spezialisiert hatte, was ja mein absolutes Lieblingsthema ist. Networkmarketing ist für mich die wunderbarste Branche überhaupt, da ich die Arbeit mit Menschen liebe und du dort nur erfolgreich wirst, wenn du selber deine Hausaufgaben machst, was Persönlichkeitsentwicklung, Kraft der Gedanken, Mindset, Visionen und so betrifft. Ich erkannte damals erstmals, dass ich die Gabe habe, Menschen zu inspirieren und in ihre Kraft zu bringen. Seither hat Networkmarketing mein Leben nie mehr verlassen. Wobei ich sagen muss, dass es nicht so leicht war, das richtige Unternehmen für mich zu finden.

Mein Vertretungsgeschäft in Mexiko lief die ganze Zeit weiter, wuchs an und ich bin ständig hin und her gependelt, hatte immer viel zu tun. Meine Kinder hatten in meinem Leben absolute Priorität, und Networkmarketing ist immer nur nebenbei bei mir gelaufen. Mein erstes Partnerunternehmen ging pleite und ich sah mich nach andern Unternehmen um. Ich habe dabei sehr viel gesehen und kennen gelernt, es gibt große Unterschiede bei den Firmen. Dennoch muss ich sagen, dass niemals die Firma für meinen Erfolg verantwortlich ist, sondern es ganz allein an meiner Entscheidung und Einstellung liegt. Ich hatte es immer nur als nettes Hobby betrieben und das hat damals auch so gepasst.

Meine Kinder wurden schließlich älter und brauchten mich nicht mehr so sehr, meine langjährige Beziehung geriet zeitgleich in eine Krise und da mein Geschäft in Mexiko zwar erfolgreich, aber auch projektbezogen und dadurch zyklisch verläuft, suchte ich eine Energetikerin auf, um beruflich und auch privat neue Perspektiven zu finden, die mit meiner Lebensaufgabe korrelieren. Drei Wochen nach diesem Termin, wo ich sehr klar für mich definierte, was ich suchte, stellte mir in einem Lokal ein Freund die Liebe meines Lebens vor.

Es stellte sich heraus, dass sie im Networkmarketing arbeitete. Das war echt magisch - aber erst später fand ich heraus, dass sie eine der erfolgreichsten Leaderinnen eines mega Unternehmens ist, das ich natürlich kannte.

Einmal mehr zeigte sich in der Folge, dass die Dinge niemals die sind, die sie scheinen. Als Top-Leaderin wirst du von allen bejubelt und beneidet, aber kaum einer erkennt, dass der Weg bis dahin ein steiniger ist und viele nur den Ruhm wollen, aber bei den ersten Stolpersteinen aufgeben. Dabei führen nur Konstanz, Ausdauer und Fokus zum Erfolg. Unsere enge Beziehung hat mir das noch bestätigt, wie fokussiert du bist, was auch nicht immer einfach ist neben Kindern, privaten Herausforderungen etc. Ich musste erkennen, dass ich das zwar schon lange wusste, mir aber ein entscheidender Schritt immer gefehlt hat: Die richtige Umsetzung, dass du also die Theorie in die Praxis wirklich umsetzt. Du bist eine ganz wunderbare Mentorin, die wahnsinnig viel in ihr Team investiert und als Vorbild die Dinge wirklich selbst tut, die sie von anderen erwartet. Dich als Mentorin zu haben ist ein echtes Geschenk, aber das erkennt leider nicht jeder. Obwohl du dich längst zur Ruhe setzen könntest, bist du dennoch trotz aller Freiheitsliebe, aller Reisen und privaten Momente in Gedanken immer eng mit deinem Team und Business verbunden - weil es eben deine Passion ist. Das bewundere ich sehr.

Was mir an unserem gemeinsamen Unternehmen gefällt, ist die hohe Frauenquote. Das meine ich aber nicht wegen der Partys (lacht), sondern weil Frauen allgemein empathischer und wohl deshalb im Networkmarketing ganz klar erfolgreicher sind. Meine vorherigen Firmen waren viel männerlastiger und das war ein ganz anderer Arbeitsstil. Ich darf jetzt von dir ganz viel lernen, einen total unterschiedlichen Ansatz und das ist eine sehr spannende Reise.

Mein Motiv hat sich ganz klar geändert, seit wir zusammen sind. Ich habe entschieden, Networkmarketing als echtes Business zu betreiben, mir eine solide Zukunftsvorsorge aufzubauen und meinen Kindern damit einen zusätzlichen Vermögenswert zu hinterlassen. In unserem gemeinsamen Unternehmen habe ich jetzt ein kleines, feines Team aufgebaut, endlich mit Leuten, die richtig Gas geben und ihre Ziele klar vor Augen haben- das macht sehr viel Spaß.

Es ist ein großes Geschenk, dass wir zusammen nicht nur privat so ein glückliches Paar sind, sondern auch beruflich an einem Strang ziehen und nun zusammen was Großartiges aufbauen. Ich bin sehr stolz auf dich, bewundere deinen Fokus und deine Liebe zu deinem Geschäft und weiß, dass deine Reise hier noch lange nicht zu Ende ist. The sky is the limit und ich stehe als Fels in der Brandung immer hinter dir.

Linda, 18, Studentin, Zielstufe 3, Graz & Weltenbummlerin

Als deine Tochter bin ich ja früh in Berührung mit Networkmarketing gekommen (lacht).

Ich war elf Jahre alt, als meine Mama ins Networkmarketing eingestiegen ist, bin also quasi damit aufgewachsen und habe live miterlebt, wie sie alles step by step aufgebaut hat. Allein durch die vielen Telefonate meiner Mutter hätte ich schon mit zwölf oder dreizehn die perfekten Business-Gespräche führen können – so oft hab ich immer und immer wieder das Gleiche gehört (lacht). Ich fand es schon cool, auch wenn es etwas war, was keine andere Mutter in meinem Bekanntenkreis gemacht oder gekannt hat.

Vor allem, als ich so etwa sechzehn war, habe ich so richtig gecheckt, was es eigentlich wirklich für eine geniale Chance ist und wie sehr man sein Leben auf diese Weise selbst gestalten kann. Ich habe mich immer sehr für Geschichte und vor allem Archäologie interessiert. Doch natürlich wurde mir von allen Seiten gesagt, dass das eine brotlose

Ausbildung ist und man damit nichts Gescheites anfangen kann. Jetzt bin ich sehr froh, sagen zu können, dass ich studieren kann, was mich interessiert, unabhängig von den Jobaussichten, weil ich mein Leben nicht davon finanzieren muss.

Da mir ein gewisser Lebensstandard aber schon auch sehr gut gefällt (lacht), wollte ich natürlich auch immer gutes Geld verdienen. Aber ich habe bei den Eltern meiner Freundinnen gesehen, was das eigentlich bedeutet, einen Job mit einem guten oder überdurchschnittlichen Einkommen zu haben. Sie hetzen in aller Frühe aus dem Haus und kommen spät abends total geschafft zurück, sehen ihre Kinder also fast nie. Für mich war immer klar, dass ich so niemals leben möchte. Und im Vergleich dazu war meine Mutter meistens zuhause. Sie war schon auch öfters auf Veranstaltungen oder auch Auslandsreisen, aber sie konnte immer selbst entscheiden, ob sie dort hin möchte oder muss oder eben nicht. Meist hat sie mit ihrem Laptop und Handy von zuhause aus gearbeitet und hat trotzdem echt mega gut verdient. Ich bin schon auch sehr freiheitsliebend und möchte mich niemals so an einen Chef oder einen Arbeitsort binden, wie ich es rundherum überall sehe.

Ein ganz wichtiger Teil meines Lebens ist das Reisen. Vor allem, als meine Mutter mit Networkmarketing immer erfolgreicher wurde, haben wir immer mehr echt tolle Reisen gemacht und ich bin da gewissermaßen so richtig auf den Geschmack gekommen. Mir war klar, dass so was mit einem normalen nine to five Job weder finanziell noch zeitlich in dem Ausmaß möglich ist.

An meinem 18. Geburtstag bin ich sofort Partnerin geworden und habe nach sechs Jahren als beste Kundin meiner Mutter die erste Bestellung meiner geliebten Produkte auf eigene Rechnung machen müssen (lacht).

Ich werde nun endlich die Schule beenden und breche in Kürze zu einer einjährigen Weltreise auf - da wird nun ein Riesentraum wahr! Viele meiner Freunde finden es richtig cool, dass ich diese Möglichkeit habe und am liebsten würde ich es allen zeigen, dass es auch noch was anderes gibt als die klassischen, seit Jahrhunderten etablierten Berufe wie Rechtsanwalt, Steuerberater oder Arzt. Die meisten meiner Freunde wissen nicht, was Networkmarketing überhaupt ist und was da alles möglich ist – da hab ich noch viel zu tun (lacht). Da man im Networkmarketing ja arbeiten kann, wo immer man will, plane ich, während meiner Weltreise gleich ein richtig cooles und internationales Team aufzubauen. Unser Unternehmen ist derzeit zwar nur in Europa vertreten – aber reiselustige Europäer trifft man ja überall auf der Welt. Ich kann mich gut erinnern, dass meine Mama sogar auf den Malediven ganz tolle Partner gewonnen hat, die auch zu unseren privaten Freunden geworden sind. Nach meiner Reise möchte ich dann Archäologie studieren, unbedingt auch einige Semester im Ausland, zum Beispiel in Mexiko, Rom oder Athen … Mein Plan ist, da schon ein gewisses Einkommen aufgebaut zu haben, um entspannt studieren zu können, wann, was, wo und wie lange ich will …

Langfristig möchte ich nie einen Bürojob, der mich nicht erfüllt, machen müssen und ich möchte nie, dass mich Geldsorgen von den schönen Dingen des Lebens abhalten. Ich träume von einem Leben in Freiheit, mit einem Haus direkt am Meer, vielleicht irgendwann auch einmal mit einer eigenen kleinen Strandbar …

Mein Tipp: Einfach mal groß träumen, denn oft sind die Träume gar nicht so unerreichbar, wie man vielleicht denkt. Es gibt so viel mehr, als einem in der Schule als Perspektiven vermittelt wird. Man muss einfach mal mit offenen Augen durch die Welt gehen und sich auch für Neues öffnen. Gerade wir Jugendlichen können echt die Welt verändern! Hallo – WIR SIND DIE ZUKUNFT!!

Edith, 46, Flugbegleiterin, Zielstufe 8, Wien

Ich bin Flugbegleiterin, komme aus Wien und lebe dort mit meinem Mann und meinen 10-jährigen Zwillingen. Ich war eigentlich mit meinem bisherigen Leben rundherum zufrieden, hatte alles erreicht, was ich mir so als Mädchen erträumt hatte. All diese Fragen - werde ich meinen Traummann finden, werde ich Kinder haben, ein eigenen Haus mit Garten, meinen Traumjob? - Ich habe meinen Traummann tatsächlich gefunden und geheiratet, habe meine Zwillinge bekommen, obwohl das nicht so leicht war. Ich habe vorher ein Kind verloren und es war dann nicht so einfach, schwanger zu werden. Wir haben unser Traumhaus gefunden und auch mein Job als Flugbegleiterin hat mir immer großen Spaß gemacht und tut es auch nach wie vor noch. Mein Mann ist Pilot - das typische Klischee, ich weiß! (lacht). Aber wir haben uns privat über Freunde kennen gelernt, nicht in der Arbeit! Mein Vater hat ja immer zu mir gesagt - fang dir in der Arbeit nichts an und daran habe ich mich auch immer gehalten (lacht). Aber wenn die Gefühle dann einmal da sind, kann man eh nichts mehr dagegen tun! Wir mussten uns auch erst ein bisschen „zusammenraufen", da mein Mann eher introvertiert ist, während ich sehr gerne über Gefühle spreche und allgemein sehr offen bin. Wir haben dann erkannt, dass wir uns sehr gut ergänzen und inspirieren.

Mit Mona, meiner Mentorin, verbindet mich schon eine lange Freundschaft. Wir haben uns bei der Geburt unserer Kinder vor zehn Jahren kennen gelernt, waren zusammen in der Klinik und sind von da an Freundinnen geblieben. Sie hat mir vor ca. zwei Jahren von ihrem Networkmarketing-Business erzählt. Ehrlich gesagt war ich anfangs ein bisschen erstaunt, dass eine beruflich so erfolgreiche Frau wie sie - sie war ja in einer leitenden Position in einem großen Unternehmen und hatte ein extrem gutes Einkommen und sämtliche Benefits - einfach diesen mega Job kündigt und ganz was anderes macht. Ich hatte gar keine Ahnung davon, was das überhaupt sein soll. Ich war nicht auf der Suche, mein Leben hat sich eigentlich ziemlich perfekt angefühlt, Traumfamilie, Traumjob, es war ja alles gut! Mona hat mich anfangs auf die Produkte angesprochen und ich muss ehrlich sagen, dass ich damals gar nicht so auf der Bio-Schiene war. Ich habe darauf vertraut, was die großen Kosmetikkonzerne in ihren Werbungen so erzählen und habe mich immer im Duty-Free-Shop auf den Flughäfen eingedeckt. Nach dem Motto, wenn diese Firma das sagt, muss das ja gut sein. Was mich aber fasziniert hat, war die Philosophie ihres Partnerunternehmen. Dass es keine reine Naturkosmetik ist, sondern Hightech Frischepflege, das fand ich dann schon sehr spannend. Ich habe mir also einmal so einiges bestellt und da habe ich mich daran erinnert, dass Mona mir ja auch etwas von irgendeiner Business-Chance erzählt hatte. Und dass man da die eigenen Produkte günstiger bekommen kann. Deshalb bin ich also Partnerin geworden, um mein Produkte günstiger einzukaufen - ich muss es zugeben! Ich war von der Qualität der Produkte hingerissen, und wenn man einmal begeistert ist, dann geht es eh automatisch! Ich habe auch meiner Mama, meiner Schwester und meiner mittlerweile treuesten Stammkundin, der Gusti, davon erzählt und die waren auch total neugierig und sind meine Kunden geworden, ohne dass ich da viel getan hätte! So hat das also begonnen und ich dachte mir nur: Na, wenn das sooo einfach ist …

Ich habe dann relativ rasch eine Entscheidung getroffen: Wenn das so einfach ist, wenn ich da keinen Druck habe, keine Investition, außer meine eigenen Produkte, na dann mach ich das einfach! Ich glaube, wenn man einmal so eine Entscheidung getroffen hat, dann ist es leicht, dann muss sich dann nur noch fragen: Was muss sich jetzt tun, um dorthin zu kommen, wohin ich möchte? Ich erkannte, ich muss nur zweimal täglich über mein Business sprechen und Menschen zu Präsentationen einladen und es war mir klar: Das kann ich locker!

Ich meine, ich habe ja genug zu tun mit meinem Job, meinen Kindern, meinem Haus etc. Wenn ich da jetzt weiß Gott was hätte machen müssen, wäre ich definitiv nicht dabei gewesen. Gottseidank hat meine Mentorin das von Anfang an klug erkannt und mir immer nur das häppchenweise gegeben, was ich gerade gebraucht habe und was ich locker in meinen

Alltag einbauen konnte. Produkte oder Inhaltsstoffe zu lernen, das wäre mir schon zu viel gewesen (Gottseidank, denn so funktioniert es eh definitiv nicht!) und um ehrlich zu sein, ich habe auch keine Bücher über Networkmarketing gelesen bis jetzt. Es war einfach und deshalb habe ich es gemacht!

Ich habe die High-Tech-Produkte probiert, war begeistert und habe diese dann einfach authentisch weiter empfohlen.

Was damals mein Motiv war? Ich hatte ja wirklich all meine Lebensträume erfüllt, aber ich war noch immer erst 45 Jahre alt. Aber was kommt danach? Ich habe mir langsam überlegt, dass ich anscheinend wieder in dieser Wunschphase bin, wie damals als Jugendliche, dass ich mich gefragt habe, was ich in diesem Leben noch erreichen will …

Was möchte ich eigentlich noch?

Was ist eigentlich noch alles möglich? Und dann wurde mir diese Chance so zugetragen und ich musste ja nichts ändern in meinem Leben. Ich war nach wie vor am Spielplatz mit meinen Kindern und auf Flughäfen und Hotels mit Kollegen, nur habe ich halt nicht über irgendeinen Lippenstift oder Spielzeug gesprochen, sondern über unsere Gesichtspflege! Ich konnte das Business perfekt in mein bestehendes Leben integrieren! Ich habe den Menschen zugehört, wo ihre Probleme sind und habe ihnen dann das Entsprechende empfohlen! Mehr war es nicht! Obwohl ich zuerst mehr über die Produkte als über die Businesschance gesprochen habe, da ich das selber erst mit der Zeit verstanden habe. Ich kannte mich anfangs beispielsweise mit unserem Vergütungsplan überhaupt nicht aus, ich hätte das also auch gar nicht weitergeben können. Ich habe einfach immer nur GEMACHT, was meine Mentorin mir gesagt hat. Und ich erinnere mich, als mich Mona angerufen und gesagt hat: „Gratuliere, Edith, du bist in der Zielstufe 4!", da war ich gerade im Auto und ich habe gesagt „Ah, echt? Super! Äh - wie viele Punkte brauche ich dafür noch einmal?" Ich wusste das nicht, weil es mir nicht wichtig war. Ich kann ja eh nicht mehr tun, als ich tue, also habe ich mich da nie unter Druck gesetzt. Ich habe das Business von Anfang an als Geschenk gesehen, ich musste nicht müssen und wenn jemand gesagt hätte, ich MUSS jeden Tag mit zehn Menschen sprechen oder so, dann wäre ich weg gewesen. Ich möchte immer, dass es in mein Leben passt, ich möchte nichts und niemandem nachhetzen müssen. Meine Mentorin hat das instinktiv gespürt und mich nie unter Druck gesetzt. Sie hat mir die Infos sozusagen kleinweise zukommen lassen, genau in dem Ausmaß, in dem es für mich perfekt gepasst hat. Sie ist für mich die perfekte Mentorin, sie hat das einfach wunderbar gemacht! Ich MUSSTE nichts, aber ich KONNTE ALLES erreichen! Wo sonst kann man so etwas haben?

Ich bin ja sehr schnell sehr erfolgreich geworden und da wird man ja immer wieder gefragt, wie man das gemacht hat und welche Erfolgstipps man für andere hat. Ich denke, dass da schon mehr dahinter steckt und ich habe mir angesehen, was denn so die Stolpersteine der Menschen sind, wenn sie in unserem Business starten.

Ich denke, es kommt stark darauf an, welche Erfahrungen du schon in deinem Rucksack hast aus deinem bisherigen Leben. Und mir ist aufgefallen - da ist einmal das Fremdbild. Also das klassische „Was sagen denn meine Freunde, wenn ich jetzt SO ETWAS mache?“ Oder dieses selbstbestimmt Arbeiten. Das heißt zwar, du hast keinen Chef, mit all den Vorteilen, die damit zusammenhängen. Es bedeutet aber auch, dass du Selbstverantwortung übernehmen und Disziplin aufbringen musst, und das ist für viele gar nicht so einfach. Ich glaube, da kommt es stark darauf an, was du in deinem Leben sozusagen schon abgearbeitet hast, welche Erfahrungen du eben schon in deinem Rucksack mitbringst.

Wie werde ich zum Menschen? Diese Erfahrung muss eben jeder Mensch selber machen. Ich habe da in der Kindheit schon viel mitbekommen und bin da meinen Eltern wahnsinnig dankbar dafür. Meine Eltern hatten ein Feinkostgeschäft mit Partyservice in Wien, wir hatten noch die Maria-Theresien Konzession, hatten also auch am Wochenende geöffnet, nur am Montag war Ruhetag.

Ich bin in einem Rudel mit Großeltern, Tanten und Onkels im gleichen Haus aufgewachsen. Wir haben alle im Geschäft mitgeholfen und ich habe von Anfang an Disziplin gelernt, und habe auch von Anfang an gewusst, was es heißt, selbständig zu sein, wusste, dass da ganz viel Disziplin dahintersteckt. Es war mir deshalb auch ganz klar, dass ich eine klassische Selbständigkeit definitiv für mich nicht anstrebe. Wir mussten immer unseren Eltern im Geschäft helfen und da gab es keine Ausreden, kein: „ich habe Bauchweh" oder „mir ist die Straßenbahn vor der Nase weggefahren" oder „ich hab heute keine Lust, ich will mit meinen Freundinnen ins Schwimmbad gehen!" Wir mussten jeden Tag um 19 Uhr im Geschäft sein und beim Aufräumen helfen, da gab es keine Ausreden. Wenn man Verantwortung bekommen hat, hat man sie auch getragen. Seine Verantwortung nicht zu übernehmen, das gab es bei uns einfach nicht. Ich habe also Disziplin gelernt, die hatte ich sozusagen schon in meinem Rucksack, als ich mein Networkmarketing-Business begonnen habe. Das ist sicher mit einer der Gründe, wieso ich so schnell erfolgreich geworden bin.

Ein weiteres Thema ist der Vergleich mit anderen: was denken die anderen von mir?

Meine ältere Schwester war immer die Erfolgreiche von uns beiden, die Tolle, die wahnsinnig viel geschafft hat, und wirklich ein einzigartiger Mensch ist. Wenn mein Vater z. B. gefragt wurde, was seine Töchter machen, hat er immer geantwortet: „Also, die Große, die hat ihre Ausbildung mit Auszeichnung abgeschlossen, alle Module ganz toll gemacht, die hat sich selbständig gemacht, ein Restaurant eröffnet und macht dies und das ..." Und wenn dann gefragt wurde, was denn „die Kleine" mache, dann hieß es nur knapp: „Na, die ist Flugbegleiterin."

Also, er war schon stolz auf mich, denn ich habe bei Niki Lauda begonnen und das war auch eine sehr gute Schule. Ich kann euch nur raten, nehmt alle Herausforderungen an, auch wenn sie noch so hart oder traurig sind, denn es ist alles für etwas gut und daran können wir wachsen. Ich habe mir damals schon gedacht: ist es wichtig, ob ich für andere erfolgreich bin, was andere über meinen Weg denken oder tue ich es für mich? Ich habe dieses Leben als Flugbegleiterin geliebt, liebe es immer noch! Ich war oft drei Wochen in der Karibik, das war eine meiner Hauptdestinationen und ich habe erkannt, dass es allein entscheidend ist, was es für mich bedeutet, was für mich wichtig ist und nicht, was es nach außen scheint und was andere über mich oder über Erfolg denken. Das habe ich an der Geschichte mit meiner Schwester gelernt.

Oder die Sache mit meinen Kindern. Ich habe das erste Baby verloren und es hat danach so lange gedauert, bis wir unsere Zwillinge bekommen haben. Es war eine harte Zeit, ich habe viele Tränen geweint und war verzweifelt. Aber am Ende ist alles gut geworden.

Wie ich so schnell in die hohe Zielstufe gekommen bin?

Also, wie gesagt, die vorherigen Erfahrungen meines Lebens haben mir da definitiv sehr geholfen. Wir sind ja Empfehler, und je mehr Menschen ich gut zuhöre, umso mehr kann ich bewirken. Ich habe über unser Geschäft gesprochen, wann immer sich die Gelegenheit geboten hat. Ich habe dieses Geschenk jedem angeboten, denn es passt wirklich für JEDEN, davon bin ich von ganzem Herzen überzeugt! Die einzige Ausnahme sind Menschen, mit denen ich nicht zusammenarbeiten möchte, diese Freiheit nehme ich mir heraus, zu entscheiden, mit wem ich meine Zeit verbringen möchte. Da einfach sagen zu können: Das will ich nicht, den will ich nicht in meinem Leben haben - das ist auch eine wunderschöne Art von Freiheit! Ich sehe unser Business nicht als Arbeit, sondern wirklich als Geschenk. Ich denke mir immer, wenn ich sowieso schon mit jemandem spreche, da kann ich ihm doch gleich dieses Geschenk bieten! Ich glaube, das haben wir beide gemeinsam, oder? (lacht)

Was meine Herausforderungen waren? Ehrlich gesagt, die beginnen so richtig erst jetzt! Bisher ist es einfach passiert, es ging fast wie von selber. Jetzt merke ich aber, dass ich lernen muss, mein Team anders zu strukturieren. Bisher wollte ich immer für alle da sein, und das will ich natürlich immer noch. Aber das Team ist mittlerweile so groß, dass das nicht mehr immer so geht. Wir müssen da neue Strukturen aufbauen, auch in der Kommunikation. Die Partner sind selbständig geworden und das ist auch gut so, auch wenn es mitunter weh tut, wenn sich Dinge ändern und sich Partner lösen und selbständig werden. Bisher waren wir das „Team Sunshine", immer Mona + Edith, quasi im Doppelpack, und das geht aufgrund des rasanten Wachstums nicht mehr so.

Und dann andere Themen wie: Anfangs bist du für alle großartig, du hörst dauernd ermutigende Worte wie: „Du schaffst das schon" und so weiter, denn da können alle noch großzügig sein, da du ja keine „Bedrohung" darstellst. Aber jetzt merke ich immer öfter, dass da leider auch Neid dazukommt. Von den unterschiedlichsten Seiten, oft auch von solchen, von denen man das nie gedacht hätte. Das tut schon sehr weh und man versteht es nicht, denn jeder kann ja diesen Weg gehen, es ist jedem freigestellt, den gleichen Erfolg zu haben! Aber das erkennen manche nicht. Statt sich selbst zu reflektieren, bauen sie lieber ein Feindbild auf.

Ich lerne jetzt gerade, nicht an solchen Dingen zu verzweifeln, sondern zu lernen, wie ich damit umgehen darf in Zukunft. Das ist schon nicht ganz einfach und man wächst definitiv daran! Mir helfen da unsere Gespräche sehr, denn ich sehe, dass ich nicht die Einzige bin, die solche Erfahrungen macht, sondern dass das ganz vielen so geht. Ich weiß, dass auch du solche Dinge erlebt hast, oder?

Und wie du gesagt hast, Sonja, wenn du deine wahre Größe gefunden hast bzw. dich zumindest einmal in diese Richtung entwickelst, dann bist du auf einmal sichtbar und damit wirst du angreifbar und Ziel von Neid und anderen negativen Dingen. Daran knabbere ich gerade. Aber unser Gespräch darüber hat mir damals wirklich sehr geholfen.

Ich habe gelernt, mich vom Ergebnis zu lösen, denn mehr als tun kann ich nicht und was dann daraus wird, das liegt oft eh nicht in meiner Macht.

Was ich bisher erreicht habe? Also, ich habe in zwei Jahren die Zielstufe 8 (von insgesamt 10 Karrierestufen) erreicht und als ich in der Stufe 4 war, habe ich mich für The Face beworben und bin tatsächlich unter die letzten zehn gekommen. (Das ist ein Contest, der von unserem Partnerunternehmen ausgeschrieben wird, um das Gesicht für die Marketingunterlagen für das kommende Jahr zu finden, da das Unternehmen keine professionellen Models dafür haben möchte, sondern richtige Menschen, die das Business wirklich machen, leben und lieben und echte Markenbotschafter sind. Es geht dabei weniger um klassische Modelmaße, sondern man möchte Menschen mit Ausstrahlung, Charakter und Einzigartigkeit finden.)

Wir wurden zu einem tollen Wochenende eingeladen mit einem professionellem Fotoshooting. Ich habe so großartige Menschen dort kennengelernt, auch unsere Firmengründer. Die Endentscheidung war dann bei einer Großveranstaltung, in einer Halle vor etwa 6.000 Menschen, und ich war da dabei! Ich habe dann letzten Endes nicht gewonnen, eine andere, wunderschöne und tolle Frau hat verdientermaßen das Rennen gemacht. Natürlich war ich enttäuscht und muss ehrlich sagen, dass ich geweint habe, als ich von der Bühne ging. Aber es war so eine unglaubliche Erfahrung, ich habe so tolle Menschen und deren Geschichten kennengelernt und das hat mich wieder wahnsinnig weitergebracht.

Ich habe jetzt ein weiteres Thema, dieses Nach-Außen-Treten mit Social Media und so. Ich merke, ich sollte dies und das, aber ich habe auch gelernt, dass ich mich auf meine Stärken fokussieren muss, ich alles in meinem Tempo machen darf, mich nicht vergleichen muss. Ich stresse mich da jetzt nicht mehr. Ich mache es auf meine Art und andere machen es eben auf ihre Art. Dieses „ich sollte" denke ich mir jetzt nicht mehr. Vielleicht werde ich irgendwann einmal die Instagram-Queen, aber einstweilen ist dafür bei mir kein Platz. Ich vergleiche mich einfach nicht mit anderen. In unserem Business darf jeder so sein wie er ist und das finde ich wunderbar!

Meine Team umfasst jetzt ca. 200 Partner, meine beste Provision waren bisher € 11.200,- und das ist einfach großartig. Als ich begonnen habe, hat ja mein Mann immer, wenn meine Mentorin angerufen hat, so im Spaß ins Telefon gesagt: „Mona, wir kaufen nix, wir kaufen nix!!!"

Ich habe aber von Anfang an klargestellt, dass ich keine Zustimmung von ihm brauche für das, was ich tue, aber das ich seine Unterstützung haben möchte. Und die habe ich immer bekommen.

Nach einem Jahr hatte ich eine Provision von ca. 3.500 Euro, das verdienen viele in ihrem Hauptjob nicht. Auch ich nicht in meinem, das muss ich ganz klar sagen! Da ist mein Mann dann in den Keller gegangen, hat eine Flasche Champagner aufgemacht und zu mir gesagt: „Das hätten wir schon vor zehn Jahren machen sollen!" Aber ich habe klargestellt, dass das nicht funktioniert hätte. Denn meine Upline hat die ganze Vorarbeit geleistet, die vor zehn Jahren noch nicht da gewesen wäre und insofern war das dann der beste Zeitpunkt für mich. Vorher wäre das noch nicht mein Weg gewesen. Es war alles schon da, ich brauche nur zuzugreifen! Ihr habt so viel aufgebaut, die ganzen Lerntools, die Tabellen etc. Daran wäre ich wohl gescheitert! Und wer hat sich vor zehn Jahren schon mit Nachhaltigkeit und Ethik befasst? Nein, es ist schon alles gut so, wie es gekommen ist!

Ich bin mir sicher, dass ich die höchste Karrierestufe erreichen werde.

Meinen Hauptjob als Flugbegleiterin werde ich auch dann nicht kündigen, auch wenn das viele wundert. Ich tue ja wirklich alles in meinem Leben mit absoluter Leidenschaft zu hundert Prozent und ich liebe auch das Fliegen. Ich liebe, es, zwischendurch einmal von der Familie weg zu sein und z. B. 24 Stunden in New York sein zu können, durch die Stadt zu schlendern und in einer anderen Welt zu sein. Und wir werden ja den Markt in den USA eröffnen, also wäre es ja dumm, meinen Job zu kündigen, denn ich kann ja quasi gratis überall hinfliegen. Künftig gibts dann also Teammeetings in Miami Beach oder den Bahamas (lacht).

Warum sollte ich das also aufgeben, solange ich in beidem meine Vorstellung von 100 % geben kann?

Ich genieße es, dass ich das Geschenk bekommen habe, wieder träumen zu dürfen, was ich in meiner zweiten Lebensphase noch alles machen darf. Ich genieße es, meine Freizeit so zu verbringen, wie ich das möchte. Ich möchte mir nicht mehr überlegen müssen, ob ich mir dies und das leisten kann. Einen Wochenendflug mit meiner Familie zum Beispiel, oder eine Haushaltshilfe. Ich hasse es, zu kochen (ehrlich gesagt, weil ich es nicht kann!). Ich lebe außerhalb von Wien, in einer wunderschönen Heurigen Gegend und es hat mir so viel Leichtigkeit gebracht, dass ich einfach mit den Kindern essen gehen kann, wenn ich will und nicht kochen und einkaufen und mich fragen muss: wird es ihnen wohl schmecken? Denn der eine will das und dem anderen schmeckt dies nicht - ihr kennt das wahrscheinlich ...

Mir ist es jetzt ganz wichtig, meine Zeit ganz bewusst zu genießen. Geld ist nun einmal unser Tauschmittel, da müssen wir uns nichts vormachen! Ich liebe es beispielsweise, in einem schönen Hotel zu sein, wo ich keine Hausarbeit habe und einfach aktive Zeit mit der Familie oder für mich selbst genießen kann. Zeit ist meiner Meinung nach unser wahrer Luxus!

Und das kann ich nicht nur selber leben, sondern diesen Luxus kann ich ganz vielen anderen Menschen bieten - dafür bin ich so dankbar!

Wenn du die Motive und Visionen deiner Partner hörst und dann miterlebst, wie sich diese erfüllt haben, das ist das größte Gefühl, das man sich vorstellen kann! Du bekommst dann so viel Dank dafür - da bekomme ich jetzt beim Reden direkt Gänsehaut! Aber auch mit den Kunden - wenn jemand immer Hautprobleme hatte und er hat sie auf einmal nicht mehr oder nie aufs WC gehen konnte und jetzt mit unseren Vitalstoffen kann er es auf einmal wieder, dann merkt man einfach, dass es nicht egal ist, was man tut. Du hinterlässt da etwas. Ich meine, als Flugbegleiterin kann ich den Leuten zehn Stunden den Flug angenehm machen, das ist auch schön. Aber hier kann ich wirklich ein Beitrag für andere sein, für die Umwelt - und ich war früher wirklich nicht der große Umweltfanatiker, das muss ich ehrlich sagen. Ich liebe es jetzt aber, dass ich aktiven Umweltschutz leisten kann, ohne auf eine Demo zu gehen oder so, einfach, indem ich mein Badezimmer grün mache und das meiner vielen Kunden und Partner... Und Chancengeber für andere zu sein - das ist überhaupt das Allerschönste!

Mein Rat an andere?

Ich würde mir überlegen, ob ich Networkmarketing als Hobby betreiben möchte oder wirklich eine berufliche Entscheidung treffe. Ich würde diese Entscheidung bald treffen, weil hier wirklich sehr viel möglich ist und dann nicht nach links und rechts schauen. Vergleiche dich nicht mit anderen, lass dich dazu nie verleiten! Sieh es als Geschenk, denn dann hast du keine Erwartungshaltung. Bei einem Job hast du eine Erwartungshaltung, da mache ich das und möchte dieses Geld dafür haben. Aber hier bekommst du so viel mehr! So viel Persönlichkeitsentwicklung - sieh es als Chance, zu wachsen und gleichzeitig was wirklich Großes aufzubauen. Mach es in deinem Tempo und saug dir alles auf, was du bekommen kannst. Verpack es in deine persönliche, authentische Art. Lass dich nicht hetzen, lass es nicht zum Zwang werden.

Für mich waren und sind meine Mentorin und meine Upline sehr, sehr maßgeblich! Mein Team ist FÜR MICH das Beste, was ich mir vorstellen kann. Mona hat genau gewusst, wie viel für mich gut ist, sie hat mich in jeder Situation immer unterstützt und wir sind durch unser gemeinsames Business noch enger zusammengewachsen. Aber auch alle Führungskräfte über ihr haben mir so viel gegeben, ich habe alles bekommen, was ich brauche, ich nehme von jedem Gespräch mit euch etwas mit. Ich fühle mich extrem wertgeschätzt und habe mich nie unter Druck gefühlt. Es ist ein Geschäft von Mensch zu Mensch und ich weiß, dass Mona damals deinetwegen Partnerin geworden ist, Sonja. Du hast dir damals die Mühe gemacht, extra nach Wien zu kommen zu einer Präsentation und Mona ist damals Partnerin geworden, weil sie sich mit dir und deiner Geschichte so gut identifizieren konnte. Du bist damals die Extrameile gegangen, obwohl Monas Mentorin deine 6. Generation war oder so. Und daraus ist unser super Team entstanden! Man sieht, es ist nie egal, ob man etwas tut oder eben nicht.

Ich liebe es, dass ich das Business so in mein Leben integrieren kann, wie es mir passt, am Spielplatz oder beim Fliegen. Es geht nicht darum, perfekt zu sein, sondern begeistert und authentisch. Alles andere kann man dann in seinem Tempo lernen. Ich werde jetzt auch anfangen, einige Bücher zu lesen- eines habe ich von Mona geschenkt bekommen, also kann ich ja quasi nicht anders (lacht). Nein, im Ernst, das Buch ist super und das Lesen bringt dir ganz viel, aber du musst halt auch die Zeit haben und du darfst immer dein Tempo und deinen perfekten Zeitpunkt selbst wählen. Und wenn du zum Profi werden möchtest, musst du natürlich gewisse Dinge wissen und kennen, das ist ganz klar. Alles, was du kannst, bringt dich wieder ein Stück weiter. An dem Punkt bin ich jetzt wohl gerade. Bis hierher bin ich aber wirklich mit meiner 100%igen Entscheidung, meiner Begeisterung und meiner Disziplin gekommen.

Die Welt ein Stück besser machen

Zum Abschluss möchte ich noch einmal von Herzen eine Liebeserklärung an Networkmarketing, das beste Geschäft der Welt abgeben. Wo wären meine Kinder und ich heute, wenn ich nicht Ende 2015 diese Chance ergriffen hätte? Und wo wären all die Menschen aus meinem Team? Ich möchte es mir gar nicht vorstellen!

Aber um ganz offen und realistisch zu sein, möchte ich euch auch die Schwachstellen von diesem Business aufzeigen:

Es gibt auch hier Idioten – wie überall:

Dass wirklich JEDER hier starten kann, finde ich ganz besonders wundervoll. Aber natürlich hat das zur Folge, dass auch viele Leute hier ihr Glück suchen, die dem Ruf von Networkmarketing massiv schaden. Die die wahre Natur von diesem Geschäft gar nie kennen gelernt haben und auch nie verstehen werden. Die all das, was ich in diesem Buch geschrieben habe, was in vielen anderen Büchern geschrieben und auf Veranstaltungen und bei internen Schulungen vermittelt wird, überhaupt nicht interessiert. Die das schnelle Geld auf Kosten anderer machen möchten, falsche Versprechungen abgeben, aufdringlich und lästig sind… All das gibt es wirklich, das ist nicht zu leugnen!

Du wirst das schnell erkennen, wenn du negative Reaktionen auf dein Business bekommst – und die wirst du definitiv bekommen! Frag mal interessiert nach, was für negative Erfahrungen dein Gegenüber gemacht hat. Und ich wette, zu 99,9 % waren es genau solche Menschen, die für einen schlechten Eindruck gesorgt haben. Also persönliche Erfahrungen mit Personen. Das tut mir immer sehr weh, gleichzeitig ist es auch beruhigend, denn es zeigt ganz klar: an unserem Business per se gibt es nix zu meckern. Solche persönlichen Erfahrungen kann man auch relativ leicht entkräften. Ich sage in solchen Fällen beispielsweise:

Das tut mir sehr leid, dass du diese Erfahrung gemacht hast! Ich kann gut verstehen, dass du jetzt eine schlechte Meinung hast – die hätte ich an deiner Stelle bestimmt auch. Ich weiß, dass es einige Leute gibt, die unser Geschäft nicht so betreiben, wie man es betreiben sollte. Das ist wirklich total schade und ich bemühe mich sehr, mit meinem Team so zu arbeiten, dass wir ein positives Aushängeschild nach außen sind. Aber du gibst mir vielleicht recht, dass es in jeder Branche und jeder Firma schwarze Schafe gibt, leider. Ich bin froh, dass ich mich damals bei meiner Entscheidung für Networkmarketing davon Gottseidank nicht habe beirren lassen, da ich wusste, dass einzelne Menschen natürlich nie repräsentativ für eine ganze Branche sind. Und es würde mich echt total freuen, wenn auch du dir deine Chance nicht von diesen echt blöden Erfahrungen zerstören lässt. Indem du dir selbst die Chance gibst, dir ein eigenes Bild zu machen, wie wir wirklich arbeiten. Es würde mir echt leidtun, wenn du nur wegen irgendeines Idioten vielleicht DIE Chance deines Lebens ausschlagen würdest …

Vielleicht ist dies auch der einzige wirkliche Haken an dem Businessmodell: Dadurch, dass es jeder machen kann, kann auch viel Mist gebaut werden, daran besteht kein Zweifel. Seriöse Networkunternehmen haben zwar sehr genaue und strenge Corporate-Behaviour-Rules, manche sind da aber eher locker oder diese Rules werden einfach nicht eingehalten. Gerade jetzt in Zeiten der Social Media kann es unserem Ruf massiv schaden, wenn Neulinge wahllos über diverse Kanäle kalt kontakten. Wenn Influencer hundertmal am Tag von Partnern desselben Unternehmens plump mit derselben Masche angeschrieben werden, ihre Bekannten so mit ihren Produkten nerven, dass diese sich schon nicht mehr getrauen, deren Anrufe entgegen zu nehmen …

Was können wir dagegen tun?

Die Welt kann niemand von uns alleine retten – leider. Indem wir allerdings als gute Beispiele vorangehen, echte Botschafter für unser Businessmodell werden, selbst mit unseren Teams absolut korrekt und fair arbeiten, werden wir auf Dauer einen Fußabdruck hinterlassen, der ebenfalls nicht ungesehen bleibt. Und jeder unserer potentiellen Interessenten kann dann selbst entscheiden, worauf er seinen persönlichen Fokus richten möchte, auf die, die es leider verbocken, oder die, die zeigen, dass Networkmarketing eine großartige Chance für jeden Menschen auf dieser Welt ist. Und du darfst dich auch fragen: Möchte ich jemanden, der sich so darauf versteift hat, nur das Negative an unserem Business zu sehen, überhaupt in meinem Team haben?

Wenn ich noch einen zweiten Haken finden möchte, dann vielleicht diesen:

Es ist so leicht und doch so schwierig:

Obwohl unser Business so leicht und für jedermann ist, ist es das auf der anderen Seite auch wieder nicht. Es ist ein seltsamer Widerspruch in sich.

Ich habe ja schon zugegeben, dass ich teilweise noch heute das Gefühl habe, eigentlich gar nichts zu machen, was dieses großartige Einkommen rechtfertigen würde. Ich habe oft fast ein schlechtes Gewissen, wenn ich überall auf der Welt Menschen sehe, die so viel schwerer für so viel weniger Geld arbeiten müssen als ich. Das wird in mir immer den brennenden Wunsch auslösen, diesen Menschen mein Business anzubieten, ihnen ein völlig neues Leben zu Füßen zu legen. Doch gleichzeitig ist mir bewusst, dass diese so leicht anmutenden Dinge oft die schwersten sind. Wie beispielsweise die Bereitschaft, sich über einen längeren Zeitraum hinweg völlig auf eine Sache zu konzentrieren, sich nicht ablenken oder verunsichern zu lassen, Rückschlägen standzuhalten und sein Ziel niemals aus den Augen zu verlieren. Nur die wenigsten schaffen das. Es ist erstaunlich und bedauerlich. Auch permanent mit Menschen zu arbeiten, die weniger motiviert, aktiv und begeistert sind als man selbst, die man immer und ewig mitschleppen, aufrichten, inspirieren muss, egal wie es einem selbst gerade geht, ist echt schwer über längere Zeit zu ertragen. Man muss mental wirklich sehr stark sein und sich selbst immer wieder in seine Kraft bringen, um das langfristig durchstehen zu können. Und ich könnte noch eine lange Liste von Dingen aufzählen, die so lächerlich und nebensächlich klingen mögen, in der Realität aber die Gründe dafür sind, wieso Menschen im Networkmarketing aufgeben, scheitern oder ewig dahindümpeln. Die gute Nachricht ist: Man kann etwas dagegen tun, sofern man es erstens mal erkennt, indem man sich selbst reflektiert und dann an seinem Mindset, seiner Persönlichkeit und an seiner mentalen Stärke arbeitet. Deshalb ist das Mindset die allerwichtigste Sache in unserem Business. Man kann sich nicht genug damit beschäftigen und man hört niemals auf, sich weiter zu entwickeln! Je mehr Fokus du auf dieses Thema richtest, umso erfolgreicher wirst du werden!

Das sind beim besten Willen die einzigen Haken, die mir an unserem Geschäft in den Sinn kommen. Zum Schluss möchte ich jetzt darauf eingehen, wieso du dir unbedingt selbst diese Chance geben solltest!

Was ist das Besondere und meiner Meinung nach Einzigartige an diesem Geschäft?

Als erstes fällt mir da ein: Du bist - und falls du es anfangs noch bist, dann wirst du durch die Persönlichkeitsentwicklung, die du automatisch erlebst, wenn du dich auf das Business einlässt und bereit bist, zu lernen - ein Menschenmagnet und kannst anderen Menschen deine geniale Chance auf ein besseres Leben anbieten und sie auf diesem Weg begleiten. Das ist für mich die schönste Art, sein Geld zu verdienen!

Du kannst Inspiration sein für andere. Genau DU bist der Grund, wieso sich Menschen dir anschließen und es ist nicht egal, ob genau du da bist oder nicht. Dein Erfolg wird andere ermutigen, es dir nachzutun. Partner entscheiden sich immer zuerst einmal für DICH als Person, und erst in zweiter Linie für das Unternehmen oder das Geschäftsmodell.

Du kannst Grenzen überwinden, im Inneren wie im Äußeren. Und das eine bedingt immer das andere. Sobald du deine inneren Begrenzungen abwirfst, die Angst vor etwas Neuem, vor dem Verlust deines sozialen Status, vor Ablehnung, ... lösen sich wie durch Zauberhand auch die äußeren Begrenzungen deines Lebens auf. Das wird dir jeder Mentalcoach bestätigen. Dein Leben wird sich verändern, und zwar im gleichen Ausmaß, wie sich dein Erfolg einstellen wird.

Du musst nicht perfekt sein. Perfektion schreckt andere ab. Wie nirgendwo sonst kannst du dein wahres Ich leben und nach außen tragen. Die einen Menschen, die du ansprichst, werden sich dir anschließen. Die anderen nicht. Und das ist in Ordnung so. Gerade mit deinen Unzulänglichkeiten, Schwächen, Fehlern, wirst du die Herzen der Menschen gewinnen. Denn niemand von uns ist perfekt. Wenn wir als Top-Leader zeigen, dass auch wir unvollkommen, menschlich und nicht perfekt sind, machen wir den Menschen so viel Mut! Das macht auch wahnsinnig viel Spaß! Früher habe ich mich selbst wahnsinnig unter Druck gesetzt, war unheimlich streng zu mir, hatte ganz strenge Ansprüche an mich selbst und glaubte, alles können zu müssen. Heute genieße ich meine Unzulänglichkeiten über alles und zelebriere diese richtig.

Ich möchte dich in diesem Zusammenhang aber auch warnen. Wenn der Erfolg kommt, kommen auch andere nicht so schöne Dinge Hand in Hand mit ihm. Auch das ist ein Pauschalangebot. Du wirst mit Neid konfrontiert, mit Unaufrichtigkeit, Berechnung, vielleicht sogar mit Hass. Du wirst verstehen, wieso Networker (und auch andere erfolgreiche Menschen) ab einer gewissen Liga die Höhe ihres Einkommens nicht mehr verraten. Du wirst teilweise das Gefühl haben, für manche Menschen nur noch als Cash Cow wahrgenommen zu werden. Du wirst respektlose Dinge hören. Wenn du beispielsweise jemanden im Café auf seine Konsumation einlädst und er darauf eh nur gewartet - und deshalb das Teuerste bestellt hat -- und dann lediglich sagt: „Danke - aber du kannst es dir eh leisten!" Oder dich als geizig hinstellt, wenn du nicht jeden Schwachsinn ungeprüft finanzierst. Die Aasgeier kommen dann nämlich auch. Die sich Geld von dir leihen wollen. Auf einmal sind sie alle deine besten Freunde. Immer gewesen. Oder dich zu halbseidenen Investitionen überreden wollen. Wenn du von gewissen Neidern (die keine Ahnung von dir und deinem Leben haben) als Rabenmutter dargestellt wirst, die nur ihre Karriere im Kopf hat. Weil dein Leben ein wenig anders ist als „normal". Weil sie nur dein Auto, deine Traumreisen, dein Haus und deine Handtasche sehen, aber nicht die Hürden, Rückschläge, Zweifel, Ängste, Tränen, schlaflosen Nächte und Mühen, die dich dorthin gebracht haben.

Diese Dinge werden dir weh tun, weil sie ungerecht sind. Sie werden dich aber auch stärker machen. Sie werden dir zeigen, wer deine wahren Freunde und Wegbegleiter sind. Und ich kann dir garantieren, dass du da einige Überraschungen erleben wirst und sich dein Freundeskreis im Laufe der Zeit sehr verändern wird. Aber definitiv zum Besseren! Deine Seelenverwandten werden zu dir finden!

Du wirst erleben, wie befreiend Querdenken sein kann. Du wirst merken, dass die Welt mutige Vorreiter braucht. Und du wirst es trotz aller Herausforderungen, die damit Hand in Hand gehen, genießen, in deinem Leben und deinem Handeln einen echten Sinn zu sehen. Das ist etwas, das leider nur sehr wenige Menschen von sich behaupten können, wenn sie ehrlich zu sich selbst sind.

Nur wer hat, kann geben.

Ich liebe diese Aussage. Sie macht deutlich, dass all das Gerede, wie ehrenhaft es doch sei, arm zu sein, wie verwerflich Geld doch sei, einfach Blödsinn und meist Neid der Besitzlosen ist. Was kann denn ein Armer, was ein Wohlhabender nicht kann? Und was kann er alles nicht, was der Wohlhabende sehr wohl kann? Da gibt es tausend Dinge, aber eines kommt mir als erstes in den Sinn: Anderen, denen es schlechter geht, zu helfen. Die Welt ein wenig zum Besseren zu verändern, sei es durch Sozial- oder Umweltprojekte. Kinderpatenschaften. Beim Einkaufen nicht nur auf den Preis schauen zu müssen, sondern es sich erlauben zu können, großartige, nachhaltige, regionale, biologische Produkte zu kaufen. Solche Unternehmen unterstützen, die mithelfen, unseren Planeten enkelkindertauglich zu bewahren bzw. zu machen. Auf sich selbst achten zu können mit ausreichend Schlaf, gesunder, frischer Ernährung, Sport, Zeit in der Natur, Zeit für Familie, Freunde, denn all das tut uns gut, hält uns gesund. Denn nur wenn es uns selbst gut geht, sind wir keine Last für andere, sondern ein positiver, konstruktiver Beitrag, den die Welt so dringend braucht. Und je besser es uns geht, umso besser geht es auch unserem Geschäft, denn das strahlen wir aus und ziehen wir dadurch automatisch auch wieder an. Was für eine wunderbare Positiv-Spirale!

Unser Geschäftsmodell ist eine der letzten Chancen für ganz normale Menschen wie dich und mich, ein überdurchschnittliches Leben in Wohlstand und Freiheit zu führen.

Es gibt Müttern die Möglichkeit, ihre Kinder selbst groß zu ziehen und dennoch selbsterhaltungsfähig und finanziell unabhängig zu sein. Allein das ist so einzigartig und ungewöhnlich, dass es mir immer noch Gänsehaut verursacht, wenn ich mir das vor Augen halte. Senioren, die keine Aufgabe mehr im Leben haben, kann es einen neuen Sinn, die Zugehörigkeit zu einer Gruppe und die Anregung geben, geistig und körperlich fit zu bleiben. Menschen, die keinen Ausweg aus ihrem Karriere-Hamsterrad sehen, die Perspektive auf ein freies Leben nach ihren eigenen Vorstellungen. Studenten, Angestellten, Hausfrauen, Selbständigen und einfach allen die Chance, sich durch ein Neben-, Zusatz- oder künftiges Haupteinkommen ein besseres Leben aufzubauen, in dem nicht jeder Cent umgedreht werden muss und alles etwas leichter geht. Es gibt meiner Meinung nach einfach nichts Vergleichbares.

Zu deinen Werten stehen

In welchem „Job" hast du die Möglichkeit, zu deinen Werten zu stehen und dich nicht zu verbiegen? Im Networkmarketing ist das nicht nur möglich, es macht dich sogar zu deiner eigenen Marke, wenn du deine Werte lebst und deine Art zu leben nicht dem Herdendenken und dem „Normalen" opfern musst. Für mich gibt es nichts Erfüllenderes, als zu tun, wozu ich zu hundert Prozent stehe und wofür ich brenne. Nur so kann ich andere inspirieren und so ebenfalls zu Erfolg verhelfen. Lange genug habe ich mich mit ungeliebten „Jobs" über Wasser gehalten, die mich weder erfüllt noch begeistert haben. Heute ist mir sonnenklar, dass man so niemals erfüllt und erfolgreich im Leben werden kann.

Mittelstand stärken

Es gibt ganz normalen Menschen, Müttern, Frauen, Pensionisten und älteren Menschen, Studenten, Menschen mit Beeinträchtigung und aus allen sozialen Schichten - einfach allen - die Chance, sich ein Leben in Wohlstand und Freiheit aufzubauen. Nicht die großen Konzerne werden damit unterstützt, sondern der Mittelstand, die Menschen vor Ort, die ihr Geld auch dort wieder ausgeben. Menschen, die im klassischen Arbeitsleben keine oder schlechte Chancen haben, haben hier die Möglichkeit, eine überdurchschnittliche Karriere zu starten und ein Einkommen aufzubauen, das dem eines Top-Managers würdig ist. Ich selbst als dreifache Mama, Revoluzzerin und unverbesserlicher Freigeist bin der allerbeste Beweis dafür! Insofern hat unser Geschäftsmodell auch gesellschaftspolitisch und sozial eine ganz große Bedeutung!

Ethik, Fairness, Chancengleichheit

Wo sonst hat jeder die absolut gleichen Chancen, egal, woher er kommt, wie alt oder schön er oder sie ist, ob Mann oder Frau, dick oder dünn, Akademiker oder Hilfsarbeiter, Christ oder Moslem, ...?

Wo sonst wird man umso erfolgreicher, je fairer, ethischer, großzügiger und gerechter man ist? Im „normalen" Wirtschaftsleben ist leider meist genau das Gegenteil der Fall. „Du musst ein Schwein sein auf dieser Welt" ist leider ebenso wahr wie, dass man für beruflichen Erfolg oft über Leichen gehen muss, die Ellenbogen ausfahren, an Stuhlbeinen sägen, opportunistisch, verlogen, rücksichtslos und unbarmherzig sein muss, um „nach oben" zu kommen. Ist es nicht wunderbar, dass es noch ein Geschäftsmodell gibt, wo es genau umgekehrt ist? Wo man, je menschlicher, ethischer und vertrauenswürdiger man ist, umso erfolgreicher werden kann? Schau dir einmal die Top-Networker an! Du wirst wohl nicht leicht jemanden darunter finden, der nicht ein großzügiger, fairer, vorurteilsfreier und liberaler Mensch ist. Dafür werde ich immer dankbar sein. In der „echten Berufswelt" wäre aus mir wohl nie was geworden.

Es ist krisenfest und antizyklisch

Schon vor der Corona-Krise war ganz klar zu erkennen, dass Networkmarketing Krisen einfach nicht mitmacht. Dass es auch und gerade in wirtschaftlich schwierigen Zeiten, Regionen und Situationen seine eigenen Gesetze hat. In meinem Partnerunternehmen hatte beispielsweise Spanien ein Land mit riesigen Problemen, einer hohen Arbeitslosigkeit und vergleichsweise niedrigem Lohnniveau ein Wachstum, das das ohnehin schon sensationelle Wachstum in unseren anderen „reichen" Märkten wie Österreich, Deutschland oder Schweiz bei weitem übertraf.

In der Corona-Krise zeigte sich dann ein ähnliches Bild. Überall wurde gespart, wurden Mitarbeiter in Kurzarbeit geschickt oder gekündigt. Das Jahr 2020 war das bis dahin mit Abstand erfolgreichste Wirtschaftsjahr in den 25 Jahren des Bestehens des Unternehmens und 2021 setzte da dann noch einmal 30 % drauf! Es musste niemand in Kurzarbeit geschickt oder gekündigt werden. Ganz im Gegenteil, es wurden im Jahr 2021 über 200 neue Mitarbeiter eingestellt und das Wachstum bei den Partnern war ohnehin unschlagbar.

Wieso ist das so?

Gerade in Krisenzeiten und bei wirtschaftlichen Problemen müssen die Menschen raus aus der Komfortzone, runter vom Sofa. Sie wissen den Wert des Geldes und finanzielle Sicherheit zu schätzen. Ich denke oft an die Worte einer slowakischen Partnerin, die mir einmal anvertraut hat, dass sie es nur schwer aushalten kann, wie träge und bequem die Menschen in Österreich sind. Sie selber und ihre Eltern haben den Kommunismus noch erlebt und ihr Vater hat alles für getan, dass es seiner Tochter einmal besser geht. Klar, dass sie aufgrund der schwierigen Lage, die sie bei ihren Eltern ganz deutlich miterlebt hat eine Chance wie diese, wo man nicht schwer körperlich arbeiten muss, keinerlei Risiko hat, alles fix und fertig zur Verfügung gestellt bekommt, mit Begeisterung ergreift. Und nicht die Teilnahme bei einem Live Event in der Stadt storniert, weil es heute Abend regnet und so kalt ist draußen, oder weil Tatort im Fernsehen läuft.

In Krisen müssen auch die, die vorher gönnerhaft auf uns Networker herabgeschaut haben, sich in der Sicherheit ihres „sicheren Jobs" gewiegt haben, leider teilweise feststellen, dass der so sicher geglaubte Job doch nicht so sicher war.

In wirtschaftlichen schwachen Regionen mit hoher Arbeitslosigkeit sind die Menschen unheimlich dankbar für die Gelegenheit, Teil eines extrem erfolgreichen - ausländischen oder inländischen, egal - Unternehmens werden zu können. Sie können an einer Erfolgsstory teilhaben, die sich ihnen in ihrer Region sonst wohl nicht bieten würde.

Work Life Balance

Tu das, was du liebst, dann musst du dein Leben lang nicht mehr arbeiten.

Erst seit 2015 kann ich verstehen, was damit gemeint ist.

Seid es euch selbst wert, einmal ein paar Jahre ALLES zu geben, um etwas für euch und eure Kinder aufzubauen? Was und wer könnte wichtiger sein?

Ich kann mich noch gut daran erinnern, wie es sich angefühlt hat, täglich acht bis zehn Stunden in ein Büro zu „müssen". An das Gebirge auf meiner Brust jeden Sonntagabend, wenn ich an die vor mir liegende Arbeitswoche dachte, die drohend näher rückte. Ich hatte damals einen Hund, den ich natürlich nicht zur Arbeit mitnehmen durfte und für den ich jede Woche aufs Neue eine Betreuung organisieren musste. War einmal niemand aufzutreiben und ich musste ihn alleine in der Wohnung lassen, war ich den ganzen Tag wie auf Nadeln, ließ das Mittagessen ausfallen, um eine halbe Stunde früher rauszukommen und nach Hause zu hetzen. (Das einzig Positive daran war, dass ich aus lauter schlechtem Gewissen täglich nach der Arbeit eine Stunde mit ihm in den Wald laufen ging und TOP in Form war wie seither nie mehr...;-))

Der Freitag war immer wie ein Rettungsanker.

Heute kann ich mir eine Trennung zwischen Arbeit und Leben gar nicht mehr vorstellen. Es geht fließend ineinander über und es würde mir nicht im Traum einfallen, irgendwann einmal nicht mehr zu arbeiten. Ich werde meine Arbeit definitiv bis zu meinem letzten Atemzug tun und lieben! Unabhängig von dem Geld, das ich damit verdiene. Denn das fließt ohnehin schon lange fast von selbst. Als Networkerin habe ich noch nie für Geld gearbeitet. Zuerst nicht, weil ich gar keine Ahnung hatte, was in dem Geschäft überhaupt möglich ist. Dann, weil ich wie berauscht war von der Erfüllung, die ich gespürt habe, von der Energie, die ich bekommen habe, der Leichtigkeit und Sinnerfülltheit, dem Spaß. Damit fing auch das Geld an, zu mir zu kommen und ich musste in der Folge auch nicht für Geld arbeiten, denn das war einfach der Freude gefolgt. Das macht die Freude natürlich noch umso größer und damit ist eine Aufwärts-Spirale geschaffen, die nicht mehr abzustellen ist. Man kann sich also weiterhin auf seine Stärken konzentrieren und sich über die ständig steigenden Provisionen freuen und diese sinnvoll verwenden.

Aber auch der Einschnitt zwischen aktivem Berufsleben und Pensionierung, wie man sie in klassischen Berufen erlebt, ist bei uns nicht vorhanden. Früher habe ich darüber überhaupt nicht nachgedacht. Als mein Vater, der seinen Beruf an sich immer geliebt hatte, in Pension ging, habe ich erstmals unangenehm gespürt, was es bedeutet, auf einmal keine wirkliche Aufgabe mehr zu haben. Natürlich liegt da auch ganz viel an der Person selbst und mein Vater war da sicher nicht der aktivste. Ich habe ganz unangenehm mit erlebt, dass er auf einmal keine rechte Aufgabe mehr hatte. Natürlich hat er Dinge gefunden, die ihn erfüllt haben, hat vermehrt Sport getrieben und auf seine Gesundheit geachtet. Ist regelmäßig laufen gegangen, radfahren, ins Fitnessstudio, wandern, hat Reisen gemacht, die nähere Umgebung erkundet … Aber dennoch war auf einmal meine Mutter die „Checkerin", die als Familienmanagerin auch nach ihrer Pensionierung für alles zuständig war, was eben meist Part der Frau ist. Plötzlich war mein Vater nicht mehr der gut verdienende Manager, der durch die Welt reist und die interessantesten Menschen trifft, sondern ein Pensionist mit einer verglichen mit seinem aktiven Einkommen recht mageren Rente und ohne wirkliche Aufgaben, wie meine Mutter sie hatte. Er hatte ein wahnsinniges Expertenwissen aus seiner langjährigen anspruchsvollen Tätigkeit, konnte dieses aber auf einmal überhaupt nicht mehr einsetzen, was ich als absolute Verschwendung empfunden habe. Er hat immer wieder versucht, mit meiner Mutter über seine Themen, meist sehr technische, die eben mit seinem Beruf zu tun hatten, zu sprechen, oder auch über philosophische oder anderes. Meine Mutter hat all das aber nicht wirklich interessiert. Sie hat zwar manchmal ihm zuliebe ein gewissen Interesse geheuchelt. Er hatte aber in Wahrheit keine echten Gesprächspartner für viele seiner ihm wichtigen Themen, wie er sie vorher im Büro gehabt hatte. Noch heute erinnere ich mich gut, wie weh es mir getan hat, meinen Vater, den großen Helden meiner Jugend, auf einmal so klein und irgendwie orientierungslos zu sehen.

Zu Beginn meiner Karriere als Networkerin war mir das überhaupt nicht bewusst, aber heute empfinde ich es als eines der größten Geschenke unseres Geschäftes überhaupt, dass ich diesen „Pensionsschock" niemals werde erleben müssen. Dass ich niemals den Sinn meines Daseins aus den Augen verlieren werde. Dass ich niemals „nicht mehr gebraucht" sein werde. Dass der Höhepunkt meiner Tage niemals sein wird, was abends im Fernsehen kommt oder wie das Essen mittags im Restaurant geschmeckt hat. Im Gegenteil: Ich werde arbeiten und reisen und kreieren und aufbauen und Spuren hinterlassen und lieben, was ich tue, mit Menschen, die auf meiner Wellenlänge schwingen, voller Freude, Sinn und monetärer wie geistiger Fülle. Bis ich irgendwann einmal sehr alt nach einem großartigen und erfüllten Leben friedlich diese Welt verlassen werde. Für diesen Lebensabend in Würde und Sinnhaftigkeit bin ich schon heute von ganzem Herzen dankbar.

Klingt all das reizvoll für dich? Ist dein Leben noch verbesserungsfähig?

Dann hab ich nur einen Herzenstipp für dich:

Starte JETZT!!

Literaturtipps

Adams Marilee, ... Die Kunst, die richtigen Fragen zu stellen,

Beck Tobias, ... Die Rede deines Lebens

Beck Tobias, ... Unbox your life

Beck Tobias, ... Unbox your Network

Beck Tobias, ... Unbox your Relationship

Bischoff Christian, ... Bewusstheit

Boskugel Andreas, ... Denke anders

Boskugel Andreas, ... Denke anders. Das Arbeitsbuch

Brandl Peter, ... Hudson River - Die Kunst, schwierige Entscheidungen zu treffen

Brooke Richard Bliss , ... Die 4 Jahres Karriere

Bucky Jorge, ... Drei Fragen, Wer bin ich? Wohin gehe ich? Und mit wem?

Byrne Rhonda, ... The Secret

Carnegie Dale, ... Sorge dich nicht - lebe

Carnegie Dale, ... Wie man Freunde gewinnt

Clason Georg S., ... Der reichste Mann von Babylon

Damian Richter, ... Go! Der Startschuss in dein neues Leben

Desai Sarah, ... Lebe das Leben das du haben willst

Dobotzky Tanja, ... Networkmarketing - Liebe auf den 2. Blick

Dweck Carol, ... Selbstbild - Wie unser Denken Erfolge oder Niederlagen bewirkt

Engel Claudia, ... Scheiss auf die Glücksfee! Ich mach das jetzt selbst

Fogg John Milton, Der beste Networker der Welt

Fogg John Milton, Die besten Networker der Welt

Fraberger Georg, .. Wie werde ich ich

Gage Randy, ... Bringen Sie ihren ersten Kreis in Schwung

Gage Randy, ... Risiko ist die neue Sicherheit

Gage Randy, ... Wie baue ich eine Multilevel Geldmaschine

Heer Dann, ... Sei du selbst und verändere die Welt

Higdon Ray, ... Go for no for Networkmarketing

Hill Napoleon, ... Denke nach und werde reich

Jiang Jia, ... Wie ich meine Angst vor Zurückweisung überwand und unbesiegbar wurde

Kiyosaki Robert, ... Das Business des 21. Jahrhunderts

Lindau Veit, ... Genesis

Lindau Veit, ... Heirate dich selbst

Lindau Veit, ... Seelengevögelt

Lindau Veit, ... Werde verrückt

Lindau Veit, ... Werde verrückt - das Arbeitsbuch

Millman Dan, ... Der Pfad des friedvollen Kriegers

Oreggia Mario, ... Pay the f*cking price

Perkins Bill, ... Lebe ein reiches Leben, statt reich zu sterben

Porsch Katja, ... Wecke den Macher in dir

Proctor Bob, ... Die Kunst zu leben

Raiser Stephanie, .. Millionärin von nebenan

Roach Geshe Michael, ... Das Karma der Liebe

Roach Geshe Michael, ... Karmic Management

Schäfer Bodo, ... Der Weg zur finanziellen Freiheit

Schäfer Bodo, ... Die Gesetze der Gewinner

Schäfer Bodo, ... Ein Hund namens Money

Schäfer Bodo, ... Ich kann das

Scherer Hemann, ... Fokus

Scherer Hemann, ... Glückskinder

Schreiter Tom „Big Al", ... Aufbau von Führungspersönlichkeiten im Networkmarketing- Teil 1 und 2

Schwartz David J., ... Denken Sie gross

Schwarzenegger Arnold, Total Recall

Seiler Laura Malina, ... Schön, dass es dich gibt

Self care – Sei gut zu dir, . Nadia Narain & Katja NarainPhilipps

Sincero Jen, ... Du bist der Hammer. Hör endlich auf, an dir zu zweifeln und beginne ein fantastisches Leben

Steiner Gabi, ... Von Mensch zu Mensch

Strelecky John, ... The big five for life

Tepperwein Kurt, ... 1001 Schlüssel zum Glück

Tepperwein Kurt, ... Die geistigen Gesetze

Tracy Brian, ... Das Gewinner Prinzip

Tracy Brian, ... Eat that frog

Werner Lydia, ... Make Life wow

Worre Eric, ... Go Pro

JETZT GEHT'S ERST RICHTIG LOS

Sonja Rosos